軍 병사 제자훈련을 통한

생활관 사역

軍 병사 제자훈련을 통한

생활관 사역

|강보길 著|

KCS 한국학술정보㈜

　그 동안 군 선교에 대한 연구논문이 많이 쓰여져 온 바 있다. 그런데 본 책을 쓰게 된 것은 군 선교에 또 하나의 보탬이 되고자 하는 필요 때문이었다. 무엇보다도 이 책을 발간하게 된 것은 필자 자신의 필요 때문이었다. 필자는 지난 10년간을 군 선교 사역자로 사역하는 가운데 필요에 의하여 군 선교에 대한 논문을 쓰게 되었고 이 논문내용 전체를 다시 검토할 기회를 갖게 되었다.

　군 선교에 대한 논문을 쓰게 된 이후 그 동안에도 많은 변화가 있었고 최근 군 환경도 많이 바뀌었다. 이 논문을 쓸 때만 해도 내무반이라는 용어가 지금은 생활관이라는 용어로 바뀌었으며, 군 환경과 의식구조가 많이 바뀌어 가고 있는 것 같다. 그렇기 때문에 이 책에서 주장했던 내용들이 여전히 유효한지, 다뤄야 할 문제들은 제대로 제기되고 서술되었는지 반추하지 않을 수 없다.

　그러나 아무리 바뀐다 해도 변할 수 없는 것이 곧 남북대치 상황 하에 있는 우리나라 국방의 특수 상황이다. 이로 인하여 군대는 대한민국 젊은이들에게는 반드시 거쳐야 할 통과의례의 관문이 되었다. 그 결과 우리에게 특별히 주어진 선교의 기회가 있는데 그것이 군선교이다. 지금까지 한국교회는 군 선교를 통해 수많은 사람들을 전도하고 세례를 받게 함으로서 황금어장으로 명분을 유지했다. 그러나 시대의 변함으로 인해 군선교가 나름대로 위기를 맞고 있으며 군 선교에 대한 관심은 또 다른 도전을 맞이하고 있다는 데에 공감할 것이다. 한국교회는 어떤 형태로든지 지속적으로 교회의 미래를 책임질 청년장병들을 대상으로 한 군선교를 활성화하도록 지대한 관심을 가져야 할 것이다.

이는 하나님의 구속사적인 계획 속에서 민족을 더욱 복음화 하는 데 있어서 군 선교 전략은 무엇보다도 중요하기 때문이다. 특히 군인교회의 절대 다수를 차지하고 있는 병사들의 체계적인 제자훈련을 통한 신앙양육은 너무나도 절실한 현실로 다가온 것이다. 이 책은 군 선교에 대한 또 하나의 대안이 되기를 바랄 뿐이다.

그러나 의욕과는 달리 내용이 미흡하다는 부끄러움을 감출 수 없다. 이 책에 수고와 애정을 아끼지 않으신 여러분들께 진심으로 감사드리고 싶다.

2008년 1월

강보길

제 1 장

서 론

제1절 연구배경 및 목적

한국교회는 1990년 이후 성장이 둔화 정체되거나 감소하는 추세이다.[1] 지금 교회 내에서는 청소년들과 젊은이들 그리고 남성들이 눈에 띄게 줄어들고 있고 교회 출석교인의 62% 정도가 여성으로 이루어져 있다.[2] 현재 한국교회의 시급한 과제 중의 하나가 청소년과 젊은이들을 위한 차세대 전략과 남·여 성비율의 균형을 도모할 수 있는 전도전략이라 할 수 있다. 그런 의미에서 학원 선교와 군 선교는 그 어느 때보다 중요하다.

현재 군 통계에 따르면 2002년을 기준으로 군 병력의 75%가 종교인이며 그중에 50%가 넘는 25만 명이 기독교인이다.[3] 이는 많은 젊은이들이 군 생활 중에 하나님을 믿고 의지하고 싶은 충동을 가져 본다는 것을 의미한다. 군인은 언제나 육체적 정신적인 고된 훈련과 함께 엄격한 통제 아래 존재하게 된다. 이는 군인은 언제나 전쟁이라고 하는 극한 상황을 전제로 하며, 군의 존재 자체가 주어진 사명을 죽음으로 완수해야 하는 집단이기 때문이다. 이들 군인들에게는 주어진 목적을 달성하기 위해서 오직 복종과 질서만이 요구되며 이로 인한 인간소외와 비인간화 등은 군대 내에서는 언제 어디서나 일

---

1) 정성구, "군 선교신학의 정립" 군 선교신학1(서울: 한국기독교 군 선교연합회, 2004), p.102.

2) 문화관광부, 도표로 본 한국종교현황, 1999. p.34.

3) 육군본부, 군종 업무시행지침/운영계획, 2003, p.53.
   군인 종교별 비교현황을 보면 기독교 약 54%, 천주교 약 17.8%, 불교 약 28%, 기타 약 0.2%이다(제34차 정기총회 보고서·회의안, 사단법인 한국기독교 군 선교연합회 2004, p.151 참조).

어날 수 있다. 이러한 상황 속에 있는 군인들은 자기 한계를 극복할 절대자를 추구하며 위탁하고 싶은 마음을 가지게 된다. '전선 참호 속에 서 있는 사람은 무신론자가 없다'는 말과 같이 그런 의미에서 이들 군인들이야말로 복음의 최대 순응 집단이 된다.[4]

현재 매년 30여 만 명의 젊은이들이 군에 입대한다. 선교를 어장에 비유한다면 군대야말로 좋은 물고기들이 모여 있는 가장 좋은 선교어장이요[5] 이 시대에 젊은이들의 황금어장[6]이라고 할 수 있다. 현재 육·해·공 전군에 약 1,000여 개의 예배당이 있다. 그러나 이러한 교회를 섬겨야 할 현역 군목은 불과 280명 이내이며 이 숫자도 지속적으로 줄어들게 될 전망이다.[7] 이러한 현역 군목의 절대 부족 현상은 군 선교의 기초인 대대 급 교회에 군목편제가 불가능하게 되어 군 사역에 막대한 영향을 주게 되었다.

이로 인하여 현역 군목이 없는 대대 급 군인교회는 체계적인 양육과 신세대 장병들을 위한 교육 프로그램은 전무한 실정이며 이 같은 상황 속에서 군 복음화의 실질적인 내실을 기하기란 현실적으로는 불가능하다. 지금은 부족한 사역자들의 효과적인 선교사역을 감당할 전문화된 군 선교 교역자의 지원이 불가피하다. 그러나 이러한 군 선교 교역자의 파송도 지금은 부족한 실정이며 이를 위한 뚜렷한 대

---

4) 김하태, 종교와 기독교(서울: 연세대출판부, 1959), p.9.

5) 김병희, 한경직 목사(서울: 규장문화사, 1982), p.97.

6) 이종윤, "21세기를 향한 한민족 교회의 사명" 군 선교신학1(서울: 한국기독교 군 선교연합회, 2004), p.49.

7) 곽선희, 제34차 정기총회보고서·회의안(서울: 사단법인 한국기독교 군 선교연합회, 2005), p.151 참조. 현재 약 700여 교회가 현역 군목이 없는 실정이다. 이로 인하여 대대 부대교회에는 군종목사 편제가 이루어지지 않고 있다.

안도 아직은 마련되어 있지 않다는데 그 심각성은 크다 하겠다.

지금 한국교회는 다양한 부대의 특성과 상황에 맞는 군 선교전략과 전술이 절대 필요한 때이다. 왜냐하면 현 군대 사회는 기독교, 천주교, 불교, 기타 종파가 종교적 영역을 서로 넓히기 위한 경쟁적 현장이 되어 가고 있기 때문이다. 그런 의미에서 군 선교는 이제는 더 이상 우리에게는 황금어장이라고 보기보다는 점차 치열한 영적 전투장으로 변해가고 있는 실정이다. 그러므로 군 선교를 지원하기 위하여 설립된 한국기독교 군 선교 연합회는 대대급 교회의 군 복음화를 위한 실질적인 양육 프로그램에 대한 지원을 확대하여야 할 시점에 와 있다.

현대신학의 쟁점이 신학의 상황화(Contextualization)[8]인 점을 감안해 볼 때에 군 선교에 있어서 선교신학적인 연구와 선교전략을 세우는 것은 지금 무엇보다도 절실하게 요구되는 시점이다.[9] 왜냐하면 군대야말로 특수한 선교 영역으로서 대단히 중요한 곳이며 전 국민을 대상으로 하는 선교이기 때문이다. 이는 한국의 건강한 청년들은 누구나 국방의 의미를 이행하기 위하여 거쳐 가야 할 곳이 군대이며 이들 군인들이 다시 사회로 되돌아가 그 사회를 이루는 구성원이 되기 때문이다.

본 연구자는 군 선교에 대한 열정과 사명감을 가지고 군인교회에 파송받은 군 선교 교역자[10]로서 대대 군인교회를 섬겨오던 중 상술

---

8) Glasser, Arthur F. McGavran, Donald Anderson, 현대선교신학, 고환규 역 (서울: 성광문화사, 1985), p.259.

9) 전호진, "선교신학의 관점에서 본 군진신학" 육군본부 군종감실 편(서울: 군 복음화후원회, 1985), pp.87~88.

한 바와 같이 실질적인 군 복음화의 한계점을 느끼게 되었다. 지금은 이들 젊은 영혼들에게 말씀으로 양육하고 훈련할 수 있는 새로운 패러다임이 절실히 필요한 때이다. 그렇지 않으면 현재 병영 생활에 지쳐 잠시 교회에 머물렀던 이들도 사회로 복귀한 후에는 교회로 돌아간다는 것을 보장받기가 어려운 실정이라 사료되기 때문이다.

주님께서는 승천하시면서 제자들에게 "그러므로 너희는 가서 모든 족속으로 제자를 삼아 아버지와 아들과 성령의 이름으로 세례를 주고 내가 너희에게 분부한 모든 것을 가르쳐 지키게 하라"(마 28:19~20)고 명령하셨다. 예수님께서 제자 삼으라는 것은 곧 평신도를 훈련시켜 사역자로 만들라는 것이요 또 그들 훈련받은 평신도가 다른 평신도를 훈련시켜 사역자로 세우는 평신도 사역형 교회가 되게 하라는 말씀이다.

그러므로 평신도를 제자 삼는 이 원리가 이제는 군인교회에서도 적용되어야 할 시점에 와있다. 근본적으로 군인교회 사역 패턴을 바꾸어야 할 시점에 와 있다는 것이다. 즉 군이라는 특수한 환경 속에서도 오직 믿음으로 모든 것을 극복하려는 군 병사들을 일깨워 각각 받은 은사들을 활용하여 군 복음화를 이를 수 있는 새로운 패러다임으로 전환해 보자는 것이다. 왜냐하면 군 병사들을 훈련시켜 이들 훈련받은 병사들로 하여금 각자 자신이 속한 생활관에서 초대교회의 가정교회와 같이 군 생활관 사역의 활성화를 이루어 보자는 것이다. 따라서 군 병사 제자훈련을 통한 생활관 사역의 활성화야말로 군 복음화의 확실한 내실을 기할 수 있는 실질적인 방법이 될 수 있다.

---

10) 목사자격이 있는 민간목회자로서 가급적 군목경력자 혹은 군필자로서 현역 군목이 담당하지 못하는 주로 대대 급 교회에서 사역하는 목회자들을 말한다.

군 생활관 교회와 소그룹 활동을 통한 군 복음화 운동은 앞서도 여러 번 시도된 바 있었지만 그 주체가 현역 군종목사 중심이었고 간부 중심이었으며 상급부대 중심적이었다. 그러나 군 선교의 기초인 대대 급 교회가 실질적으로 군 병사들을 통한 생활관 사역을 시도한다는 것은 매우 의미있는 일이기도 하다.

본 연구의 주목적은 군 병사들을 제자훈련시켜 이들을 통한 군 생활관 사역의 활성화를 통하여 군 복음화의 실질적인 효과를 이루어 보자는 것이다. 왜냐하면 이 방법만이 현역 군목과 군종병이 없는 열악한 조건하에 있는 대대 급 군인교회에 군 복음화를 이룰 수 있는 실질적이고도 최선의 방법이 되기 때문이다. 본 연구에서는 아래와 같이 몇 가지의 중요한 의의를 갖는다.

첫째, 지금까지의 군 사역은 군인교회 목사와 군종병 사역 중심이었으나 이제는 평신도인 군 병사 사역형 교회로 바꾸어 보자는 시도이다. 지금까지 군인교회에서 군 병사를 통한 생활관 사역의 활성화 방안에 대한 적극적인 연구가 이루어지지 않았다는 점을 감안하면 본 연구는 그 의의가 크다 하겠다.

둘째, 지금까지 예배 중심, 종교 활동 중심이던 군인교회에서 군 병사 제자훈련을 통한 소그룹 사역을 중심으로 시도하였다는 점이다. 특별히 소그룹 운동과 일대일 양육 성경공부는 철저히 피양육자를 중심으로 운영되는 양육 시스템이라는 것이다. 하나님께서는 우리를 사랑하사 독생자를 우리에게 보내신 것같이 참다운 양육이 이루어지기 위해서는 찾아가는 양육 곧 군 병사들을 통한 생활관 사역의 활성화는 하나님께서 기뻐하시는 뜻이라 하겠다.

셋째, 군 생활관 사역자의 자격요건을 주로 병사 위주로 운영하고 자 한다는 점이다. 특히 계급에 관계없이 불붙는 사명감을 가진 병 사들이라면 누구나 소그룹 제자훈련을 통하여 생활관 사역을 감당할 수 있게 하였다. 그러나 병영 생활의 형편에 맞추어 최소한 1년 이 상의 군 생활을 한 병사들로 세울 수밖에 없는 형편을 이해하여야 할 것이다. 그것은 특히 사역과 훈련의 병행 시스템을 가지고 계속 된 보충 학습 훈련과 반복 학습 훈련을 통하여 복음 전파자로서 훈 련을 받을 수 있는 형편이 되어야 하기 때문이다.

따라서 본 연구를 통하여 전군 대대 군인교회가 초대교회 가정교 회의 부흥과 같은 군인교회의 부흥을 이루는 밑거름이 되는 계기가 되기를 기대해 본다.

제2절 연구질문

본 연구자는 다음 질문들을 전제로 한 논제 질문을 하고 어떻게 하 면 군 병사들이 제자훈련을 통하여 초대교회 때의 가정교회라고 할 수 있는 군 생활관에서 사역할 수 있도록 그들을 제자화할 것인가 하 는 전제하에 다음과 같은 질문을 바탕으로 연구를 이어가고자 한다.

첫째, 제자훈련을 통한 군 생활관 사역의 이론적 근거는 무엇인가 를 논하고자 한다.

둘째, 군 병사 제자훈련을 통한 군 생활관 사역에 대한 성경적 근거와 역사적 고찰 및 군 생활관 사역의 필요성은 무엇인가를 논하고자 한다.

셋째, 군 병사 사역자들이 군 생활관 사역을 감당해야 할 방법은 무엇인가를 논하고자 한다.

넷째, 제자훈련을 통한 군 병사 생활관 사역의 효과적인 방법은 무엇인가? 즉 군 병사 제자훈련을 통한 군 생활관 사역의 보다 효과적인 방법이 무엇인가를 논해 보고자 한다.

다섯째, 목회자 중심 사역형 교회에서 소그룹 제자훈련을 통한 군 병사 사역형 교회로 전환될 때에 고려해야 할 사항들은 무엇인가를 논해 보고자 한다.

여섯째, 군 선교의 기초인 대대 군인교회가 군종목사 및 군종병의 부재하에서, 어떻게 하면 실질적인 군 복음화를 이룰 수 있는가에 대한 군 생활관 사역의 활성화 방안에 대하여 논해 보고자 한다.

제3절 연구방법 및 범위

본 연구를 서술함에 있어서 우선적으로 반세기의 역사를 가진 군 선교에 군 병사 제자훈련을 통한 생활관 사역의 효과적인 활성화 방안연구에 대하여 군 선교적인 의미가 어떤 것인가에 대한 관심을 가져보았다. 그러므로 서술방법은 군 선교라는 것을 중점으로 앞에는 군 복음화 사역의 이론적 근거를 중심으로 생활관 사역의 의미와 군 복음화 전략과 생활관 사역의 목표와 비전을 참고문헌을 통한 이론적 연구와 아울러 군 병사들의 소그룹 활동을 통한 제자훈련의 현장 경험을 토대로 연구하였다. 한편 본 논문을 서술함에 있어서 연구방법은 통계보다는 군 선교학적 입장에서의 원리를 군 사역적 측면에서 적용시키려고 하였다.

이런 방법을 가지고 먼저 선교지로서의 군 복음화 전략과 생활관 사역의 목표와 비전을 살펴보면서 생활관 사역 비전을 위한 조직 및 프로그램 개발과 군 생활관 사역자 훈련 및 사역 프로그램과 사역과 훈련의 병행 시스템, 그리고 생활관 사역자의 특수훈련으로 집중학습, 반복학습, 실습 훈련을 통한 사역의 방법에 대하여 연구하였다. 이어서 군 생활관 사역의 고려사항을 설명함으로써 주로 대대 군인교회의 군 복음화를 위한 실질적인 사역 방법을 설명하고 분석하였다.

본 연구가 다루고자 하는 범위는 다음과 같다.

제1장은 서론으로 본 연구의 연구배경 및 연구목적, 용어 정의 및 연구 질문과 연구방법 및 범위 등을 다루고자 한다.

제2장은 군 복음화 사역의 이론적 근거에 대하여 군 사역의 신학적 원리와 소그룹 공동체신학, 생활관과 코이노니아 신학 및 만인제사장의 원리에서 찾아보았다. 또한 군 사역의 성경적 근거를 이드로의 분담 제도의 원리와 직분의 의미, 군 사역 및 예수님의 선교명령에 있어서의 제자훈련을 제시해 보았다. 마지막으로 군 사역의 역사적 근거를 초대교회 시대, 국교 시대 및 중세 시대와 종교 개혁 이후 시대 그리고 한국의 군 선교사역의 역사에서 그 의미를 찾아보았다.

제3장은 생활관 사역의 의미에 대한 이해로서 소그룹으로서의 생활관과 생활관 사역에 있어서 평신도 및 제자훈련과 생활관 사역에서 그 의미를 찾아보았다. 먼저 소그룹의 의미와 군 생활관 소그룹

의 성경적 의미 및 역사적 의미를 고찰해 보고 군 생활관에서 평신도의 의미, 평신도 사역의 이해 및 생활관과 평신도 사역에 관하여 알아보았다. 끝으로 제자훈련과 생활관 사역에서는 군 제자훈련의 의미와 이해를 역사적 성경적으로 알아보고 제자훈련과 생활관 사역에 관하여 논하고자 한다.

제4장은 군 복음화 전략과 생활관 사역의 목표와 비전을 다음과 같이 군 복음화를 통한 건강한 군인교회상과 2020비전의 실현을 위한 구체적인 실현방안을 효율적인 군 복음화를 통해서 실현하고자 하였다. 먼저 건강한 군인교회의 의미 및 생활관 사역과 건강한 군인교회에 대하여 설명하고 2020비전의 실현에 의한 그 의미, 2020운동의 10대 특징 및 생활관 사역과 실질적인 2020비전의 실현에 대하여 그 연관성을 찾아보았다. 마지막으로 효율적인 군 복음화를 위한 디모데 후서 2장 2절의 의미를 제시하고 생활관 사역과 군 복음화에 대하여 다루고자 한다.

제5장에서는 군 생활관 사역형 교회로서의 활성화 방안을 크게 아래와 같이 6가지로 제시하고 끝으로 병사들을 통한 군 생활관 사역의 고려할 사항을 소개하였다.

첫째, 목회자와 군 생활관 사역자는 생활관 사역형 목회 비전을 나눌 수 있는 목회 비전에 따른 조직 및 교육 프로그램이 있어야만 한다. 왜냐하면 종교 행사를 통한 군인교회의 주일 오전 예배만으로는 군 복음화의 실질적인 운동은 이루어질 수 없기 때문이다.

둘째, 군 생활관 사역자 훈련 및 사역 훈련 과정을 통한 군 생활관 사역자의 훈련의 실제를 소개한다.

셋째, 군 생활관 사역의 일환으로서 소그룹 운동을 통한 일대일 양육 생활관 사역이 무엇보다도 필요하다. 왜냐하면 군 병사들에게 실질적으로 가장 많은 영향력을 행사할 수 있는 사람이 바로 생활관의 동료병사들이기 때문이다. 특별히 전입신병에게 있어서의 일대일 양육 시스템은 개인 전도를 위해서나 일대일 배가 운동을 통한 교회 확장을 위해서도 필수적인 방법이라 할 수 있다.

넷째, 사역과 훈련의 병행 시스템을 통한 이중적인 운영 시스템을 도입한다. 2년이라는 짧은 군 복무 기간 때문에 기존 교회에서의 제자훈련과는 달리 기본적인 양육과 집중적인 제자화 훈련을 받으면서 곧바로 사역자로 세워져 생활관 사역을 담당케 하고 군 사역 중에서도 계속해서 보충 훈련을 받게 함으로 사역의 직무를 이행케 한다.

다섯째, 군 생활관 사역자 특수훈련으로서 사역자의 집중학습, 반복학습, 실습 훈련을 통해서 실제로는 계급 학력과는 상관없이 평신도로서의 생활관 사역자가 되게 한다. 따라서 한 가지 주제에 집중하고 같은 내용을 반복 학습으로 실시하는 제자화 훈련 과정을 통해서 능숙한 제자가 되게 한다.

여섯째, 군 생활관 사역으로의 생활관 교회 사역 시 이에 대한 상황 충돌이 불가피할 것이기 때문에 군 생활관 사역자는 각 생활관 환경과 상황에 맞게 고려하여 방해하는 요소들에 대하여 먼저 지혜롭게 대처하도록 훈련시킨다.

제6장에서는 결론 부분으로 지금까지의 연구들을 각 장별로 요약하고 마지막으로 향후 군 생활관 사역의 효과적인 방법 및 지속적인 발전을 위해 몇 가지 제언을 한다.

제 2 장

군 복음화 사역의 이론적 근거

2000년대를 맞이한 한국교회는 경이적인 성장과 더불어 선교에 참여하는 교회가 되었다. 해방 이후에는 동서 냉전의 결과로 빚어진 6·25전쟁 때 처음으로 교회의 선교적 활동 범위를 군대로 확대함으로써[1] 역사의 수난 가운데서도 "땅 끝까지 이르러 내 증인이 되라"는 예수 그리스도의 명령에 한국교회는 순종하였던 것이다. 그러나 아직도 구원받지 못한 3천만 명의 영혼을 의식할 때에 민족복음화의 첩경이 되는 군 선교에 대한 관심은 더욱 고조되어야 한다. 이런 취지에서 무르익어가는 군 사역을 위한 선교신학을 다시 한번 정리하고 군 선교의 방향을 세우는 것은 뜻있는 일이다. 그렇다면 군 복음화 사역의 이론적 근거는 무엇인가? 본 장에서는 군 복음화 사역의 신학적 근거와 성경적 근거 및 역사적 근거에서 각각 살펴보기로 한다.

제1절 군 사역의 신학적 근거

1. 군 사역의 신학적 원리

'선교는 하나님이 이 세상에 자기 백성을 보내어 행하라고 요구하시는 모든 것을 포용하는' 포괄적인 개념이라고 하였다.[2] 그러므로 군 선교신학도 하나님의 선교적 차원에서 하나님의 백성들이 담당하는 선교의 일환으로 이해해야 한다. 성경은 하나님의 주권을 가르치면서 하나님은 세상의 창조주요 지지자요 통치자임을 분명하게 말하

---

1) 이창우, <u>군종약사</u>(서울: 미문사, 1963), p.1.

2) John R. W. Scott, <u>현대기독교 선교</u>, 김명혁 역(서울: 성광문화사, 1966), p.36.

고 있다. 하나님의 주권은 그분의 세 가지 탁월한 속성에 근거한다. 즉 전능하심, 완전한 지혜, 본래적인 신성에 근거한다.[3] 이 세 가지 속성은 하나님의 주권 개념에 있어서 매우 중요하다. 이러한 하나님 의 주권은 특히 세 가지 영역, 즉 창조, 구속, 심판에서 두드러지게 나타난다. 선교는 본질상 하나님 자신에게서 나온 것이기 때문에 기 독교의 선교는 시종일관 하나님의 선교이다.[4]

하나님께서 예수 그리스도를 세상에 보내신 것처럼 예수 그리스도 께서도 우리를 세상에 보내신다(요 17:18). 하나님께서는 자기 아들 과 자기의 성령과 자신의 선지자들을 보내셨기 때문에 군 선교는 무 엇보다도 하나님께로 보냄을 받은 소명(召命)에서 출발하는 것이요 선교는 우리를 보내신 예수 그리스도의 일을 하는 것이다.[5] 더구나 그것은 그분의 뜻에 따라 결정된다.

그러므로 구속적인 사랑의 뜻이 담긴 선교명령은 주님이 선포하셨 다. 선포된 선교의 이유가 하나님 말씀 안에 설명되고 있고 그 궁극 적인 성공 여부는 바로 주님의 전능하심 안에 있다. 군 사역도 하나 님의 백성들이 담당하는 선교의 일환으로서 모든 선교는 먼저 그 선 교를 주도하시는 하나님의 선교적 차원으로 이해하여야만 한다. 그 리고 그 궁극적인 성공 여부는 바로 그분이 전능하신 권능 안에 있 는 것이다.[6]

---

3) 곽선희, "군 선교신학의 의의" 군 선교신학(서울: 대한예수교장로회총회출 판국, 1990), p.79.

4) Geog F . Vicedom, 하나님의 선교, 박근원 역(서울: 대한기독교서회, 1980), p.16.

5) 김동선, 하나님의 선교(서울: 한국장로교출판사, 2000), p.28.

6) John R. W. Scott. op. cit. p.24.

그러므로 신학은 하나님의 말씀에 순종하려는 인간의 노력이며 신앙을 촉진하는 것으로서 공통점을 갖는다. 그러나 그 토론하는 분야와 또 특별한 강조함에 따라서 여러 가지 이름을 붙여 부르는 것이 상례이다.[7] 신학은 지역과 상황에 따라 본문을 적용시키고 상황을 본문에 적용시키는 상황신학(Contextual Theology)이 되도록 시도하고 있다. 최근에는 군 선교의 입장에서 군진신학[8]의 이론적 정립의 하나로 군진 내의 선교전략이 새롭게 요청되고 있다. 따라서 군진신학 또는 군 선교신학도 군대라고 하는 상황을 고려한 신학이라는 점에서 일종의 상황신학이다.[9] 그리고 이 군진신학은 군대 목회에서 야기되는 질문에 대한 해답이며 성경적인 목회의 원리를 적절하게 적용시키는 작업이 가능한 이론이어야 한다.

선교란 창조주가 되시며 심판주 되시는 하나님께서 죄 짓고 거역하고 있는 인류에게 보내시는 구원의 메시지를 전달하는 일이다. 하나님은 이 선교를 위해서 그분의 의지에 따라 사람을 택해서 사용하신다. 바로 여기에서 그분의 주권과 선교와 선택이 연결되는 것이다. 말씀과 성령은 동시성을 가지고 있다. 하나님과 성령은 주도적으로 역사하신다. 성령은 하나님의 사역을 수행함에 있어서 항상 양편을 요구하신다. 그것을 신학적으로 '은혜의 방편'이라고 부른다. 말씀이 선포되기 위해서는 계속 어떤 방편이 요구된다. 즉 복음의 전달에는

---

7) 전경연, "신약의 케리그마와 군진신학" 군진신학, 육군군종감실 편(서울: 군복음화후원회, 1985), pp.10~11.

8) 이종윤, "군선교신학 어떻게 할 것인가" 군선교신학1(서울:한국기독교 군선교연합회, 2004), p95.

9) 이덕열, "21세기 효과적인 군 선교전략"(Midwest Theological Seminary 박사학위논문, 2003), p.143.

다양한 수단을 필요로 한다. 하나님께서는 우리에게 하나님의 말씀이 효과적으로 전달할 방편을 요구하신다. 하나님의 선교를 위한 다양하고 다원적인 방편 중의 하나가 군 선교이다. 하나님의 구원역사를 실현함에 있어 군 선교는 좋은 선교의 수단이다.[10]

군인에게 있어서 중요한 것은 전쟁에 있어서 군인이 하나님의 심판의 도구로 쓰인다는 사실이다. 이러한 사상은 특별히 청교도 사상에 많이 나타난다. 여기서 중요한 점으로 볼 수 있는 것은 전쟁 중의 살상이 하나님의 심판을 대행하는 것이라고 이해하는 데 있다.[11] 지금도 이스라엘 군인들은 회당에 들어갈 때는 흰 빵모자를 쓰고 그 위에 철모를 쓴다. 그리고 전쟁에 나가 누굴 쏘든지 하나님이 하시는 것이니 나는 책임이 없다고 믿는다. 자기는 하나님의 사형집행을 대행하고 있다는 철저한 샬롬 신학을 가지는 것이다. 궁극적으로 볼 때 이것은 하나님께 고용된 자로서의 자기 인식을 가져온다.[12] 즉 자신의 총구로 인하여 자신의 나라의 평화를 지킨다는 국토방위의 의무를 수행하고 있다는 것이다. 따라서 크리스천의 국방의 의무는 전적으로 내 가족의 자유와 생명 그리고 공동체의 평화를 지키고 유지하는 데 목적이 있으며 침략자를 응징하는 전쟁은 정당하다는 것이다.

다윗이 불레셋과의 전쟁에서 골리앗 장군을 죽인 것은 살인이다. 그러나 하나님이 나를 통해 너를 심판한다. 하나님의 이름을 욕되게 하는 너를 내가 친다는 의식에는 어떤 가책이 있을 수가 없다. 이러한 차원에서 전쟁을 이해하여야 하며 전쟁에 임하는 군인을 이해하는

---

10) 곽선희, op. cit., p.84.

11) 육군 군종감실 편, 군진신학(서울: 군 복음화후원회, 1985), p.57~58.

12) 곽선희, op. cit., p.94.

눈으로 보아야 마땅하다. 군인은 하나님의 공무를 위해서 하나님에 의하여 쓰이는 하나님의 왼손임을 인정해 주어야 한다. 구약성경에서 하나님 여호와의 전쟁이란 이웃 신들과의 전쟁이 아니라 인간의 싸움에 여호와가 간섭하고 개입하심을 뜻한다. 전쟁은 여호와의 명령에 의하여 시작되고 명령에 의하여 끝맺으며 전쟁 마당에 하나님이 직접 참여하여 적을 섬멸하는 전쟁을 하나님의 전쟁이라고 부른다. 이런 관점에서 볼 때 적은 우리의 적이라기보다 하나님의 적이다.[13]

정당한 전쟁론은 바울과 어거스틴, 그리고 루터와 칼빈에 이르는 정통신학의 전통에서 당연한 것으로 받아들여지고 있다. 하나님은 이 땅의 무질서를 원하지 않으신다. 뜻이 하늘에서 이루신 것같이 땅에서도 이루어지기를 원하신다. 비록 인간의 타락으로 인해 빛을 잃은 세상이지만 영원한 하나님 나라의 그림자로서 그 나라의 공의가 비춰져야만 한다. 악을 멸하고 하나님의 거룩한 뜻을 펴는 것이 전쟁이어야만 한다면 마땅히 바르게 수행되어야 한다. 살인은 질서를 위해 허용되지 않는다. 그러나 살인자를 처벌하는 것은 무질서가 아니라 공직자로서 질서유지의 행위이다. 이것은 하나님으로부터 세상 질서를 위해 직책이 수여된 공직자로서 반드시 해야 할 일이다.[14].

우리는 죤 칼빈의 기독교 강요에서 전쟁을 일으킬 수 있는 정부의 권한에 대한 합리적인 이해를 얻을 수 있다. 그는 왕과 국민은 때로 공적인 보복을 수행하기 위해서 무기를 들어야 한다고 말한다. 영토 내의 평온을 유지하며 불온한 사람들의 선동적인 소란을 막고 압제

---

13) 강사문, "전쟁에 대한 성경적 이해" <u>군 선교신학</u>(서울: 대한예수교장로회 총회출판국, 1990), p.74.

14) Ibid., p.123.

받는 사람들을 도우며 악행을 처벌하는 권한이 권력에게 있다는 것
이다. 법을 보호하고 지키는 자가 되는 것이 관헌의 임무라면 불법
으로 규율을 부패케 하는 악인들의 노력을 꺾는 것도 그들이 할 일
이라는 것이다. 그러므로 이런 근거로 수행되는 전쟁은 합법적이라
는 것이다.[15] 이에 대하여 칼빈은 다음과 같이 말하였다.[16]

> "단지 몇 사람만을 해한 강도들도 그들이 당연히 처벌한다면 한
> 나라 전체에 해를 입히고 황폐하게 만드는 강도들을 처벌하지 않고
> 버려둘 것인가? 아무 권한도 없는 외국에 침입해서 원수처럼 약탈
> 하는 자는 그가 왕이건 미천한 사람이건 마찬가지이다. 그들은 똑같
> 은 강도로 간주되어야 하며 따라서 벌을 받아야 한다. 그러므로 자
> 연스러운 공정성과 집권자의 본질로 보아서 집권자들은 공정한 처
> 벌로 개인들의 비행을 통제할 뿐만 아니라 그들이 맡아 지키는 영
> 토가 적의 공격을 받을 때에 전쟁으로 방어하게 위해 무장해야 한
> 다. 성령께서도 성경의 많은 증거를 통해서 이런 전쟁을 합법적이라
> 고 선언하신다.

루터 역시 두 왕국론에서 칼빈과 일치하고 있다. 집권자들은 땅의
질서를 위해서 하나님으로부터 권한을 받았다. 그러면 살인하는 것
은 어떻게 할 것인가? 그것은 자기 마음대로 하는 것이 아니고 하나
님의 공평을 실시하는 것이다. 율법이 살인을 금해도 살인자는 벌을
받아야 하기 때문에 입법자이신 하나님께서는 자신의 일꾼을 사용하
여 살인자들을 치게 하신다. 어거스틴이 사랑의 정신으로 하라고 한

---

15) 존 칼빈, <u>기독교강요 제4권</u>, 로고스 번역위원 역(서울: 로고스출판사, 1987),
   p.95.
16) Ibid., p.597.

것을 칼빈은 "하나님께서 가납하실 만한 경건과 의와 정직을 실천하려고 노력하는 자세로 하라"고 말했다. 악인들이 살육과 약탈을 행할 때 칼을 집에 넣어두고 피를 흘리지 않는 집권자들은 최대의 불경죄를 범하게 된다고 강조하고 있다. 칼빈 역시 방어의 전쟁을 당연한 것으로 받아들이고 있다. 오히려 그는 성경의 많은 증거를 통해 이런 전쟁을 합법적으로 선언하신다고 했다.[17]

이것이 바로 신앙적 자아의식이다. 왜냐하면 이것은 내가 하는 것이 아니고 하나님이 하시는 것이기에 내가 해야 할 일은 긍휼히 여기는 일이다. 공적으로 되는 하나님의 공의와 내가 행하는 긍휼 사이에는 이처럼 묘한 관계가 있다. 내가 군인으로서 총을 쏘는데 어떤 뜻으로 쏘았느냐가 문제이다. 비록 전쟁을 치르지만 마음속에 공의와 긍휼을 잊어서는 안 된다. 루터는 하나님의 사역을 둘로 나눈 바 있다. 십자가는 하나님의 오른손이요 율법은 하나님의 왼손이다. 구원을 베푸는 은혜는 오른손에 해당되고 심판하고 징계하는 율법은 왼손에 해당된다는 것이다. 군인은 물론 하나님의 심판도구로 사용되지만 긍휼을 떠나서는 안 됨을 강조한 것이다.[18] 그러므로 군인은 하나님이 사용하시는 율법적인 왼손이요 하나님의 심판도구라는 것이다. 즉 하나님은 사랑의 하나님이시지만 심판의 하나님이 되시기도 하다는 것이다. 그러므로 군인은 하나님이 사용하시는 율법적인 왼손이요 하나님의 심판의 도구라는 것이다.

기독교 신앙인 개개인이 지니게 되는 국방의 의무는 하나님께서

---

17) 김기홍, "군 선교의 역사와 신학" 군 선교신학(서울: 대한예수교장로회 1 총회출판국, 1990), p.129.

18) 곽선희, op. cit., p.95.

우리에게 부여한 종말론적 자유에 내포된 책임이다. 크리스천의 국방의 의무는 전적으로 자유와 생명 그리고 공동체의 평화를 지키고 유지하는 데 그 목적이 있다. 이 과정에서 우리가 확인하고 넘어가야 할 점은 성경의 생명관이다. 성경의 하나님은 한 인간의 생명을 천하와도 바꿀 수 없는 소중한 것으로 지키시는 분으로 말씀하고 있다.(막 8:36, 16:24-26; 눅 9:23-27). 여기에는 믿는 자와 믿지 않는 자의 차이점은 없다. 모든 인간은 그 자체로서 하나님의 형상을 가지는 가장 소중한 존재이기 때문이다. 그러므로 크리스천의 국방의 의무나 직업적 군인생활은 무엇보다도 이 점에 있어서 중요한 신학적 의미를 지닌다. 그것이 많은 생명을 지키고 보호하는 생명수호적 행위로 나타날 때에 그 삶은 하나님의 왕국건설에 적극적으로 참여하는 의식적이고 의미 깊은 하나님의 자녀의 책임 있는 삶으로 나타나게 된다.[19]

그렇기 때문에 전쟁 시에 하나님의 말씀에 벗어나는 과도한 행위는 죄악으로 간주된다. 그 예로 사울이 기브온 거민을 무고히 학살했을 때 그 죄로 인하여 이스라엘에 3년 기근이 있었다. 이 때문에 다윗은 그 죄를 속하려고 사울의 자손 일곱을 기브온 사람들에게 내어 주어 마음대로 하도록 했는데 이에 여호와께서 이스라엘 땅을 다시 권고하셨다고 기록하고 있다(삼하 21:2). 그리고 "마음속에 증오를 우선 극복하지 못한 자는 아무도 남을 벌할 자격이 없다. 적에 대한 사랑은 규제가 없다. 그러나 사랑은 선한 자들에 의해서 일어난 자비의 전쟁을 배제하지 않는다" 그러므로 정당한 전쟁은 명예롭

---

19) 성종현, "기독교신앙과 군 생활에 대한 신약신학적 고찰" <u>군 선교신학</u>(서울: 대한 예수교장로회 총회출판국, 1990), p.114.

게 치러져야 한다. 적에 대해서도 신의가 지켜져야 하며 불필요한 폭력, 학살, 약탈 등은 없어져야 한다. 또한 군대 내에서 그러한 전투를 수행하도록 임무 지어진 자들만 정당하게 폭력을 적절히 사용해야 할 것이다.[20]

따라서 군인은 자신의 삶 속에서 자기가 우상이 되어서는 안 된다. 처음에는 좋은 의식을 가지고 군에 나가지만 죽고 죽이는 가운데 자아의식이 없어져 버리는 것이 문제이다. 군인들로 하여금 끊임없이 자신의 본래적인 자아의식을 회복하도록 격려하고 각성하도록 돕는 일을 군 목회자가 감당해야 한다. 만약에 이러한 사역이 없다면 군대는 정말로 살벌한 단체가 되고 말 것이다. 그리고 모든 권력 위에 권력이 있음을 알려 주어야 한다. 세상의 심판자는 창조자 되시는 하나님이시며 모든 궁극적 심판은 하나님께 달렸으며 하나님께서 마침내 모든 것을 정확하게 심판하심을 잊어서는 안 된다. 크리스천의 신앙과 군인의 생활은 서로 모순되고 이율배반적인 것처럼 여겨질 때가 많다. 그러나 신약성경의 고찰을 통해서 군인으로서의 생활 자체가 결코 부정되거나 죄악시되고 있지 않음을 우리는 살펴보았다.[21]

마지막으로 자기 구원의 문제이다. 이 문제는 참으로 중요하다. 전쟁 속에 휘말려 들어가도 스스로의 자신의 구원을 찾아야 한다. 바로 여기에 군 목회의 목적이 있으며 이러한 관점에서 군 선교신학을 바로 정립해 나가야 할 것이다.[22]

---

20) 김기홍, op. cit., pp.125~126.
21) 성종현, op. cit., p.116.
22) 박상칠, <u>소그룹 활동을 통한 군 선교전략</u>(서울: 쿰란출판사, 2004), p.27.

2. 소그룹 공동체 신학

하나님은 자신을 유일하신 하나님으로 천명하심으로써 자신이 삼위(三位) 안에서 명료하게 명상되도록 제시하셨다.[23] 하나님은 그 본질 자체에 있어서 삼위로 존재하시면서 그 존재 방식은 코이노니아적이다. 하나님은 그 존재와 목적 수행방법은 바로 소그룹 운동을 통하여 실현한다. 이것은 예수님의 사역과 사도 바울의 사역에서도 사용한 방법이었다.[24]

하나님은 그 신적 사역을 수행하심과 존재 양식에 있어서 삼위로 존재하신다는 것은 신학적인 큰 과제이면서도 기독교 신앙의 위대함과 유일성을 증거 해 주는 근거가 된다. 창세기 1장 26절에서 하나님께서는 "우리의 형상을 따라 우리의 모양대로 사람을 만들고"라고 말씀하신 하나님은 삼위일체로 존재하시는 분임을 나타낸다.[25] 가레스 W. 아이스노글(Gareth W. Icenogle)은 그의 논문에서 공동체의 삼위일체 신학(A Trinitarian Theology of Community)을 다음과 같이 정의했다.[26]

하나님은 하나님의 형상과의 관계 속에서 공동체를 창조하신 분으로서, 구속 사역을 성취하시는 분으로서, 공동체를 변화시키는 영으로서, 마지막으로 공동체를 완성시키는 분으로서 역할을 수행하신다. 하나님은 공동체 속에 존재하시며 공동체를 창조하시며 공동체

---

23) 존 칼빈, <u>칼빈 기독교강요 제1권</u>, 로고스번역위원 역(서울: 로고스출판사, 1987) p.122.
24) 안재은, <u>소그룹과 교회성장</u>(서울: 총신대학교 목회신학전문대학원, 2004), p.21.
25) Ibid.
26) Gareth W. Icenogle, *Building Community Though Small Groups* (F.T.S, 1992), p.4.

속에 관계를 맺으시며 공동체의 이상을 성취하시는 분으로 역사하
고 계시는 것이다.

관계로서 존재하시는 하나님께서 관계적 존재를 창조하신다. 하나
님은 아담과 하와를 창조하셨고 그들을 통해 가족을 창조하셨다. 더
나아가 그룹과 공동체를 창조하셨다. 하나님께서는 관계적 존재이기
때문에 하나님의 모든 피조물도 관계적 양태를 띠고 있다. 하나님
자신이 삼위일체라고 하는 독특한 상호교제(Intra-communication)
속에 계시기 때문에 그의 형상인 사람도 상호 교제적일 수 있다.27)
하나님은 공동체를 부르시고 구원하실 뿐 아니라 공동체의 능력을
함양시키시고 그 공동체를 변화시키신다. 하나님의 영은 공동체가
공동체답도록 이끄신다. 한편 하나님은 스스로가 공동체적으로 존재
하시되 인류 구원 사역에서도 함께 동역하신다. 하나님은 구원의 대
상으로 사람을 부르시는 것도 공동체적으로 부르신다. 이 공동체는
오늘날의 교회의 원형이자 교회의 뿌리가 무엇인가를 보여주고 있
다. 그러므로 교회는 삼위 되신 하나님을 찬양하고 경배해야 하며
하나님의 공동체적 구원사역에 동참하는 하나님의 선교(Missio Dei)
적 삶을 살아야 한다.28) 따라서 삼위 하나님은 영원한 그의 공동체
를 통하여 그 백성을 인도하시고 성령님의 임재를 통하여 타락한 공
동체를 회복시키시며 구원하신다. 성삼위 하나님은 스스로가 공동체
로 존재하시면서 공동체 속에 계시기 때문에 하나님은 공동체와의

---

27) 안재은, <u>소그룹과 교회성장</u>, op. cit., p.22.

28) George F. Vicedom, *Missio Dei Einfuhrung in eine Theologie des Missio*
(Munchen, 1960), 그는 이 책에서 교회의 존재 이유는 선교이며, 교회는
세상을 구원하시는 하나님의 사명에 참여하는 것이라 했다.

관계를 떠나서는 도무지 생각할 수 없다.[29]

　소그룹이라 볼 수 있는 성경에 최초로 나타난 것은 하나님 아담과 하와로 구성된 공동체이다. 하나님은 모든 인류를 공동체, 즉 소그룹 안에서 살도록 창조하셨다. 우리는 이 최초의 소그룹을 통하여 하나님이 이 땅에서 만들어 가실 공동체의 원형을 찾아볼 수가 있다.[30] 날이 서늘할 때에 에덴동산에 세 인격체가 함께 있었다. 기본적인 신학 공동체는 남자와 여자 하나님이 함께하는 것이다. 온전하고 본래적인 인간 공동체는 여섯째 날에 모든 살아 있는 것들과 지상의 것들 가운데 남자와 여자 그리고 하나님이 함께하는 것이다. 온전하고 본래적인 인간 공동체는 여섯째 날에 모든 살아 있는 것들과 지상의 것들 가운데 남자와 여자 그리고 하나님이 함께하시는 것이다. 하나님께서는 우리를 그리스도의 공동체로 인도하시며 우리를 그 안에 있게 하시려는 외적인 은혜의 수단으로 교회를 사용하신다.[31] 칼빈(John Calvin)은 기독교 강요에서 다음과 같이 말했다.[32]

　　하나님께서는 이 교회의 품속으로 자녀들을 모으시기를 기뻐하셨는데 이는 그들이 유아와 어린아이 시절에 교회의 도움과 봉사로 양육되도록 하기 위해서뿐만 아니라 그들이 성숙하여 신앙의 목표에 이를 때까지 어머니와 같은 사랑에 의해 인도를 받게 되도록 하기 위함이기도 하다.

---

29) Ibid., p.23.

30) Jimmy Long, et al., 소그룹 리더 핸드북, IVP 역(서울: 기독학생회 출판사, 1996), p.28.

31) Ibid., p.24.

32) 존 칼빈, 기독교강요 제4권, op. cit., p.4.

성경에서는 공동체를 하나님과 인격적 관계에 존재적 중심을 두고 있음을 천명하고 있다. 즉 하나님과의 교재가 단절된 인간의 공동체는 이미 본래의 모습을 잃어버린 것이다.[33] 하나님께서는 인간 공동체의 중심에 계신다. 그렇지 않으면 인간 공동체는 없다.[34] 그러므로 신앙적 소그룹은 항상 공동체로서 존재한다.

그런 의미에서 군대 사회는 전혀 다른 삶의 배경을 가진 젊은 청년들이 획일적인 기준에 따라 독특한 문화를 형성하며 삶을 영위하고 있는 하나의 목표, 하나의 규율 속에 묶여 있는 또 하나의 공동 운명체이다. 즉 수동적 물리적으로 집단화되도록 강요된 군 공동체이다. 그러나 병영 생활의 군 공동체 속에 있는 이들 젊은 병사들에게 믿음의 만남의 장으로서의 구속의 공동체 소그룹이 인도될 수 있게 할 수만 있다면 병영 생활은 같은 구성원의 신분을 유지하면서 같은 목적으로 이루어진 군 생활관 공동체로 나아가는 소그룹 공동체 신학을 정립해 나가는 데 아주 귀중한 바탕이 될 것이다.

3. 생활관과 코이노니아 신학

신약은 성부 성자 성령을 상호 인격적 교제의 대상, 즉 판이한 인격들로 제시한다.[35] 삼위는 같은 능력과 같은 역사를 일으키는 일체임을 보이신다. 아버지께서 일하시니 아들도 일하시고 성령이 나타

---

33) L. Berkhof, <u>벌콥 조직신학</u>, 제3권 인간론 고영민 역(서울: 기독교문사, 1978), pp.105~106.

34) Ibid., p.25.

35) 박형룡, <u>박형룡박사저작전집 Ⅱ</u>(서울: 한국기독교교육연구원, 1988), p.197.

나 각양 은사를 주신다. 이로서 삼위가 일체이심을 알 수 있다. 하나님이 인간을 만드실 때 삼위 하나님이 함께 협력하여 인간의 생명을 창조하셨다.[36)]

그러므로 코이노니아는 하나님의 본성에 근거한 것이며 또 그것은 생명의 본질로서 존재한다. 하나님께서 범죄 한 인간에게 찾아오신 것은 잃어버린 생명을 코이노니아를 통해 회복하기 위함이다. 그런 목적을 위해 하나님은 교제를 통하여 상도들과 교제하기를 원하시며 죄인들에게 생명을 주시기를 원하신다. 코이노니아의 기본 의미를 성서백과대사전에서는 다음과 같이 정의하였다. "우정이라든가 참여 혹은 공유라는 표현으로 더 많이 사용된다. 친교라는 말의 개념은 근본적으로 전통적인 의미에서 예수와 그의 열두 제자와 함께 시작되는 기독교의 중심사상에 함축되어 있다."[37)]

따라서 공통적인 토대 위에서 주고받는 삶의 모습을 코이노니아라고 할 수 있으며 함께 나누는 사귐은 생명 현상의 본질이 된다. 이것이 없이는 삶이 근본적으로 불가능하기 때문이다. 그러므로 홀로의 삶이 없듯이 홀로의 코이노니아는 생각할 수 없다. 이러한 원초적인 코이노니아 현상을 우리는 창세기의 창조 이야기에서 찾아볼 수 있다.[38)]

창세기 1장과 2장에서 하나님은 '우리의 형상'을 따라 '우리의 모양대로' '흙으로' 사람을 창조하셨다(창 1:26; 2:7). 하나님과 인간, 인간과 자연(흙)의 공통적인 토대가 분명해진다. 그러나 이때는 남자만

---

36) 차영배, <u>개혁교의학</u>(서울: 총신대학교 출판부, 1999), pp.169~172.
37) 정영진, <u>성서백과대사전11</u>(서울: 성서교재간행사, 1981), p.564.
38) 안재은, <u>소그룹과 교회성장</u>, op. cit., p.31.

이 창조되었기에 하나님은 남자의 '갈비뼈'를 취하여 여자를 만들었다(창2:22). 부족함이 없는 낙원이라 할지라도 홀로 살면 좋지 못하다는, 즉 진정한 낙원이 아니라는 점을 분명히 했다(창 2:18). 우리는 타락하기 이전의 에덴동산에서 하나님, 인간(남자와 여자), 자연 간의 서로 공통적으로 참여하는 빈틈없는 사귐의 관계를 보게 된다(창 1:27,31; 2:18~25). 이 긴밀한 사귐의 관계가 생명 현상의 본질이며 낙원의 본질이다. 이 사귐은 하나님이 창조주로서 절대적 주도권을 가지고 있었다. 나머지 사람과 자연은 하나님의 은총의 산물이었다.

따라서 사람과 자연이 하나님과의 피조적인 코이노니아 안에 있을 때 온전한 생명을 누릴 수가 있었다. 인간이 범죄 함으로 하나님과의 코이노니아가 파괴되고 인간은 상호 간에 책임을 전가하고 비난하게 되었다. 더 나아가 서로 미워하고 살인까지 감행하게 되었고 자연까지도 황폐하게 되었다. 그러나 원초적 코이노니아의 창조자인 하나님은 파괴되고 왜곡된 생명 현상을 방치할 수 없었다. 그래서 그분은 창조적 주도권을 가지고 다시 코이노니아의 회복에 나섰다. 그런데 하나님은 그 백성을 선택하고 그들과 맺은 계약으로 나타났다. 하나님은 계약의 백성을 통하여 모든 인류와 자연과의 코이노니아를 회복시키려고 하셨다. 그러나 이 백성은 끝없는 배신으로 하나님과의 코이노니아를 거부하게 된다. 하나님은 이런 백성들을 위하여 다른 방도를 취하게 된다. 그것은 당신의 아들인 예수 그리스도를 이 땅에 보내시고 그를 통하여 코이노니아를 회복시키는 것이다. 하나님과의 친교는 거듭남(중생)이 조건으로 되어 있다(고후 5:17; 요일 3:9).[39]

---

39) Ibid., p.32.

요한일서 1장 3절에서 "우리의 사귐은 아버지와 그 아들 예수 그리스도와 함께함이라"는 의미는 우리가 죄와 세상을 떠나 하나님과 그 아들 예수님과 함께 복된 친교를 나누도록 하려는 것임을 알아야 한다. 영원한 생명이 육신이 된 것은 친교 속에서 우리가 영원한 생명을 얻게 하기 위함이다.[40] 토마스 F. 토랜스(Thomas F. Torrance)는 다음과 같이 말하였다.[41]

하나님께서는 계약을 통하여 한 민족을 부르시고 그 민족을 통하여 모든 민족이 복 받을 수 있도록 구별하신 것이다. 이것이 예수 그리스도 안에서 새로운 형태로 되었는데 예수 그리스도께서는 그의 대속적 죽음과 부활을 통하여 모든 사람이 하나님과 또 서로 간에 화목할 수 있도록 성령을 부어 주셨으며 하나님의 새로운 백성으로서 하나님의 생명과 사랑을 동등하게 나눌 수 있도록 하신 것이다.

사도바울은 고린도전서 1장 9절에서 하나님께서는 그의 아들 예수 그리스도와의 사귐으로 우리를 부르셨다고 말한다. 부르심의 목표는 예수 그리스도와의 코이노니아이다. 하나님이 부르시는 방향과 목표가 그리스도와의 코이노니아라는 말은 참된 생명 현상의 본질인 하나님과의 코이노니아를 회복하는 것이며 이 회복은 그리스도 사건에 참여함으로써 이루어지는 것이다. 오늘날 사람들에게도 이러한 일이 많이 일어나고 있다. 찬양과 예배에서 새로운 모습들이 나타난다. 새로운 방언 통역 예언 지식의 말씀 및 성령의 은사를 말하기 시작한다.[42]

---

40) 메튜헨리, <u>단권 메튜헨리 신약주석</u>, 메튜헨리 번역 위원회 역(서울: 풍만출판사, 1985), p.1333.

41) Ray S. Anderson, Theological Foundation for Ministry(Michigan Wm. B. Eerdmans Publishing Co., 1993), p.200.

이러한 경험으로 저들은 큰 흥분과 기쁨을 체험하게 되었고 예수 그리스도 안에서 새로운 계시를 알게 되었다. 또 우리의 영 안에 낀 비늘들이 사라졌고 우리의 삶에서 신선한 생명력과 능력을 발견하게 되었다. 이것이 바로 그리스도를 통하여 이루어진 회복의 역사이다. 이렇게 새롭게 함은 끝이 아니라 시작인 것이다. 하나님이 개인적으로 또는 교회적으로 이 땅에서 우리를 향하여 원하시고 갖고 계신 계획을 우리에게 소개하는 것이다. 우리는 하나님의 놀라운 계획 속으로 들어가 성령으로 새롭게 되고 회복되는 것이다. '회복하다'라는 단어의 사전적인 정의는 원래의 형태에 가능한 한 가깝게 데려온다는 뜻이다. 하나님은 교회를 그의 원리대로 데리고 와서 우리를 그의 형상대로 완성시키고 성숙시키시기를 원하신다.[43]

교회 내에서 한 형제가 다른 사람에게 해를 입혔을 때 해를 입은 사람은 당사자들끼리 문제를 해결하도록 해야 한다. 중요한 것은 해를 입힌 형제를 되찾고 그와의 교제를 회복하는 것이다.[44] 그리스도가 머리가 되셨음을 알고 그에게 순종할 때 사랑의 분위기 속에서 안정된 분위기를 이루며 교제를 나누게 된다. 그 결과 교회는 성장하게 되고 사랑 가운데 든든히 서게 되는 것이다. 이런 교회가 세상을 변화시킨다.[45]

헬라어 신약성경에는 교회라고 번역된 단어를 에클레시아(ἐκκλησία)

---

42) Ron Trudinger, 가정 소그룹 모임, 장동수 역(서울: 기독교문서선교회, 1991), p.19.

43) Ibid., p.21.

44) Leon Morris, 신약 신학, 황영철 역(서울: 생명의 말씀사, 1992), p.270.

45) Ron Nicholas & Steve Barker & Judy Johson & Rob Malone & Durng Whallon, 소그룹 운동과 교회성장, 신재구 역(서울: IVP, 1986), p.17.

라고 말할 때 그 말의 원래 의미는 분명하고 단순하다. 즉 불러내거나 선택된 사람들의 무리라는 뜻이다. 먼저 이 단어는 사람들을 지칭하는 한 무리의 사람들을 의미하는 집합명사이다. 이 단어는 건물을 의미하지 않는다. 초대교회에서 건물이 교회라고 불린 기록은 전혀 없다.[46] 당시 그리스도인들은 기독교의 집회나 예배를 위하여 특별히 건축된 장소에서 만난 적이 있다고 기록된 것을 읽을 수 없다. 교회라는 건물 안에 진정한 에클레시아가 존재하고 에클레시아의 원칙들이 적용된다면 건물이라는 측면이 많은 문제가 되는 것은 아니다. 코이노니아는 교회 자체를 말하지 않는다. 그러므로 여러 가지 교회상(하나님의 백성, 하나님의 집, 그리스도의 몸 등) 속에 기본적으로 흐르는 원리가 헬라어 코이노니아이다. 교회는 공동체 혹은 교제라고 하는 코이노니아이다.[47] 코이노니아야말로 초대교회의 삶과 조직의 핵심이었다.[48]

사도행전 2장은 신약교회의 삶과 구조가 어떻게 시작하게 되었는지를 기술하고 있다. 이는 천하 각국으로부터 수천의 사람들이 와서 베드로의 최초 설교를 듣고 응답했다(행 2:5). 하나님께서 성령을 부어 주시는 그날에 3천 명이 세례를 받고 예수님의 제자에 더해지게 되었다(행 2:41). 그들은 즉시 예루살렘성전에서 날마다 모이기를 실행하였고 집에서 떡을 떼기 시작하였다(행 2:46). 얼마 후에 유대인들의 방해로 성전에 모일 수가 없게 되었고 회당에서 모이는

---

46) Ron Trudinger, 가정 소그룹 모임, 장동수 역 op. cit., p.21.

47) Howard A. Snyder, 그리스도의 공동체, 김영국 역(서울: 생명의 말씀사, 1978), p.73.

48) Jams F. Cobble, 교회성장과 조직의 역동성, 명성훈 역(서울: 도서출판 나단, 1994), p.145.

것도 점점 적어졌다. 그들은 개인의 집에서 모임을 갖게 되었고 때로는 해변에 모이기도 하였다(행 20:20). 그들은 모여서 교제하며 하나님의 말씀을 배우고 또 하나님을 찬양하였다. 그러므로 코이노니아야말로 교회의 본질이며 교회의 일치를 지키는 원리이고 동력이라고 말할 수 있다. 교회는 하나님이 인간을 그리스도와의 코이노니아로 부르심으로 창조되었다. 이러한 교회에 대하여 토마스 F. 토랜스(Thomas F. Torrance)는 다음과 같이 말하였다.[49]

> 교회는 하나님과의 교제를 떠나서는 존재할 수 없다. ……교회는 역사 속에서 하나님께서 당신의 백성을 부르시고 그들과 더불어 교제하시며 예수 그리스도 안에서 성취하신 하나님의 사랑을 위한 은혜의 역사로 말미암은 것이다. 그 교회 안에서 말씀과 기도, 성례를 통해 그리스도와의 코이노니아가 반복되며 또 그를 통하여 교인 상호 간에 코이노니아가 이루어지는 장소이다.

그러므로 교회는 코이노니아의 산물이자 동시에 코이노니아가 이루어지는 장이다.[50] 교회에서 코이노니아가 이루어지지 않는다면 그것은 더 이상 교회라고 말할 수 없다. 따라서 성령의 코이노니아가 없는 교회는 생각할 수도 없다. 성령의 코이노니아는 그리스도와 하나님 아버지 사이에 일체 되심과 사귐 그리고 상호 교통하심과 유사하다.[51] 성령의 코이노니아는 그리스도인들이 소그룹에서 비형식적인 친교를 하려고 모일 때 가장 잘 경험하게 된다. 사도 시대의 교회는

---

49) Ray S. Anderson, Theological Foundation for Ministry(Michigan Wm. B. Eerdmans Publishing Co., 1993), p.199.

50) 김혜성 · 남정숙, 웨스트민스터 신앙고백(서울: 생명의 말씀사, 1983), p.159.

51) 박상칠, op. cit., p.387.

예수 그리스도의 이름 아래 성령의 코이노니아를 나눈 공동체였다.

그러므로 소그룹이야말로 신자들에게 시간과 장소에서 함께 그리고 깊이 접촉할 수 있게 해준다. 작다는 것과 친밀성은 상호 간의 의사소통과 교제에 큰 성과를 가져다준다. 작은 모임이야말로 형식적인 구조 없이 성령의 자유로우신 역사를 받아들이는 개방성을 유지하면서 질서를 지킬 수 있는 것이다. 오늘날의 교회의 위기는 성령의 코이노니아를 경험하지 못한다는 데 있다. 교회가 성령의 코이노니아를 경험하지 못하는 이유는,

첫째, 교회의 구조가 너무 경직되어 있기 때문이다. 특히 민간교회는 문화적이며 신앙적인 보수성이 혼합돼 있어 교회를 대단히 경직시키고 있다. 군인교회도 계급의 보수성이 첨부되어 더욱 경직된 교회를 만든다.

둘째, 교회에는 성도들이 서로 교제할 수 있는 장소가 없다. 교회당은 예배 중심으로만 건축되어 있어 예배 후에 친교를 나룰 수 있는 공간과 프로그램이 없다.[52]

그런 의미에서 본다면 생활관 사역이야말로 진정 코이노니아를 이룰 수 있는 가장 준비된 장소요 소그룹 모임의 교회가 될 수 있다. 왜냐하면 생활관이야말로 순수 병사들이 모인 곳이요 휴식과 서로 교제를 나눌 수 있는 공간과 프로그램을 실천할 수 있는 곳이기 때문이다. 따라서 군 전체로 볼 때 가장 경직성이 적은 곳으로 변화할 수 있는 곳이 바로 생활관이다. 지금 한국교회의 병폐를 넘어서서 새롭게 출발할 수 있는 지점이 바로 코이노니아를 지향하는 것이 작

---

52) Ibid., p.388.

은 교회 운동이라고 한다면 생활관은 군 사역을 통한 작은 소그룹 공동체 모임을 이룰 수 있는 가장 적합한 공간이 될 수 있는 곳이다. 초대교회의 모임이 가정에서 이루어진 작은 인원의 모임이요 이를 통하여 진정한 예수 그리스도의 코이노니아가 일어날 수 있었던 것과 같이 생활관 사역을 통하여 분대 단위로서 코이노니아를 이룰 수 있는 작은 교회가 바로 생활관 사역이라고 할 수 있다.

코이노니아 교회론으로서의 생활관이 가지는 장점으로는,

첫째, 교회는 본질적으로 사람들을 하나님과의 교제로 이끌어 가는 통로로 이해한 것은 교회를 제도로 보는 견해보다 더 성서적인 근거를 가지고 있다는 점이다.[53] 군 생활관 사역의 장점이라고 한다면 생활관 사역이야말로 코이노니아를 이룰 수 있는 공통적인 토대 위에 가장 근접하게 서 있다는 것이다.

둘째, 신약교회의 핵심적 내용인 성령이 역사와 기도 생활 그리고 신자들의 자연스러운 참여의 공간을 코이노니아란 관계 속에서 부여할 수 있다는 점이다.[54] 이와 같이 생활관 생활의 핵심적 목표가 공동의 목표를 향하는 독특한 질서를 요구하는 곳이라고 한다면 만남의 장소요 삶의 현장으로서 매일 부딪혀야 할 삶의 현장인 군 생활관이야말로 코이노니아를 이룰 수 있는 가장 적합한 토대 위에 서 있는 곳이다.

코이노니아가 단순히 교리적 개념이 아닌 교회가 어떤 모습을 가져야 하는가 하는 교회 분질적인 문제라고 한다면 생활관은 단순히 어

---

53) 은준관, 신학적 교회론(서울: 연세대 출판부, 1995), p.297.

54) Ibid.

떤 모임 그 이상의 병영 생활의 본질적인 모습이 된다. 따라서 공통적인 토대 위에서 주고받는 삶의 모습이 코이노니아라 한다면 군 생활관 생활이야말로 같은 목표를 향한 교제가 이루어질 수 있는 가장 좋은 코이노니아의 모델이 될 수 있다. 또한 함께 나누는 사귐이 생명 현상의 본질이라고 한다면 병영 생활 중에서 병사들 상호 간의 사귐이 없이는 불가능한 것이 생활관 생활이기 때문에 군 생활관이야말로 코이노니아의의 가장 근접한 토대 위에 서 있다고 볼 수 있다. 그러므로 코이노니아가 초대교회의 삶의 조직의 핵심이라고 한다면 군 생활관 사역이야말로 사랑의 조직인 곧 나눔의 핵심으로 펼쳐 나가야 할 것이다. 왜냐하면 교회에서 코이노니아가 이뤄지지 않는다면 그것은 이미 교회가 아닌 것같이 군 생활관에서의 나눔이 이뤄지지 않는다면 이는 생활관의 기능을 이미 상실한 것이라고 말할 수 있다.

하나님은 인간을 죄로부터 구원하시기 위해서 예수 그리스도를 보내심으로 우리를 구원하셨다. 하나님의 구원은 다른 것이 아니라 하나님과의 올바른 관계와 인간의 죄로 단절된 관계를 회복하는 것을 의미한다. 하나님과 인간의 코이노니아는 하나님의 구원 역사의 내용이며 구원 그 자체가 코이노니아이다. 교회의 코이노니아는 먼저 인간과 하나님 사이의 코이노니아를 전제로 하는 것이며 이것이 코이노니아의 모형이다. 또한 이웃과의 새로운 관계의 회복이 곧 코이노니아이다. 이 코이노니아는 여기서 끝나는 것이 아니라 우리가 살고 있는 모든 피조 세계와의 관계 회복으로 확대되어야 한다. 교회는 이 땅에 하나님의 형상을 회복하려는 하나님의 선교의 봉사자가 되어야 할 것이다. 생활관 사역의 본질이 곧 코이노니아를 통한 관계 회복을 전제로 한 것이라면 하나님의 형상을 회복하는 것으로서의 군 생활관 교회가 실현되어야 할 것이다(마 18:20).

그러므로 인간이 중심이 된 세계관이 하나님 중심으로 전환되어서 동시적으로 관계의 회복이 이루어져야 한다면, 생활관 사역이 병영 생활 중심에서 좀더 관계 중심적으로 이루어줄 수만 있다면 이것이야말로 참된 의미에서 코이노니아 실현이 성취될 수 있는 가장 최적의 곳이 될 수 있다는 것이다. 왜냐하면 교회의 실천적인 과제는 이웃과 자연과의 올바른 관계를 회복하는 공동체가 되는 것이기 때문이다. 이는 지배하는 기구로서가 아니라 봉사하는 공동체로서의 코이노니아를 실현해 나가야 함을 뜻하는 것이다. 그러므로 교회의 이러한 헌신 속에서 군 생활관이야말로 하나님의 삼위 일체적 구원사역이 현존하는 최적의 장소가 될 수 있을 것이다.

4. 만인 제사장의 원리

만인 제사장직은 성경에 바탕을 두고 있는 개념이다. "너희가 내게 대하여 제사장 나라가 되며 거룩한 백성이 되리라"(출 19:6) "오직 너희는 택하신 족속이요 왕 같은 제사장들이요 거룩한 나라요 그의 소유된 백성이니 이는 너희를 어두운 데서 불러내어 그의 기이한 빛에 들어가게 하신 자의 아름다운 덕을 선전하게 하려 하심이라"(벧전 2:9) 이 말씀은 종교 개혁의 핵심구절이기도 하다. 종교 개혁의 핵심을 차지한 것은 모든 성도는 살아 계신 '하나님의 제사장나라'라는 신념이었다.[55] 여기에는 그리스도인들이 다 제사장 역할을

해야 한다는 계념이 포함되어 있다. 그러므로 이 말씀을 기초로 규명해 보면,

첫째, 평신도는 '하나님의 백성이다'. 이는 하나님께서 선택하신 것이다. 우리는 전에는 하나님의 백성이 아니었지만 지금은 하나님의 백성이며 역사를 주관하시는 하나님께서는 인간을 자신의 자녀로 선택하셔서 그들로 하여금 인간의 역사에 동참하게 하신 것이다. 결국 인간들을 부르신 하나님의 목적은 바로 하나님이 뜻에 따라 쓰임 받기 위함이다. 그러므로 평신도가 된다고 하는 것은 하나님의 백성으로서 그분의 뜻을 준행하기 위해서이다.

둘째, 평신도는 '그리스도의 사절이다'. 이는 평신도를 불러 모아서 그리스도를 대신하여 사신(使臣)이 되게 하심이다. 교회는 하나님의 대사관이요 평신도는 그의 사신이다. 평신도들은 선교적 사명을 위해 부름받고 파견된 사절들이다. 평신도는 그런 의미에서 하나의 거룩한 사도적 선민이다.

셋째, 평신도는 '왕 같은 제사장이다'. 제사의 기능에는 두 가지가 있다. 그 하나는 하나님 앞에서 세상을 변호하는 것이요 다른 하나는 세상 사람들에게 하나님을 대변하여 그의 놀라운 행위를 선포하는 것이다. 베드로전서 2장 9절 말씀은 평신도들의 4가지 이름들 곧 '택한 족속, 왕 같은 제사장, 거룩한 나라, 하나님의 소유된 백성' 등으로 부르고 있다. 이러한 평신도들에 대한 성경적 이름들을 살펴보면 이 명칭들 속에서 평신도들의 정체성을 밝혀줄 뿐만 아니라 그들

---

55) Walter A. Henrichsen and william N. Garrison, 평신도 사역자를 개발하라, 유재성 역(서울: 나침판사, 1988), p.81.

의 역할과 책임을 발견할 수 있다.

그러므로 본문은 하나님께서 불러주신 하나님의 백성이 어떤 모습이며 그들에 대한 하나님의 기대가 무엇인지를 밝히 조명하고 있다. 여기서 하나님의 백성인 평신도를 묘사하는 첫 번째 이름이 '택한 족속'이다. 이것은 구약의 이사야 42장 20~21절을 신약에 인용한 것으로서 구약 전체에서 하나님의 백성을 표현하는 보편적인 표현방식이다(신 4:37, 7:6, 14:2; 사 41:8~9, 43:21; 시 105:6, 43). 따라서 베드로는 신약의 그리스도인을 '택한 족속'으로 부르면서 구약적 개념을 사용하여 표현하였다.

또한 '왕 같은 제사장'이란 표현은 하나님의 백성인 평신도가 얼마나 영광되고 풍성한 직책과 역할을 칭송하고 있는지를 나타내는 말이다. 이러한 이름은 구약성경(출 19:5)에서 사용된 하나님의 백성을 지칭하는 말로서 '왕 같은 제사장' 또는 '제사장 나라' 등으로 표기되었다. 왕 같은 제사장들로서의 평신도라는 말은 모든 평신도는 그들 모두가 특권을 가지고 있음을 의미한다. 곧 그들은 예수 그리스도의 왕적 제사장적 사역과 유익에 참여하는 그리스도인임을 나타내는 것이다. 옥한흠 목사는 믿는 자는 누구나 다 왕 같은 제사장이라고(벧전 2:9) 전제하면서 제사장이 가지고 있는 네 가지 영광스러운 특권에 대하여 다음과 같이 말하였다. 그것은 첫째, 하나님께 직접 나아가는 특권이며, 둘째, 영적제사를 드리는 특권이요, 셋째, 말씀을 증거 하는 특권이며 마지막으로는 중보 하는 특권이라는 것이다.[56]

그러므로 이 제사장이라는 영광스러운 명칭을 오직 목회자들에게

---

56) 옥한흠, 다시 쓰는 평신도를 깨운다(서울: 국제제자 훈련원, 2003), pp.109~112.

만 적용할 수는 없다. 왜냐하면 예수 그리스도의 죽음으로 말미암아 모든 신자의 제사장직은 하나님의 은혜로 사는 하나님의 백성 모두에게 차별이 없게 되었기 때문이다. 이에 대하여 안재은 교수는 신자의 제사장직에 대한 신약성경의 교훈은 교회에서 성직자와 평신도 사이에 차별이 있을 수 없다는 것을 분명히 한다고 하였다.[57] 이러한 만인 제사장직의 개혁주의 사상을 우리 생활 속에서 실현하기 위한 유일한 방법은 곧 각 개인의 영적 은사들을 발견하여 개발하여 사용하는 것이다.[58]

여기서 평신도는 수동적 자세에 머물러 있는 비활동적인 존재가 아니라 주어진 사명을 위하여 능동적인 활동으로 각자에게 주어진 분량의 은사에 따라 하나님 나라를 확장시키는 일에 참여하는 하나님 나라의 백성으로서 '왕 같은 제사장'인 것이다.[59] 그러므로 베드로 전서 2장 9~10절의 본문의 구성이야말로 먼저 평신도인 그리스도인들의 위치와 정체성과 그리스도인들이 가지는 사역과 역할에 대해서 증거 하는 것이다. 모든 믿는 자에게는 차별이 없이 제사장적인 직무가 있다는 만인 제사장직은 종교 개혁의 중요한 깃발이 되었고 이로 인하여 루터는 로마교회 안에 있었던 이중 구조적인 계층을 여지없이 무너뜨렸다. 루터의 다음과 같은 글은 평신도와 평신도 사역에 의한 종교 개혁의 정신을 잘 나타내 주고 있다.[60]

---

57) 안재은, <u>제자 훈련과 교회성장</u>, op. cit., pp.46~47.
58) Christian A. Schwarz, <u>자연적 교회성장</u>, 윤수인 역(고양: NCD, 2005), p.24.
59) 이수인, "평신도 참여를 통한 교회 사역의 활성화 방안"(아세아 연합신학대 학원 풀러신학교 공동목회학 박사학위논문, 1987), p.37.
60) Martin Luther, *Martin Luther's basic theological writings*, minesota, 1982, p.12.

교황, 감독, 사제 그리고 수도승만이 영적 신분을 지니고 있다고 하는 생각은 순 날조된 생각이다. 모든 기독교인들은 전적으로 모두 동일한 영적 신분을 가지고 있다. 이들은 상호 간에 아무런 차이가 없다. 다만 직책이 다를 뿐이다. 그 이유는 우리 모두가 하나의 세례, 하나의 복음, 하나의 신앙을 가졌고 동일한 기독교인이기 때문이다. 우리는 모두 세례를 통하여 성별된 사제들이다.

종교 개혁자들은 성경에서 만인 제사장론의 진리를 재발견하였는데 이 원리가 이신득의(以信得義)의 원리와 함께 종교 개혁의 핵심 진리로 나타났으며 평신도가 가지는 위치에 대해서 부각하기 시작하였다. 그러므로 종교 개혁 시대의 평신도 사역이야말로 그 정신에 있어서 초대교회의 신앙 회복 운동이었다. 즉 만인 제사장론을 뿌리에 두고 펼쳐진 평신도 사역의 새싹이 움트는 시대이었다고 말할 수 있다. 개혁자들에 의해서 강조된 만인 제사장론은 오늘날의 교회 목회 현장에서도 평신도들의 활발한 사역을 위하여 적극적으로 수용되고 적용되어야 할 귀중한 성경의 원리이다. 따라서 교회는 무한하게 개발될 수 있는 하나님 나라의 일꾼들을 사장하지 말고 평신도들을 적극적으로 개발하고 활용해야 하며 하나님 나라 확장을 위하여 이들을 적재적소에 배치하고 잘 훈련하여 이들 평신도들을 통하여 교회성장을 이루는 데 적극적으로 관심을 기울여야 한다.

세계적인 선교신학자 호켄다이크(J. C. Hokendaik) 교수는 성직자 자신은 세계무대에 나서지 않는 대신 그 자리에 평신도가 서야 한다고 말하였다.[61] 그러므로 이제는 모든 교회는 성장과 혁신을 위해서

---

61) J. C. Hoekendijk, 흩어지는 교회, 이계준 역(서울: 대한기독교서회, 1987), p.96.

도 평신도 운동을 교회 갱신의 핵심으로 삼아야 한다. 이를 위하여 목회자들은 모든 성도들로 하여금 교회 갱신과 개혁의 투사가 되도록 교육시키고 그들을 일깨워 주어야 한다. 왜냐하면 기독교는 처음부터 교회 사역에 있어서 평신도들의 활발한 참여로 성장하고 확대되어 나갔기 때문이다. 바울이 소개하는 범인, 형제, 성도, 집사 등으로 나타난 많은 평신도들의 사역들을 볼 때에도 그들이야말로 분명 교회의 선교사역에 주도적인 역할을 한 평신도들임을 알 수 있다. 초대교회에 있어서 그리스도인이 된다는 것은 바로 그리스도의 구속적인 선교사역에 참여하는 것을 의미한다고 로저 S. 그린웨이(Roger S. Greenway)는 말하였다.[62]

미카엘 그린(Michael Green)도 초대교회의 평신도들의 이러한 획기적인 사역에 대해서 교회의 평범한 사람들이 전도를 자기의 직업으로 여겼다고 말했다.[63] 그는 초대교회에 있어서 전도는 모든 신자들의 혈액 바로 그것이었다고 주장하면서 그들은 예루살렘을 핵심기지로 하여 그들이 가는 모든 곳에서 자신들에게 기쁨 자유 그리고 새 생명의 복음을 전파하였다고 주장하였다. 그들은 자신들이 전한 내용과 그들의 삶이 일치가 되었기에 전도에 설득력이 있었다고 주장하였다.[64]

오늘의 세계는 급격히 다원적이고 전문적인 사회를 형성하고 있다. 이러한 사회에서 교회의 선교적 사명을 교역자들에게만 의존할

---

62) Roger S. Greenway, 가서 제자 삼으라, 안영수 역(서울: 포도원, 2001), p.34.
63) Michael Green, 초대교회의 전도, 김경진 역(서울: 생명말씀사, 1994), pp.42~43.
64) Ibid., p.123.

수는 없게 되었다. 따라서 교회는 평신도 지도자를 개발하고 훈련해야만 한다. 특별히 다원적 사회인 군인사회에서의 평신도 훈련은 지금은 무엇보다도 필요한 때이다. 그것은 현역 군종목사가 없는 대대급 군인교회에서의 군 선교 차원에서도 이는 절실하게 필요한 문제이기 때문이다. 왜냐하면 현역목회자가 없는 대대 군인교회에서 이러한 것들에 대한 해결방안으로서 이들 평신도들에게 주어진 막대한 자원을 어떻게 활용하느냐 하는 문제와 직결되기 때문이다. 따라서 군인교회가 성장하는 것과 전군 복음화 운동에는 평신도인 군 병사 제자훈련을 통한 생활관 사역의 활성화는 앞으로 군 복음화 사역에 큰 영향을 미치게 될 중요한 계기가 될 것이다.

마태복음의 저자는 그의 달란트 비유에서 하나님께서 신자들에게 주신 은사를 결코 사양하여서는 안 될 것을 우리에게 보여주고 있다. 한 달란트 받았던 종이 하나님이 주신 은사를 사장해 버리고 만 것과 같은 비유에서와 같이 군인교회의 평신도들의 달란트를 사장하도록 하여서는 하나님 앞에 심히 책망받을 일이 될 것이다. 지금까지 군인교회에서는 이렇게 사장되는 하나님의 달란트가 얼마나 많았는지 모른다. 그러나 지금까지 숨겨지고 들어나지 않는 믿음의 병사들의 이 모든 은사들을 개발하고 훈련하여 군 생활관 사역의 활성화를 통하여 군 복음화운동에 활용될 수만 있다면 군인교회의 양적 질적 성장은 크게 달라질 것이다. 왜냐하면 지금 군인교회 안에는 이렇게 드러나지 않은 헌신할 일꾼들이 많이 잠재해 있으며 각자 특기와 재능과 열정을 이들 병사들이 많이 가지고 있기 때문이다. 따라서 이들 평신도들인 군 병사들을 교회 안에서 적절하게 적재적소에 활용될 수만 있다면, 그리고 이러한 군 병사들이 생활관에서 그리스도의 증거자로서 귀하게 활용될 수만 있다면 군인교회의 성장은 몇 배의 효과와 결실을 가져오게 될 것이다.

특별히 지금은 만인 제사장으로서의 평신도들인 군 병사 사역자들에게 자기가 속한 생활관 사역을 감당케 하여 복음을 전달할 수 있도록 교회는 그 대책을 간구해 주어야 할 때이다. 그리고 좀더 나아가서 평신도인 군 병사들이 생활관 안에서 그룹을 만들어 그리스도를 증거 하며 군 사역에 봉사하도록 해야 할 것이다. 오늘날의 특징 중 하나는 혼자서는 제대로 힘을 낼 수가 없고 여럿이 뭉쳐야 비로소 힘을 얻어 무엇인가 성취할 수 있게 된다는 것[65]을 전제로 할 때에, 또한 교회는 본질적으로 건물이 아니고 그리스도를 믿는 사람들의 모임[66]임을 깨달을 때에 평신도들인 군 병사들은 각기 자기 맡은 은사에 따라 자기 위치에서 자신에게 맡겨진 사명을 잘 감당할 수만 있다면 군 복음화 운동은 실질적으로 실현될 것이다. 그러므로 군인교회의 생명과 그 신앙 성장의 성패를 좌우하는 것은, 군 병사들의 제자화 훈련을 통한 사역자들의 병영 생활 가운데서의 사역 그 자체이며 이들의 재능을 개발하여 활용하는 것이 곧 군인교회 성장의 지름길이 될 것이다.

---

65) 홍성현 "평신도 자원의 개발과 활용문제" 복된 말씀 제18권(1971, 2)(전북: 복된말씀사, 1971), p.9.

66) 이종성, "교회의 교육" 교회와 신학 8집(서울: 장로회 신학대학, 1978), p.18.

제2절 군 사역의 성경적 근거

1. 이드로의 분담 제도의 원리

출애굽기 18장 13~27절을 보면 모세에게 세 가지 문제가 발생한다. 첫째는, 육체적인 탈진이고, 둘째는, 지도자의 불만이며, 셋째는, 백성들이 모세에게만 의존한다는 것이다. 이때 모세의 장인 이드로는 모세에게 "그대의 하는 것이 선하지 못하다"(출18:17)고 말한다. 모세의 장인 이드로는 모세에게 위의 세 가지의 문제가 발생하자 평신도 중에서 자격을 갖춘 사역자들을 임명하여 일을 분담시키라고 건의한다. 평신도 사역자는 바로 이런 이드로의 사역 분담 법칙에 근거를 두고 있다. 이것은 목회자와 평신도가 일을 나눠함으로써 하나님의 교회에 맡겨주신 사명을 효과적으로 수행하는 개념인 것이다.[67]

이스라엘 백성들은 광야에서 문제가 생길 때마다 모세에게 와서 시시비비를 가려 달라고 했다. 모세에게 나아오는 사람들은 개인적으로나 혹은 하나님께서 그들로 하여금 언약 가운데서 살도록 요구하신 것에 대해서 다른 의견을 가진 사람들과 함께 나온 자들이었다.[68] 모세가 이런 백성들의 문제를 해결해 주기 위해서 수고했지만 그 당시 이스라엘 백성의 숫자가 장년만 60만 명이 넘었다(출 12:37). 이 백성들이 문제 해결을 위하여 모세가 아침부터 저녁까지 그 일에만 매달려도 그 문제들을 다 해결할 수는 없었다. 백성들을 새판하

---

67) 김점옥, 평신도 사역자를 키워라(서울: 기독신문사, 1998), pp.107~108.
68) John Durthan, 출애굽기, 손석태 · 채천석 역(서울: 솔로몬, 2000), p.424.

는 일로 모세가 지쳐 있는 것을 목격한 모세의 장인 이드로가 모세에게 큰 일만 직접 재판하게 하고 작은 일은 천부장, 백부장, 오십부장, 십부장을 세워 재판하도록 권면하자(출 18:21-23) 모세가 이드로의 사역 분담 제의를 수락하였다. 모세는 하나님을 대면한 자요(민 12:8) 하나님의 말씀을 직접 받아 이스라엘 백성들을 인도한 자였다. 그럼에도 불구하고 그가 장인 이드로의 사역 분담 제안을 받아들인 것이다. 모세가 이드로의 제안을 받아들인 이유로서는,

첫째, 자신이 하는 일이 비능률적임을 인정한 것이다(출 18:17-18, 24). 이드로는 모세에게 "그대의 하는 일이 선하지 못하다"고 말했는데 여기 '선하다'는 의미로 번역된 히브리어 토브(טוב)는 한글 개역 성경에는 '대부분 좋다'(출 22:5, 창 1:4), '선하다'(창 26:29; 수 21:45)라는 의미로 번역되는 형용사로서 도덕적이고 종교적인 선을 나타내기도 하지만(왕상 8:36; 시 34:15), 이 말은 실제적이고도 경제적인 이익을 언급하는 경우도 많이 있다. 본문에서 이드로가 모세에게 선하지 못하도다(לא טוב)라고 말한 것은 모세가 도덕적으로 악하거나 종교적으로 흠이 있다는 뜻이라고 보기보다는 일 처리의 능률이나 효과 면에서 바람직하지 못하다는 뜻이다.[69] 즉 모세는 자신이 행하고 있는 주먹구구식 사역이 얼마나 비능률적이고 비효과적이라는 것을 깨달았기 때문에 이드로의 제안을 받아들인 것이다(출 18:24~25).

둘째, 결국 하나님의 사역을 혼자 할 수 없다는 결론이 나왔기 때문이다(출 18:18). 이드로는 모세에게 "이 일이 그대에게 너무 중함

---

69) 김영진, 옥스퍼드 <u>원어성경대전</u>, op. cit., p.325.

이라 그대가 혼자 할 수 없으리라"고 하였는데 본문 서두에 부정어인 히브리어 로(אׂל)가 사용되었으므로 직역하면 '네가 행하고 있는 그 일은 좋지 못하다'이다. 그러나 그 뜻은 '결코 ～을 할 수 없다'는 의미로 해석할 수 있다. 따라서 본문은 단순히 모세가 혼자서 그 일을 하지 못하게 될 것이라고만 말하는 것이 아니라 결국에는 걷잡을 수 없는 상황에 이르게 될 것임을 암시해 주고 있다. 즉 모세는 사역을 분담하지 않으면 안 될 절박한 상황에 와 있었다는 것이다. 사역을 혼자 감당할 수도 없고 결국 감당할 수 없는 상황에까지 이른다는 것을 알았기 때문에 모세는 이드로의 제안을 흔쾌히 받아들인 것이다. 이드로의 사역분담 원리는 목회자와 평신도가 사역을 분담하라고 하나님께서 교회에 맡겨 주신 사명임을 의미한 것이다. 이 사역분담 원리야말로 신적 기원을 가지고 있는데 하나님께서도 창조사역과 구속사역을 삼위의 아름답고도 완벽한 협력으로 공동사역을 하신 것이다(창 1:26). 동시에 이 원리는 믿는 자의 공동체 원리(엡 4:4) 및 지체 원리(고전 12:27～30)와도 맥을 같이하는 것이다.[70]

그러므로 사역분담의 원리에 따라 평신도에게 분권적인 위임을 한다는 것은 교회 사역의 효율성을 높일 뿐만 아니라 미래의 생존 가능성을 높일 수 있는 것이다.[71] 결과적으로 이드로의 사역 분담 법칙은 좋은 결과를 가져다주었다. 그것은 첫째, 모세의 일이 쉬워졌고, 둘째, 평신도 사역자들이 스스로 알아서 일을 처리하였으며, 셋째, 백성들이 편안해지게 되었다.[72]

---

70) 강병도, 카리스 종합주석(서울: 기독지혜사, 2004), p.317.
71) 안창천, "평신도 사역형교회로의 전환을 위한 효과적인 방안연구"(총신대학교 목회신학전문대학원 박사학위논문, 2004), p.45.

이러한 이드로의 사역분담 법칙을 활용한 평신도 사역이 교회에서도 가장 중요한 요소임에도 불구하고 이 법칙을 교회 안에서 적극적으로 수용하지 못하는 이유는 전적으로 목회자 자신의 의식에 달려 있기 때문이다. 데일 E. 겔로웨이(Dale E. Gallowway) 목사는 목회자들이 평신도 지도자들을 세우는 이드로의 사역 분담 법칙을 사용하지 않는 네 가지 이유를, 무관심과 정보 훈련부족, 불안감, 그리고 재래식 전통 고수 등으로 들었다.[73]

2. 직분의 의미

평신도 사역이란 평신도 직(職)을 통한 하나님의 선교에 참여하는 증언과 봉사를 의미한다. 평신도 사역은 평신도의 신학적 구조로부터 그 행동 규범을 찾아야 한다.[74] 그 성서적인 배경을 살펴본다면 먼저 신약에서는 바울이 교회 내에서의 평신도의 직위를 사역과 연관시키고 있음을 보게 된다. 에베소서 4장 11~12절에서 "그가 혹은 사도로 혹은 선지자로 혹은 복음전하는 자로 혹은 목사와 교사로 주셨으니 이는 성도를 온전케 하며 봉사의 일을 하게하며 그리스도의 몸을 세우려 하심이라" 하였는데 여기에서 바울은 목회자가 무슨 일을 하도록 부름을 받았는가에 대한 본질적인 문제에 대해서 언급한 말씀이다.

먼저 그 일은 '성도를 온전케' 하는 사명이다. 여기서 사용된 '온전

---

72) 김점옥, op. cit., p.109.

73) Ibid., p.111~112.

74) 은준관, 기독교 교육 현장론(서울: 대한기독교출판사, 1988), p.254.

케'라는 단어는 영어에서 '무장하다'(Equip)라는 뜻이며 전쟁에 나갈 군사에게 모든 장비를 갖추게 하고 필요한 모든 기술을 훈련한다는 것을 의미한다. 따라서 교회와 목회자의 가장 우선적인 사명은 성도를 목양하는 차원을 넘어서 무장시키는 사역이다.[75]

에베소서가 가지는 가장 중요한 신학이야말로 바로 교회론이다. 이는 목회자, 평신도, 교회에 대한 서로 간의 관계를 질서 있게 설명해 주고 있다. "그리스도께서 교회를 세우기 위하여 교회에 영적인 은사들을 나누어 주신다"는 것과 이러한 은사들은 모든 성도들로 하여금 그리스도의 몸을 세우고 참여하는 사역자로 준비되도록 돕기 위한 것임을 강조하는 것이다. 즉 본문은 평신도 사역에 대하여 확실한 성경적인 토대를 더욱 굳게 하고 있다.[76] 그러므로 이 말씀에서 본 바와 같이 목회자의 주 임무는 평신도를 무장시키는 사역임을 다시 한번 확인하게 하는 것이다.

그리고 '목사와 교사'라는 표현은 목사 그리고 교사라는 두 개의 직분을 언급하는 것이 아니라 목사의 직분을 가르치는 자로서의 직분으로 표현한 것이다.[77] 또한 목회자의 교육은 단지 평신도를 교육하는 것으로 마치는 것이 아니라 그들에게 적합한 사역을 찾아 주는 것까지도 포함되어 있다. 왜냐하면 평신도의 사명은 '봉사의 일', 즉 사역이기 때문이다.[78] 따라서 본문의 의미를 구체적으로 살펴보면 다음과 같다.

---

75) 김점옥, op. cit., p.88.
76) 김성욱, 하나님의 백성과 선교(서울: 기독교문서선교회, 1998), p.76.
77) 김점옥, op. cit., p.116.
78) Ibid., p.117.

첫째, "그가 혹은 사도로 혹은 선지자로 혹은 복음전하는 자로 혹은 목사와 교사로 주셨으니"의 본문의 의미는 하나님께서 교회 안에 사도, 선지자, 복음 전하는 자, 목사, 교사 등 5가지의 직분을 주셨다는 것을 뜻한다. 따라서 브르스 B. 발톤(Bruce B. Barton)은 이 5가지 직분 중 "사도, 선지자, 복음 전하는 자가 보편적인 영역(전체로서의 교회에 대해)에서 역할을 감당했다면, 목사와 교사는 아마도 지역교회를 섬겼을 것이다"라고[79] 추측한다. 한편 목사를 바로 이어서 등장하는 교사와 동일한 직분으로 보는 견해와 다른 직분[80]으로 보는 견해가 있다. 먼저 동일한 직분으로 보는 견해는 '교사' 앞에 관사가 없다는 점을 그 근거로 든다. 즉 목사와 교사는 헬라어 원문에는 동일한 관사로 묶여 있어서(τοὺς δὲ ποιμένας καὶ διδασκάλους) 목사는 곧 가르치는 자(교사)라는 것이다. 문법적으로 보면 전자가 타당하다.[81]

또 존 스코트(John Scott)는 "오늘날에는 본래의 의미에 있어서의 사도나 선지자는 없고 복음을 전하는 전도자, 양 떼를 치는 목사 그리고 말씀을 상세히 풀어주는 교사는 있다"고 주장한다.[82] 흔히 사람들은 목사는 설교를 하거나 성도들을 심방하는 사람 정도로 이해하고 있지만 그보다 더 중요한 일은 성도들을 훈련시켜 사역을 하게

---

79) Bruce B. Barton et al, 에베소서 주석, 전광규 역(서울: 한국성서유니온 선교회, 2000), p.167.

80) 한성천 · 김시열, 옥스퍼드 원어성경대전(서울: 제자원, 2001), p.643. 참조. "목사와 교사를 다른 직분으로 보는 경우에는 먼저 목사를 감독과 장로로 나누어지는 교회를 다스리는 직분으로 보고, 교사를 성경을 해석하고 그 내용을 가르치는 영적으로 인도하는 직분으로 본다."

81) Ibid., p.643.

82) John R. W. Scott, 하나님의 새로운 사회, 박상훈 역(서울: 아가페출판사, 1988), p.205.

함으로써 그리스도의 몸 된 교회를 세우게 하는 것이다. 즉 평신도가 사역을 하도록 구비시키는 일이 목사의 가장 중요한 직무이다.[83]

둘째, '성도를 온전케 하며'의 의미에서 온전케 한다(καταρτισμὸν)는 이 헬라어는 신약의 다른 곳에서는 발견되지 않고 마태복음 4장 21절에서는 무엇을 수리한다는 뜻으로, 히브리서 11장 3절에서는 태초에 하나님께서 모든 세계를 그 모양과 질서대로 지으셨다는 뜻으로, 갈라디아서 6장 1절에서는 타락한 사람에게 영적인 건강을 회복시켜 주다라는 의미로 사용되었을 뿐이다.[84] 헬라 사회에서는 의료 용어로서 팔이나 발이 부러졌을 때 의사가 부러진 뼈를 바르게 접골시켜 고통스러워하는 환자에게 필요한 것을 갖추어 줄 때에 이 단어가 사용되었다. 즉 세속적인 의미는 부러진 것을 회복시키고 제자리를 벗어난 것을 바로 잡음으로써 그것이 본래 갖고 있던 기능을 되돌려 준다는 것을 의미한다.[85]

하지만 본문에서는 어떤 혼돈된 상태를 질서 있게 회복시켜 준다는 의미로서가 아니라 그리스도의 몸 안에 있는 그들의 기능에 대한 책임에 맞는 조건을 모든 성도들에게 갖추어 준다는 뜻으로 사용되었다.[86] 즉 성도들이 온전케 된다는 것은 하나님께서 그의 백성들을 향한 계획의 표현으로서 평신도 모두가 각자의 사역을 감당할 수 있

---

83) Paul Stevens, 참으로 해방된 평신도, 김성오 역(서울: 한국기독교학생회 출판부, 1997), p.35.

84) Francis Foulkes, 틴델주석·에베소서, 양용의 역(서울: 예수교문서선교회, 1977), p.164.

85) Greg Ogden, 새로운 교회개혁이야기, 송광택 역(서울: 미션월드 라이브러리, 2000), p.132.

86) Ibid., p.164.

도록 준비되는 것을 의미하는 것이다.[87] 김서택 목사는 온전케 한다는 의미를 잠재되어 있는 능력을 개발하여 제대로 사용하도록 훈련시킨다는 의미로 해석하였고[88] 권성수 교수는 훈련을 통하여 성도들을 무장시킨다는 의미로 해석하고 있다.[89]

셋째, '봉사의 일을 하게 하며'의 의미의 헬라어 봉사의 일(ἔργον διακοίας)은 사역(work of ministry)으로 번역되어야 한다.[90] 즉 성도들도 복음을 가르치고 목회적 기능의 분야를 성공적으로 감당해야 한다는 것이다.

넷째, '그리스도의 몸을 세우려 하심이라'의 의미는 성도들을 훈련시켜 사역하게 하시는 궁극적인 목표는 그리스도의 몸을 세우는 데 있는 것이다(εἰς οἰκοδομήν τού σώματος τού Χριστού). 그리스도의 몸을 세운다는 의미는 교회를 건설한다는 뜻으로 신자들의 수효를 증가시키는 것보다는 성도들의 믿음을 자라게 한다는 것을 의미한다.[91]

3. 선교명령에 있어서 제자훈련

마태복음 28장 19~20절의 "그러므로 너희는 가서 모든 족속으로 제자를 삼아 아버지와 아들과 성령의 이름으로 세례를 주고 내가 너

---

87) 김성욱, 하나님의 백성과 선교(서울: 기독교문서선교회, 1998), p.78.
88) 김서택, 은혜의 지배(서울: 규장, 2000), p.427.
89) 권성수, "교회의 공동체성 창조의 비밀" 그 말씀 5월호(서울: 두란노서원, 2004), p.47.
90) 박윤선, 성경주석 바울서신(서울: 영음사, 1993), p.159.
91) Ibid., p.159.

희에게 분부한 모든 것을 가르쳐 지키게 하라 볼 찌어다. 내가 세상 끝 날까지 너희와 항상 함께 있으리라"는 본문 말씀은 크게 두 단락으로 구성되어 있다.

앞부분(16~18절 상 반절)은 마태복음에서 최후로 묘사된 마태의 보고이고, 뒷부분(18절 하 반절~20절)은 마태복음을 마감하면서 동시에 모든 시대를 향해 열려 있는 예수님의 선교 지상명령이다. 마태가 전승에서 전해 받은 예수님의 말씀은 세부적으로는 계시 또는 말씀, 선교명령 그리고 약속으로 삼분될 수 있다.[92] 마태복음 28장 16절에서 열한 제자들은 예수님의 지시를 따라 갈릴리로 간다. 이로써 복음은 본래 활동 지역으로 되돌아가는 것 같으나 사실은 모든 민족을 향해 폭넓게 열린 것이다. 마태복음 28장 17절에서 부활하신 예수를 본 제자들의 반응은 경배하는 것이었다. 경배하다란 헬라어 프로세쿠네산(προσεκύνησαν)은 앞을 '향하여'라는 전치사와 '입 맞추다'라는 동사의 합성동사로 '예배하다, 경배하다, 꿇어 엎드리다'의 뜻으로 사용된다. 제자들은 부활하신 분의 현현이라는 새로운 경험으로부터 무릎을 꿇고 예수님께 경배한다.

마태복음 28장 18절에서 마태복음의 경우 예수님의 권세는 아버지로부터 받은 하늘과 땅의 전권이다. 그분의 권세는 제자들에게도 위임이 되는 아버지께로부터 부여받은 모든 권세이다. 이 예수님의 권세는 이 단락에서도 함께하리라는 약속의 말씀의 형태로 제자들에게 이양되었다.

마태복음 28장 19절에서 "제자 삼으라"는 본문에서 사용된 헬라어

---

92) 장흥길, "모든 족속으로 제자 삼으라" 교회와 신학 제38호(가을호)(서울: 장로교 신학대학, 1999), p.92.

마테튜사테(μαθητεύσατε)는 유일한 명령형 동사이다. 제자 삼는다는 말은 신약성경에서 총 4번 사용되었는데 복음서 중에서는 유일하게 마태 복음서에서만 3번 사용되는(13:52; 27:57; 28:19) 마태의 애용 단어이다. 이 명령형 동사에 '가서', '세례를 주고', '가르치라'는 3개의 분사가 연결됨으로써 제자 삼으라는 예수님의 당부가 집중되어 있다. 제자들에게 위탁된 제자 삼음의 이 사역은 지역주의를 넘어서 모든 민족에게로 확대된다. 또한 마태에게 있어서 제자가 되는 것은 단순하게 세례 받고 말씀을 배우는 것이 아니라 주님께서 명하신 모든 것을 지키는 것이다. 그러므로 본문 20절에서 "내가 너희와 함께 있으리라"에서 '내가'(ἐγώ)가 강조되어 있다. 우리와 함께하시는 임마누엘 예수가 서두(1:23)와 말미(28:20)에서 각각 나타난 것이다. 즉 제자 삼음의 모든 행위는 제자들만의 문제가 아니라 예수님의 함께하심의 약속과 함께하는 모든 제자들의 문제가 된다.93)

따라서 본문에서 말하는 모든 권세는 하나님께로부터 나오며 부활하신 예수께서 주신 권세는 선교를 위한 권세임을 알 수 있다. 그러므로 선교는 이스라엘에 국한된 것만이 아니라 모든 열방을 향해 열려 있는 것이며 선교의 내용인 '제자 삼음'이란 의미는 복음 말씀에 대한 단순한 수용을 넘어서 예수의 가르침을 지키게 하는 모든 것들을 포함하는 것이다. 따라서 마태의 경우 '그리스도인이 되는 것'은 곧 '제자 됨'을 의미하며 예수님의 제자 됨이란 예수께서 가르쳐 주신 사랑과 의를 행하는 것이며, 이것은 독자적인 행위가 아니라 그리스도를 따르는 추종에서만이 이루어지는 것이다.94)

---

93) Ibid., pp.93~96.
94) Ibid., pp.96~97.

그러므로 예수께서 승천하시면서 마지막으로 제자 삼으라고 명하신 것은 평신도를 사역자로 삼아 모든 사람을 제자 삼으라는 지상명령이다. 이 명령은 모든 평신도를 사역자로 세우라는 말씀이며 이 명령을 준행하기 위한 제자훈련은 필수적이라는 것이다. 따라서 주님의 지상명령에 순종하는 교회가 되기 위해서는 반드시 제자훈련을 하며 평신도가 사역의 중심에 서는 평신도 사역형 교회로 전환되어야 한다는 것이다.[95]

특별히 대대 군인교회에서 군 병사들을 제자 삼아 이들의 사역 훈련을 통한 생활관 사역형 교회로의 전환은 전군 신자화 운동을 위한 이 시대 군인교회에 대한 소명이라고 할 수 있다.

제3절 군 사역의 역사적 근거

1. 초대교회 시대의 군 선교사역

초대교회 시대는 군 선교사역의 역사를 복음 시대와 박해기 두 시대로 나누어 고찰할 필요가 있다.

첫째, 먼저 복음 시대의 군 선교사역으로서 이 시기는 그리스도의 탄생으로부터 네로 황제의 박해가 있기까지의 기간의 역사이다. 이 기간은 한마디로 복음 선교를 위한 준비 기간이었다. 하나님께서는 그리스도의 복음이 세계적으로 확산되기에 용이하도록 몇 가지 군사

---

95) 안창천, op. cit., pp.67~68.

활동을 통하여 마련하셨다. 알렉산더 대제의 정복의 역사는 헬라문화와 헬라어가 전 세계 공용어가 되게 하였다. 신약성경이 헬라어로 기록된 것은 결코 우연한 일이 아니다. 왜냐하면 그 언어가 모든 나라에서 교육의 도구로 채택한 언어이기 때문이다.[96]

로마는 스페인에서 유프라테스 강과 북해에서 사하라 사막까지에 달하는 넓은 제국을 통치하였고 바다에서는 해적을 몰아내고 육지에서는 치안이 보장되는 견고한 도로를 건설하였다. 이 길을 따라 십자가의 전도자들은 마음껏 통행할 수 있었으며 그런 의미에서 로마의 정복은 기독교의 정복을 위한 준비요 선교의 도구가 된 것이다.[97]

이 시기에 등장하는 이방선교의 초석이 된 두 명의 기독 장교 군인이 있다. 한 명은 마태복음 8장에 등장하는 중풍병자 하인을 둔 가버나움의 백부장이고, 또 한 명은 사도행전 10~11장에 등장하는 로마군인 고넬료이다. 모든 믿는 자에게 구원을 주시는 하나님의 복음이 이방세계로 전해지는 데는 경건한 로마 장교 고넬료를 통해서 시작되었다. 이방선교의 시작은 이방사도로 자처하는 바울에 의해서가 아니라 수제자 베드로를 통하여 복음이 전파되고 세례가 베풀어져 이방선교의 정통성을 인정케 되었고 군인이었던 고넬료의 가정을 통하여 이방선교가 시작되었다는 사실이다. 또한 마태복음 8장 이하에는 하인의 병을 고치기 위해서 예수님 앞에 나온 가버나움의 백부장이 등장한다. 예수님께서는 "내 집에 들어오심을 감당치 못하니 말씀으로만 치유함을 구하는" 그의 믿음을 보시고 "이스라엘 중에서

---

96) Herbert J. Kane, 기독교 세계 선교사, 박광철 역(서울: 생명의 말씀사, 1981), pp.11~12.
97) 김기태, 군 선교의 이론과 실제(서울: 보이스사, 1985), pp.179~180.

도 이만한 믿음을 만나보지 못하였다"고 칭찬하셨다.[98]

즉 복음 시대에도 극히 소수이기는 하지만 로마군 내에 믿음 있는 지휘관들이 존재했음을 알 수 있다. 특히 바울과 군인들과의 일상적인 접촉을 통해서, 또는 로마로 압송된 바울이 군인들과의 일상적인 접촉을 통해서(행 21:34; 23:23-25; 32:24-29; 27장), 복음을 전하게 되었음을 우리는 바울 서신을 통해서 많이 엿볼 수 있다(빌 1:13; 엡 6:12-26). 이 복음 시대의 군 선교는 장차 세계적인 종교로 발전할 기독교의 초석이 되는 역할을 했다.

둘째, 박해기의 군 선교사역이다. 이 시기는 네로 황제의 기독교 박해 시로부터 콘스탄틴 황제의 기독교 공인 시까지를 말한다. 기독교가 어떻게 로마에 전달되었는지는 알 수 없으나 어떤 특별한 노력 없이 유대에서 온 군인들과 상인들에 의해서 전해졌을 것이라고 추측한다. 로마정부가 어떻게 그리고 언제부터 조치를 취하기 시작하였는지는 확실히 알 수는 없지만 많은 학자들의 견해에 따르면 주후 64년 발생한 대화재에 따른 네로 황제의 박해가 시초라고 말한다.[99]

네로의 음모에 의해서 기독교도들이 방화범으로 누명을 쓰게 되고 핍박을 받기 시작하지만 보다 중요한 핍박의 원인은 당시 로마 사회에 유행되는 제신을 위해 희생제물을 드리는 것과 황제숭배를 강요당하는 관직과 군 복무를 회피하려는 기독교도들의 태도 때문이라고 보고 있다. 기독교에 대한 이러한 박해에도 불구하고 로마군인들 중에는 기독교신자들이 증가되었고 많은 기독신자 군인들이 순교했음

---

98) Ibid., pp. 184~185.
99) 지동식, 로마제국과 기독교(서울: 한국신학연구소, 1980), pp.119~120.

을 역사는 말하고 있다.[100]

　트라야누스 황제의 제3차 박해 시(A.D. 108), 용감하고 많은 승전 기록을 낸 로마의 장수 유스타키오는 우상 숭배의 제사에 참여하라는 황제의 명을 거절하여 그의 전 가족과 함께 사형언도를 받았다. 군인들로서 로마의 황제가 된 이들 중에서 트라야누스 황제(Trjanus, 97~117)[101], 셉티미우스 세베루스 황제(Septimius Severus, 193~211), 트리키아사람 막시민 황제(Maximin, 235~238), 디오클레안 황제, 막시미안 황제 때에 참혹한 기독교 박해로 이 중에 군인 순교자들이 많이 나오게 되었다. 특히 막시민 황제 때(235~238)에, 어떤 로마병사는 황제가 하사한 월계관을 쓰기를 거절하고 자기는 크리스천이라고백하자 태형을 당하고 투옥된 후 죽음을 당했으며, 디오클레안 황제 때는 황제의 사위 가이사 갈레리우스를 수반으로 하는 강력한 반기독교 정당을 구성했다.[102]

　막시미안 황제 때 아퀴티나의 반역자들을 대항하여 싸우도록 골(Goul)로 행진하라는 명령을 받은 군대 중에 한 군단 전원이 크리스천 군단이 있었다. 황제는 전쟁을 시작하기 전, 전 장병들에게 로마의 우상에게 희생제물을 드릴 것과 골 지방에 기독교도들을 추방하는 데 돕겠다고 서약할 것을 명령받았다. 그러나 테반이라 불린 기독교 신자들로 구성된 군단은 황제의 명령을 거부했다. 황제는 6,000명으로 구성된 1개 군단 중에서 10명 중에 1명을 위협의 본보기로 처형할 것을 명령했다. 그러나 남은 장병들이 흔들리지 않았고 그래

---

100) 김기태, op. cit., pp.186~187.
101) 김영진, <u>성서백과대사전11</u>(서울: 성서교재간행사, 1981), p.692.
102) Ibid., pp.187~188.

서 그 군단의 전 장병이 순교하는 사건도 발생하였다.[103]

이런 박해 기간에는 군인장교인 바실리 데스, 데키우스 황제의 일곱 군인들인 막시미아누스, 마르티어누스, 요안네스, 알쿠스, 디오니시우스, 쿤스탄티누스, 세리이온 등의 순교와 로마누스 군인, 마르니우스 백부장, 시위대장 세바스티안, 니칸더와 마르시안, 즈올즈 등 수많은 크리스천 군인들의 순교가 있었다. 이들 예수님의 제자들인 군인들은 모진 박해에도 불구하고 신앙양심을 지키면서 국가와 황제를 위해 충성을 바쳤고 복음을 전하는 일을 쉬지 않았다.[104]

마르크스 아우렐리우스(Marcus Aurelius A.D. 173) 시대의 우뢰군단의 선교는 특히 유명하다. 기독교 박해자인 로마황제 마르크스 아우렐리우스는 당시 북쪽 몇 나라가 로마에 대항하기 위하여 동맹하자 대규모의 군대로 정복에 나섰다. 그러나 도중에 복병을 만나 적병에게 포위된 상태에서 식수가 없어 목말라 죽어가는 궁지에 몰리게 되었다. 군인들은 관습대로 자기들이 믿는 신에게 호소했다. 그러나 쥬피터나 마르스나 그 밖의 다른 모든 신들을 부르는 것은 허사였다. 결국 의용군에 속한 군인들인 기독교인들이 하나님께 기도하도록 요청받게 되었고 그들이 기도하자 많은 비가 내려 죽어가는 많은 사람들을 살리게 되었다. 전설 같은 기적으로 말미암아 천둥군단 혹은 우뢰군단이라고 불리게 된 이 부대는 소수의 크리스천의 기도로 패전의 위기에서 승리하고 그래서 기독교 신봉의 문이 열리게 되는 모습을 볼 수 있게 되었고 주변의 비기독교인들에게 도전과 충격

---

103) John Fox, <u>위대한 순교자들</u>, 맹용길 역(서울: 보이스사, 1977), pp.121~123.
104) 김기태, op. cit., pp.189~194.

을 주어 복음을 전파하는 기회가 되기도 했다. 이들은 모두 죽음을 두려워하지 않는 꿋꿋한 신앙이 평신도들이었다.[105]

그러나 전술한 바와 같이 군대 내에서는 많은 순교가 있었다. 이러한 순교는 로마 정사에 실려 있다. 개별적으로 그룹으로 순교한 병사들은 셀 수 없이 많았다. 오늘날 군에 입대하는 많은 크리스천 청년들에게도 박해 당시의 이러한 신앙 선진들의 믿음의 결단을 심어 준다면 그들의 믿음과 헌신으로 인하여 병영 생활에서의 믿음의 본과 개인 전도는 군 선교의 큰 성과를 가져올 것이다.

2. 국교 시대의 군 선교사역

이 시기는 콘스탄틴(Constantinus) 황제가 기독교를 국교로 공인한 A.D. 313년부터 최초로 로마 교황이란 칭호를 내세운 고레고리 1세가 즉위한 590년까지로 교회사에서는 이 시대의 최대의 역사적 사건인 니케아 대회가 열렸으므로 니케아 회의 시대라고도 부른다. 초대교회의 신자들은 부활하신 주님의 재림을 대망하면서 이교도인 황제가 있는 군대에 참여하기를 꺼렸다. 그러나 콘슨탄틴 대제의 출현으로 로마는 기독교에 정복당하기 시작하였고 로마 군대는 기독교를 받아들이기 시작하였다. 콘스탄틴 황제가 그리스도인들을 보호해 주겠다고 약속한 이후로 그가 이기는 것을 바라지 않을 수 없었으며 어떤 사람들은 자진해서 그를 도와주러 나섰다.

4세기 초 콘스탄틴 대제가 기독교를 공식종교로 공인하자 전쟁에

---

105) Ibid., pp.195~196.

반대하던 교회의 입장은 잠잠해지거나 수정되었다. 이스라엘처럼 로마인도 눈에 보이는 하나님의 백성이 된 것이다. 이런 일이 일어나기까지 초대교회의 군인들은 사회의 다른 분야에서처럼 신앙에 위배되지 않은 일이라면 어느 누구보다도 자신의 직무에 충실하였고 도덕적인 사람들이었다. 국가와 교회가 분리되지 않는 상태는 이때부터 중세 전반을 거쳐 종교 개혁 이후 거의 현대까지 유럽에서 계속되어 왔다. 그러므로 하나님 사랑하는 것이 나라사랑이요, 나라에 충성하는 사람은 곧 하나님께 충성하는 사람이 되었다.106) 이제는 성직자들이 국가로부터 봉급을 받고 교회는 국고에서 건축이 지원되었고 차츰 기독교의 선교는 제도적인 것이 되었다.107)

따라서 로마제국의 영토 확장은 기독교 복음 선교지의 확장이며 로마의 정복은 곧 기독교의 정복이기도 했으며 로마의 평화는 기독교의 평화와 같은 의미로 사용되기 시작하였다. 이 거룩한 눈에 보이는 하나님의 도성을 위해 하나님의 군사들은 이 도성을 방어해야 했고 이방인들은 하나님을 대항하는 존재들이었다. 암브로시우스는 성직자가 군인들에게 용기를 줄 것을 모세와 비교하여 말하였다. "모세는 자신의 백성들을 위해서 참혹한 전쟁을 수행하는 것도 적 왕들의 무력도, 적국의 야만성도 두려워하지 않았다"는 것이다. 군사들은 십자가 군기를 앞세우고 전투에 나가 적군을 섬멸하였고 적장이나 왕들은 기독교를 믿고 세례를 받아야 했다. 이러한 제도적인 선교를 한 것은 군인과 수많은 수도사들이었다.108)

---

106) 김기홍, op. cit., p.123.

107) Ibid., 136.

108) Roland H. Bainton, *Christian Attitudes toward and Peace* (Nashvill:

로마제국이 야만족들에게 무너지기 시작하자 걷잡을 수 없는 상태로 각 지역들은 혼란 상태를 백 년 이상 계속하였다. 이때 이들 야만족의 군인들에게 복음을 전한 것은 교회였다.[109] 이미 전부터 아리안파의 기독교를 접해 알고 있던 야만족의 군주들은 자신들의 빈약한 문화적, 정치적 배경을 위해서 교회로부터 지원을 얻고자 하였다. 본래부터 있던 로마제국이 원주민과 야만의 게르만족이 함께 거하려면 정신적인 지주로서 기독교와 같은 종교가 필요하였다. 그 방법은 먼저 군주가 믿고 그의 군인들이 세례를 받고 백성들이 그 뒤를 따르는 것이었다.[110]

이러한 선교방법은 유럽 전체가 완전히 기독교화될 때까지 계속되었다. 가장 대표적인 예는 프랑크족의 왕 클로비스의 개종이었다(496년). 그는 불군디족(Burgundian)의 공주 클로틸다와 결혼하여 그녀로부터 전도를 받았으나 옛 신을 버리기를 주저하였다. 그가 알레만니(Alemanni)족과의 전투에서 위기를 만나고 견딜 수 없는 지경이 되자 기도하였다. "클로틸다가 살아 계신 하나님의 아들이라고 부르는 예수여, 나를 도와주소서. 만일 내가 이기게 되면 당신의 이름으로 세례를 받을 것을 맹세합니다. 나의 신들은 지금 나를 도와주지 않고 있으며 아무런 능력도 없는 것이 확실합니다. 이제 나는 당신에게 요청 합니다 적들로부터 나를 구해 주소서." 결국 그는 승리하였다. 그리고 성탄절에 3천 명의 군사들과 함께 강에 들어가 세례를 받았다. 이렇듯 한 군주의 개종이 군 전체의 선교로 이어지는 역사이었다.[111]

Abingdon, 1960), p.90.

109) 김기홍, op. cit., p.136.

110) Ibid., p.137.

111) Ibid.

로마의 평화는 기독교의 평화와 같은 의미로 사용되는 시대에 군 선교방법은 전쟁을 통하여 피정복자에게 기독교를 의무적으로 전래시켰던 시대이었다. 이는 한 군주의 개종으로 온 군사들과 백성들의 강제적인 개종으로 이어지므로 한 군주의 개종이 얼마나 선교에 큰 영향력을 행사할 수 있는가를 바라볼 수 있는 역사이었다.

오늘날의 군 선교전략 면에서도 계급 사회를 이루는 군에서 지휘관이 막강한 영향력을 행사할 수 있다는 점은 위와 같은 맥락에서 이해될 수가 있다. 따라서 생활관에서의 믿음의 선임병사들의 영향력이 얼마나 큰 효과를 가져올 수 있는가를 다시 한번 생각해보면서 계급을 이용한 선교전략을 위한 믿음의 지혜가 필요한 때이다.

3. 중세교회 시대의 군 선교사역

이 시기는 초대교황 고레고리 1세가 즉위한 A.D. 590년부터 루터가 종교 개혁을 일으킨 1517년까지의 긴 역사를 말한다. 일반적으로 이 시기가 교회사에서는 중세 암흑기로 알려졌는데 교회는 동방과 서방으로 양분된다. 중세 이후의 군 선교는 사실상 선교라고 할 수 없다. 모든 사람이 태어난 지 8일 만에 세례를 받고 신자가 되었기 때문에 선교할 필요가 없기 때문이다. 그럼에도 불구하고 군대와 관련되어 성직자들의 역할은 지휘관들과 병사들의 사기를 진작시키는 것이었다. 특히 이슬람교도들과의 싸움이나 십자군 전투는 전쟁의 정당성을 신앙 수호에 두었으므로 성직자들은 전투의 승리를 위해서 기도해 주었다. 성직자들의 종군 활동을 통하여 전투에 임하는 장병들은 큰 힘을 얻었다. 전투 중에 살인하는 것은 전혀 문제가 되지 않았고 오히려 가장 큰 선행이 되었다. 국가와 종교가 분리되지 않은 상태에서 군대는 신앙의 수호자로서 가장 중요한 국가 세력이었다.[112]

무엇보다도 이 시기에 찰만(Charlemane) 대제의 선교적 공헌은 지대한 것이었다. 그의 통치시기에 한 큰일은 색슨족과의 전쟁을 치룬 것이다. 색슨족은 독일의 북부를 점령한 크고 힘 있는 게르만 족이었다. 찰만 대제가 그들을 정복한 것은 몇 차례의 힘든 출전 후에 성취되었다. 그의 색슨족 정복(A.D. 772~804)은 기독교 확장에 지대한 영향을 끼쳤다. 그들은 찰만 대제에게 신앙을 강요당했다. 찰만은 그들이 왕의 규율과 신앙을 받아들일 때까지 25년 동안을 그들과 싸웠고 강제로 세례를 받게 하였다. 색슨족에게 무력으로 떠맡긴 기독교는 보다 더 평화적인 감독구와 수도원 설치를 통하여 작센 전 지역에 영구히 뿌리를 박았다. 이렇게 해서 역사상 가장 재능 있고 정력적인 게르만 종족은 개종되었던 것이다.[113]

서방 제국의 대부분을 지배한 정치적 세력과 기독교 확장에 똑같이 헌신적이었던 이 통치자는 진정 제왕이라고 할 만했다. 그러므로 싫증난 로마 귀족으로부터 보호를 받고 큰 신세를 진 교황 레오 3세가 800년 크리스마스에 성 베드로 성당에서 성찬식 때 무릎을 꿇은 찰만에게 로마 황제의 관을 씌운 것은 로마인들과 일반 서방인들은 이 사실을 수 세기 동안 콘스탄틴 황제 밑에 있던 제국을 서방에 복구시키는 것으로 환영했다. 그것은 또한 찰만으로 아우구스트의 위대한 후

---

112) 박상칠, op. cit., p.37.

113) Walker Willston, 세계 기독교회사, 강근환 외 3인 공역(서울: 대한 기독교서회, 1987), p. cit., p.146.

계자가 되게 하였고 제국에 신정 정치의 낙인을 찍는 일이었다.114)

이 시기에 문제가 많았던 십자군전쟁은 성직자의 설교와 기도로 모군되어 시작되었다. 십자군들은 거룩한 전쟁을 위해 일어났고 성지의 점령 때문에 서방교회가 보낸 열정적 군인들이었다. 1081년에 즉위한 동방 황제 알렉시우스 코메누스(Alexius Comnenus)는 터키인들을 제압하기 위하여 서방에 지원을 요청하였다. 이러한 요청에 대하여 교황 우르반 2세(1088~1099)는 여러 지역을 순회하면서 성지회복을 위한 성전을 요구하였다. 또한 1095년 11월 남부 프랑스 크레먼트(Clairmont)에서 종교회의를 개최하여 성전을 촉구하였다. 교황을 비롯하여 주교들이 영주들과 교구민들에게 호소할 뿐 아니라 많은 설교자들이 십자군이 원정을 독려하였다.115)

성지회복이라는 이름으로 7차에 걸쳐 십자군을 일으켜 이슬람교도를 공격했으나 결국은 실패하였고 이 전쟁 중에서 비기독교적 잔혹성은 이슬람교도들의 마음에 지울 수 없는 상처를 남겼다. 1099년에 예루살렘이 해방되었을 때 십자군들은 1,000명의 수비대들을 전멸시키는 것으로 만족치 않고 거의 7만 명의 이슬람교도들을 대량 학살하였다. 생존한 유대인들은 공회로 끌려가서 산채로 화형을 당했다. 그리고 십자군은 성묘 교회(The Church of Holy Sepuchre)를 재건하고 거기서 전쟁에 승리한 것을 전능의 하나님께 공개적으로 감사하였다. 이때의 기독교에 대한 증오심은 900여 년이 지난 오늘날까지도 이슬람교도들에게 남아 있어 기독교 선교의 장벽이 되고 있다.116)

---

114) Ibid., p.348.

115) 김영재, <u>기독교교회사</u>(서울: 총신대학출판부, 1995), p.286.

116) Harbert J. Kane, <u>기독교 세계 선교사</u>, 박광철 역(서울: 새생명의 말씀사,

십자군전쟁이 오늘날 군 선교에 주는 교훈은 크다고 볼 수 있다. 이것은 맹목적인 신앙에 기초를 둔 종교적 도전행위가 얼마나 군 선교에 방해가 되는가를 보여준다. 잔혹한 학살을 자행한 것이나 홍해가 갈라지는 것과 같이 지중해가 갈라진다고 생각하여 많은 병사들을 익사시킨 사례 등은 맹목적인 신앙이 가져다주는 무모한 종교 활동의 단면을 보여주고 있다. 자칫 특수사회인 군대에서 계급을 앞세워 무리하게 강제적인 종교 행사를 기독교 위주로 실시하거나 종교 다원주의 시대에 타 종교를 지나치게 배척하거나 핍박하는 것은 궁극적으로 군 선교에 부정적인 결과를 초래할 것이다.

역사에 따르면 영국의 헨리 2세의 셋째 아들인 리처드 1세(Richard Coeur De Lion, 1189~1199)가 군종 개념을 처음으로 만들었다고 한다.[117] 제3차 십자군 원정대 사령관이었던 그는 신병들을 기독교 신앙으로 무장하여 전장에 나서게 하는 데 어려움이 있음을 알았다. 그는 성직자들을 기병 중대당 1명씩 배치하여 '상무는 곧 신앙'이란 정신으로 병사들의 사기를 드높이려 노력했다. 한편으로 성직자들은 전장에 나가기 싫어서 꾀병을 부리는 병사들을 '하나님의 저주'로 위협하거나 때로는 사명감을 갖도록 설교하며 병사들 앞에서 십자가를 높이 들고 전선으로 나갔다. 이것이 군대에서 성직자가 활동하게 된 시초였다.[118]

15세기에 들어와서 이런 식의 군종 활동은 한동안 사라졌다가 크롬웰(Oliver Cromwell)이 등장하면서 그가 창설한 신식 군대에 군종

1981), pp.80~81.

117) 양희완 편, 군대문화의 뿌리(서울: 을지서적, 1988), p.52.

118) 박상칠, op. cit., p.38.

제도가 부활하였다.[119] 그는 성직자가 부대 선두에 서서 공격부대로 장병들을 인도하는 대신에 전사상자(戰死像者)들을 돌보며 간호하는 임무를 맡겼다. 이러한 성직자들의 사역은 장병들에게 대한 신앙적인 지도와 격려 그리고 기도를 통해 군인들이 일당백의 힘을 발휘하게 하였다.[120]

4. 종교 개혁 시대 이후의 군 선교사역

십자군 전쟁은 당시 서구에 비해 우월한 동양 문물에 눈을 뜨게 하였고 동로마제국 멸망 이후의 영향으로 문예부흥 운동이 일어났으며 그 영향하에 종교 개혁도 일어나게 되었다. 이 시기는 기독교도들이 이교도들과의 전투에서 승리함으로써 군 선교와 기독교 확장에 이바지하기보다는 로마 가톨릭 국가군과의 50년간의 걸친 전쟁으로 선교적 측면에서 볼 때는 불행한 시기였다. 그러나 종교 개혁 이후에는 성직자를 목사라고 부르게 되었고 군목 제도는 더욱 당연한 것이 되어 갔다. 개신교와 로마 가톨릭 간의 전투가 있을 때에 개신교도 측에서는 반드시 군목이 동행하였다.[121]

특별히 우리가 기억해야 할 이 시대의 인물은 스위스의 종교 개혁자였던 쯔빙글리(Ulrich Zwingli 1484~1531)이다. 그는 돈 받고 전투에 나간 스위스 청년들의 군목으로서 일한 적이 있다. 그 당시 가

---

119) Lewis William, Spitz, 종교 개혁사, 서영일 역(서울: 기독교문서선교회, 1989), p.14.
120) 박상칠, op. cit., p.38.
121) 김기홍, op. cit., p.139.

난한 스위스 청년들은 살아올 기약도 없이 용병으로 출전하는 일이 많았고 죽어 온 청년들도 많았다. 그때마다 슬픈 소식을 전해야 하는 쯔빙글리의 괴로움은 비할 데 없는 것이었다. 그는 전사한 청년들의 넋을 위로하고 그 시체의 장례식을 치러주었다.[122]

종교전쟁 시에 쯔빙글리는 스위스 군대의 영적 지도자였다. 이때 열 명의 목사들도 이 전투에 참가하여 병사들의 사기를 북돋았다. 전투가 중과부족으로 밀리게 되자 쯔빙글리는 전투를 독전하기 위해 스스로 칼을 들고 전투에 뛰어들어 장렬하게 전사하였다. 여기서 군목과 일반 병사들이 얼마나 조국을 지키는 데 한마음이었는가를 잘 알 수 있다. 군목들의 기도와 지도는 병사들에게 절대적인 힘을 제공하였다.[123]

국가와 종교가 분리되지 않은 상태에서 신앙의 수호자로서 군대는 가장 중요한 국가의 세력이었다. 존 녹스(John Knox)는 스코트랜드의 종교 개혁을 지원하기 위하여 로마 가톨릭 군과 전투를 경험하였다. 주로 불란서 군대로 형성되어 있는 로마 가톨릭 군을 격파하고 1560년 국회를 개신교도가 장악할 때까지 존 녹스는 목사로서 스코틀랜드군의 정신적 지도자였다. 같은 방법으로 크롬웰(Oliver Crommel)은 군대를 조직하여 영국을 청교도 왕국으로 만드느라 싸우고 스스로 지도자가 되어 통치하였다.[124] 이들의 신앙적인 지도, 즉 기도는 장병들로 하여금 일당백의 힘을 발휘하게 만들었다.

---

122) 이장식, "전쟁과 그리스도인" 군진신학(육군본부군종감실 편)(서울: 군복음화후원회, 1985), p.304.

123) 김기홍, op. cit., p.139.

124) Lewis William, Spitz, op. cit., pp.292~293.

미국의 경우도 마찬가지였다. 미국 독립전쟁 시에 군목의 필요성은 당연한 것으로 받아들여졌다. 미국은 각 주의 의용군으로 이루어졌고 이들 젊은이들은 자기 마을의 목사를 모시고 전쟁터에 나가는 것을 당연한 것으로 여겼다. 이처럼 자연스럽게 종군한 군목들이 목숨 바쳐 충성하는 대상은 그들이 섬기는 신자 장병들이었다. 예일대학의 어느 학장의 일기에는 1774년 이스트 길포드(East Guilford)에서 83명의 의용군들이 토드(Todd) 목사와 함께, 해돈에서는 백 명의 군인들이 메이(May) 목사와 함께, 챠단에서도 백 명 이상의 장병들이 볼드맨(Boardman) 목사와 함께 종군했다는 기록이 있다.[125]

당시 군목들의 활동은 눈부신 것이었다. 그들은 자신을 부정하고 대단히 성실하게 성직을 수행했다는 평가를 받았다. 19세기 중엽 미국 군목 제도의 창설에 헤드레이(J. T. Headley)의 책은 군목들의 독립전쟁에 대한 열의에 대하여 다음과 같이 논평하였다.[126]

> 그들은 대단히 용감했으며 애국적인 행동을 했고 독립을 선동하였고 가르칠 뿐만 아니라 행동으로써 약하고 겁 많은 군인들에게 용기를 불어넣었으며 그들이 주장한 것의 명분이 정의로운 때에는 영웅심과 높은 신념으로 용감하고 진실하도록 고무시켰다.

의용군들이 대륙군에 통합되었던 것처럼 의용군의 성직자들도 대륙군에 통합되었다. 1775년 7월에 미합중국 의회는 성직자들에게 20달러를 지불함으로써 군목 제도를 합법적인 토대 위에 올려놓았다.

---

125) Ibid., pp.11~12.

126) Ibid.

영국으로부터 독립하려고 만든 임시정부에서 공식적으로 명문화한 것이다. 그 후 몇 달 뒤에 조지 워싱턴 장군은 연대장들에게 훌륭한 인격을 가진 이를 군목으로 임명할 것을 지시하면서 모든 장교들과 사병들은 군목에게 존경을 표하고 여러 가지 교회예식과 행사에 경건하게 참석할 것을 명령하였다.[127] 군목 제도의 초기부터 국가는 육군과 해군에 군목을 배치시켰다. 그러나 군목 선발에 대한 일반적인 기준이나 정책에 대한 방안은 없었다. 군목이 생기기 시작한 초기의 교회는 군목에 관한 규정을 만들고 교육시키는 일에 거의 관심을 보이지 않았다.[128]

군대에 군종병과가 만들어지고 발전된 뒤에 교단들도 군목을 조직적으로 관리하려는 움직임이 일어났다. 1873년 미국 성공회는 자기 교단의 성직자가 군목으로 임명되기 전에 반드시 성공회의 자문을 받을 것을 주장하였다. 정부는 이 원칙을 받아들여 1899년과 1901년 양 의회에서 군목들을 교단에서 파송하여야 임명할 수 있다는 확고한 법안을 제정하였다.[129]

제1차세계대전 무렵에 미국교회는 더욱 큰 관심을 가지고 군목에 관한 연구를 시작하였다. 전쟁이 시작되자 32개 교단의 대표가 참석하여 연구하도록 조직되어 "군목을 위한 일반위원회"(General Committee)라는 이름을 가지게 되었다. 제2차세계대전이 발발하자 전쟁을 위한 총동원령이 교회들에 의해 만장일치로 지지되었고 이때 국가를 위기

---

127) Hutcheson, Richard G. 교회와 군 선교, 박상칠 역(서울: 도서출판 실로 암, 1988), p.12.

128) Lewis William, Spitz, op. cit., pp.12~13.

129) Ibid., pp.14~15.

에서 구하기 위하여 수천 명의 민간인 성직자들은 참전 장병들을 돌보기 위해 군목을 지원하였다.[130]

전쟁 중에 교회는 국가의 전 지역과 전쟁터 전역에 목회를 확장하게 되었다. 그들은 군목들을 위한 여러 가지 장비를 제공하였다. 그러나 20세기의 미국은 법률에 명시된 국가권력과 종교의 상호 독립이라는 정교 분리의 원칙이 다변화하고 세속화된 사회에서 차츰 종교 활동을 멀리하는 분위기가 팽배했다. 이런 점은 군대 사회에서도 마찬가지였다. 이제는 세속화된 사회에서 자신의 종파를 전도하는 것은 개인의 사적인 생활을 침해하는 것으로 인식되었다. 이런 나라에서의 군목은 종교 예식을 행하고 원하는 사람들의 상담이나 하는 사회사업가로 업무가 좁혀지고 말았다.[131]

지금까지 군 사역의 역사적 근거를 교회사적 연구를 배경으로 종교개혁 이후에서부터 현대 군 선교의 역사에 이르기까지를 간략하게 기술하였다. 따라서 점점 다원화된 현대에 이를수록 군목의 역할은 축소되고 군 선교사역의 영역은 점점 치열해지고 있다. 이러한 상황 속에서 군 선교 활성화를 위한 다각적인 전략이 매우 필요한 시점이다.

5. 한국의 군 선교사역의 역사

한국 기독교 군 선교 연합회는 군 선교의 시대별 특징을 1950년대 군종목사 제도 창설 시대, 1960년대 전군 신자화 운동 시대, 1970년

---

130) 박상칠, op. cit,. p.39.
131) 김기홍, op. cit., pp.141~142.

대 신앙전력화 운동 시대, 1980년대 군 복음화 운동 시대, 1990년대 제2차 진중세례 운동 시대, 2000년대 비전2020으로 구분하였다. 본 연구에서는 육군의 군종사를 주로 살펴보고자 한다. 1948년 8월 15일 정부 수립과 함께 조국의 방위를 위해 창설된 조선경비대에서 태동되었다. 주선경비대는 제1연대로부터 편성되었는데 당시 1연대 부관이었던 강문봉이 미군 체제의 군사 제도를 시찰하고 돌아온 후에 부대 내에 '교회'와 '댄스홀'이 있어야 한다고 주장한 것이 군대 종교 활동의 필요성을 제기한 시초가 되었다.[132]

해군의 아버지라 불리는 손원일 제독은 정훈이란 이름 아래 최초로 군종 업무를 이화여고 교목인 정달빈 목사를 초청하여 시작되었다. 그러나 1950년 6·25전쟁이 발발하였고 이어 미국 제33사단 10공병 대대에 근무하던 무명의 카추샤 사병이 이승만 대통령에게 진정하기를 "우리 한국군에 성직자들이 들어와 복음을 증거 하여 전투에 임하는 장병들의 가슴에 신앙의 철판무장을 시켜 주시오"라는 요지의 글이었다.[133]

이 진정서가 발단이 되어 1951년 2월 7일 육본 일반명령 제31호로 육군본부 인사국 내 군승과를 설치하고 대위 김득삼 목사가 초대 군승과장으로 임명을 받아 군종병과는 창설되었다. 초대 군승 과장인 김득삼 목사는 종군 목사와 신부를 모집하여 제1차로 1951년 2월 28일에 32명의 성직자가 무보수 촉탁으로 일하게 되었다. 한편 군승과는 1951년 4월 14일 육본 일반 명령 제55호에 의거 군목과로 개칭되

---

132) 육군본부, <u>육군군종사</u>(육군인쇄창, 1975), p.39.
133) 김기홍 Ibid., p.40.

고 초대 군종 과장으로 김형도 군목이 보직되었다. 1952년 4월 15일 제4기 군목 21명이 입대하였다. 이들 중 목사안수를 받은 군목은 보조군목으로 청색십자가를 붙여 구별하였다. 그리고 동년 5월 9일에는 제5기 군목 63명이 훈련을 마친 후 봉직하게 되었다. 무보수 촉탁 시대를 거쳐 1952년 6월 16일 군인 명 제58호로 139명이 문관으로 정식 임명되어 최초로 유급 군목이 되었다. 군 선교를 효과적으로 하기 위해서 군목에게 계급을 달아야 되느냐는 문제를 놓고 토의했으며 또한 병과의 독립을 위해서도 논의가 활발히 진행되었다. 그 결과 육본 인사국에 속하여 있던 군목과는 1954년 1월 12일부로 육본 일반 명령 제9호에 의거하여 군종감실 설치명령이 하달되어 그해 2월 28일 경북지구 관제과의 건물을 얻어 군종감실을 설치하였다.[134]

어떤 의미에서 이 시대는 군 선교 역사에 있어서 가장 중요한 일들을 수행한 시기로서 평가된다. 군종감실의 편제는 1954년 3월 1일에 완성되어 동년 12월 13일에 군종 장교로 임관신고를 육본광장에서 정일권 육군 참모 총장에게 함으로써 현역 시대의 막이 오르게 되었다.[135]

1955년 1월 14일 교육각서 제9호에 의하여 육군 전 장병을 대상으로 인격 지도교육을 실시하여 군목은 인격지도의 교관으로서 장병들의 도의교육을 맡게 되었다. 동년 5월 5일 제9기 56명의 군종 장교 후보생들이 훈련을 마치고 임관하였다. 한편 동년 5월 17일에는 서울 용산에서 육본 군인교회 헌당식이 이승만 대통령의 참석하에 거행되었다. 그리고 이때부터 군종 업무 운영을 위해서 정식으로 국가

---

134) 육군본부, <u>육군군종사</u>, op. cit., p.42.
135) 김기태, op. cit., pp.262~263.

예산의 뒷받침을 받게 되었다. 1957년 2월 14일 군 당국에서는 군인들의 각종 사고의 방지책을 강구하던 중 군종 업무를 강화시키는 것이 급선무임을 인식하여 당시 국방부 장관의 명에 의해 각급 부대 군인교회에 장병 개인 상담소를 설치하여 상담업무에 임하게 되었다. 이때의 군종 활동은 조용하면서도 업무의 심도를 더해가는 시기였다고 본다. 한편 1959년 1월 9일 감실기구를 개편하여 교육과를 선교과와 통합하고 기획운영과를 신설하였다. 특히 동년 12월 31일에 군목보수기관인 군종 교육대를 설립하게 되었으며 교육지시 제33호에 의거 고등군사반 초등군사반 후보생반 군종 하사관반 등의 제 과정을 설치하고 1960년 1월 5일 제1기 초등군사반에 한성욱 소령 외 29명이 입교하여 교육이 시작되었다. 1962년 1월 27일에 제14기 군종 장교 21명이 입대하여 소정의 교육을 받은 후 중위로 임관하여 전후방으로 배출되었다. 동년 7월 20일 육군 600-1로 육군인식표 규정에 종교표시를 하게 되었다. 한편 이 기간 중에는 군종 업무가 정착되어 성장하기 시작되었다. 그리하여 1962년 9월 20일 군종 업무에 대한 전반적인 지침교범이 팜플렛 16~5로 발간되었다. 뿐만 아니라 1965년 2월 9일에는 월남정부의 요청으로 우리국군의 파월이 시작되어 최초로 비둘기부대의 파월이 결정되어 초대 군목으로 이창식 소령이 파월의 장도에 오르게 되었다.[136]

동년 9월 26일에는 전투부대의 파월 결정에 따라 수도사단의 파월 환송 예배가 강원도 홍천에서 사단장 채명신 소장의 참석하에 백낙준 박사의 설교로 성대히 거행되었다. 그동안 국군의 파월과 함께

---

136) Ibid., p.266.

불교국인 월남에서의 종교적인 대민관계를 위하여 군종들의 종군문제가 제기되었고 1965년에는 군목 1명을 동국대학에 파견 군승문제를 연구하게 되었다. 1966년 3월 31일에 제정된 예비역 군종 장교 후보생 제도에 따라 각 신학대학에서는 규정에 따른 엄격한 선발시험을 통해 징병소집을 연기 받아 졸업 후 성직자가 되어 종군하게 되었다. 이는 점차 감소되어 가는 군종 장교요원 확보에 기여하게 되었다. 1967년 6월 15일에는 문제사병 선도지침이 성문화되었고, 7월 1일부터 대대 군종 하사관 제도를 비롯한 신규 업무지침이 하달되어 군종 역사에 많은 발전이 되었다. 특히 이 기간에는 새 시대 복음 운동이 군에서도 일어나기 시작했다. 1968년 7월 4일에는 김옥길 이대 총장 등으로 구성된 전도단을 조직하여 6군단 20사단 26사단 등에서 순회 전도 강연을 실시하였다. 또한 군승의 종군으로 1969년부터는 군모에 병과표시로 십자가를 부착했으나 차후로는 일반 장교와 같이 계급장을 부착하게 되었다. 또 군종 센터의 필요성을 느껴 육군 군종 센터 건축후원회가 1969년 2월 13일 각 종단 성직자로 구성되었고 4월 19일에 참모총장 령에 의하여 군종 센터 건립위원회가 구성되었다. 군종 업무규정을 정비하여 육군규정 1-4호로 사기 및 복지규정을 제4장에 편입 요약했으며 참모업무의 효율을 위하여 육군방침에 의거하여 육군내규 10-16에 감실운영 내규를 삽입하였다. 당시 1군에서는 군사령관 한신 대장이 50여 대의 오토바이를 구입하여 군종 활동용 장비로 연대급 부대에 지급하여 군종 업무 발전에 획기적인 계기가 되었으며 후일 전개된 전군 신자화 운동에 뒷받침이 되었다.[137]

---

137) Ibid, pp.266~267.

1972년 4월 11일 전군 신자화 운동 후원회가 발족되어 세종호텔에서 백낙준 박사를 위원장으로 선출했으며 이 운동을 적극 지원하기 위해서 대한성서공회는 만국성서공회(영국)에 보고하여 그 회답으로 한화 오천만 원 상당의 성경을 군에 기증하였다. 전군 신자화 운동의 일환으로 부대 내 종교 강연을 1973년 6월 8일부터 23일까지 실시하여 3,674명의 결신자를 얻었고 1972년~1973년에 걸쳐서 야전군에서는 초급간부의 자질향상과 신앙지도의 일환으로 특별순회 강연회를 실시하였는데 김용기 장로를 강사로 하여 사단급 19개 부대 총 19,889명이 참석하였다. 1973년 7월 1일부로 제3군 사령부가 창설됨에 따라서 3군 군종 참모에는 주월사 군종 참모였던 중령 허영범 군목이 부임하였으며 7월 27일에 3군 사령관의 지시에 따라 104평의 군인교회를 건축하여 헌당식을 가졌다. 전군 신자화 운동의 지속적인 추진으로 효과적인 성과를 거두는 데 있어서 우수한 장기복무 군목들의 확보가 필수적이었다. 그 당시의 이러한 노력의 업적으로는 다음과 같다.

첫째, 우수한 군목들의 장기복무자 획득문제는 군종 업무 수행의 중요한 정책이 되었다. 이러한 정책의 일환으로 군종 장교들의 해외 유학이 실시되었고 매년 3명의 유학생을 보내게 되었다.

둘째, 군종 장교들의 복무방침을 제정하여 1973년 11월 22일 전군에 하달되었다. 이러한 복무방침을 제도화함으로써 군종 장교들의 복무의욕을 증진시키고 불필요한 잡음을 제거하였다.

한편 지금까지 군인교회 운영에 있어서 획기적인 제도를 규정하였고 20년 동안 군인교회의 신앙과 역사가 깊어짐에 따라서 항상 평신도로만 되어 있는 군인교회가 민간교회로 옮겨 지원 임명을 받고 봉사하게 되었다. 이와 같은 상황에서 군인교회 발전책으로 지금까지 내려온 군인교회 운영위원회를 폐지하고 민간교회와 같이 직원제도를 실시할 것을 결정하고 1973년 11월 8일 전군에 하달되어 군인교회 발전에 획기적인 계기가 되었다.

1976년 6월 군종감실은 군 복음화후원회(회장 한경직 목사)로부터 포켓용 찬송가 3만 부를 기증받아 연대급 부대에 보급하였고 교회 비치용 찬송가 3만 부를 영락교회로부터 기증받아 종교시설이 있는 사단급 이상 부대에 중점적으로 보급하여 신앙 활동에 큰 실효를 거둘 수 있었다. 동년 6월 26일 박정희 대통령은 '신앙전력화'라는 휘호를 군종감실에 하사하였다. 군종감실은 일찍부터 군종 업무의 활동지침으로 교범을 발간하였으나 1976년 야전교범 정비계획에 의거 그해 2~9월까지 자료모집과 연구심의를 거쳐 야전교범 1600(군종 및 인격지도)을 새로 편찬하여 발간하였다.

1980년부터 '82년까지 연차적으로 10명씩 G.O.P 대대에 군종 장교를 배치하였다. 1982년 7월 31일에는 군종 장교 40기 45명이 임관되었다. 이 기간 중 군종 특보반 설치를 건의하여 1982년 8월 12일 군종 장교 보수 교육과정으로 종합 행정학교 일반학처에 군종학과가 창설되었다. 또한 군종감실은 군진신학정립을 위해 군 복음화후원회의 협력을 받아 교계 저명인사 8명(대학 교수)에게 필요한 분야별로 연구논문을 위촉하여 그 논문들을 모아서 '군진신학'이란 명제로 1983년 10월에 간행하였다. 한편 1984년 9월 27일~10월 3일까지 '하나님은 사랑이시다'는 주제로 세계 기독 장교대회를 개최하여 종교 행사, 세미나, 축하회를 갖고 땅굴, 판문점을 견학한 후 폐회하였다. 동년 5월 10일에는 육군 군종사(제2집)를 발간하였으며, 군종 42기 65명이 임관하였다. 1985년에는 이디오피아 난민 구호운동에 참여하여 759만 원의 헌금을 구호위원회(총재 한경직)에 전달하였다. 군 선교사역의 또 하나의 군 선교의 획지적인 방법은 '진중합동세례'이다. 그 최초의 기원은 1970년 21사단 66연대에서 민간 종교 지도자들이 전방부대를 위로한 방문결과를 분석하면서 이상강 군목의 노력으로 연대장을 포함한 154명의 세례를 받은 것이다. 이를 계기로 같은 해 11월에는 26사단에서 최세태 목사의 집례로 1,460명이 세례를 받았으며, 12월에는 5사단에서 한준섭 군종감의 주례로 1,005명이 세례를 받았다. 1972년에는 28사단 81연대에서는 1,009명이 세례를 받았다. 그해 4월에는 20사단에서 군목인 김태동 중령의 인도로 장교 88명, 사병 3,390명 도합 3,478명이 세례를 받았다.[138]

1980년 제5공화국이 들어서면서 군 선교는 일대 침체기를 맞게 되었다. 전두환 대통령은 기독장교회(OCU)가 정치세력화를 구축한다는 구실로 현역과 예비역을 구분시켜 군에서의 종교 활동을 약화시켰고 전도운동이 종교 간의 위화감을 조성한다는 이유로 진중 세례 운동을 중지시킴으로써 군 선교 운동은 최대의 위기를 맞게 되었다. 그러나 제5공화국의 이러한 정책에도 불구하고 한국교회는 성장을 계속하였다. 군 선교는 5공화국의 정체기가 지나가면서 1990년대 진중 교회당의 건축과 2차 진중 세례운동으로 다시 부흥하기 시작했다. "군 복음화후원회"는 1950년대와 1960년대에 지어진 예배당을

---

138) 교회연합신보, 1972년 4월 30일자, 오덕교 "군 복음화 50년의 역사: 한국 기독교 군 선교연합회를 중심으로", p.8.에서 재인용.

보수하거나 교회당이 없는 부대에 교회당을 짓는 작업을 전개함으로 1990년대의 군 선교 운동을 이끌었다. 이 시대의 교회 건축운동은 각 교회의 협력을 얻어 교회를 건축한 후 군대에 기증하는 형식을 취하였다. 군 자체의 예산으로는 군인교회 예배당을 건축할 여력이 없어 민간교회나 성도들의 후원을 받아야 했기 때문이다. 이러한 교회와 성도들의 후원으로 현재 진중교회가 약 1,000여 처의 교회당이 지어지게 되었으며139) 수백 명의 민간 교역자들이 파견되어 현역 군목들이 부재한 대대 군인교회의 군 선교사역을 담당하게 되었다.

우리나라에 군 선교를 시작한 지 어연 반세기가 지났다. 그동안 많은 주의 종들이 군 선교를 위하여 한 수고는 참으로 값진 결실이 아닐 수 없다. 교회사가 신앙의 창조적 힘과 그것이 의인의 과정을 통해 변모하는 모습이 넘쳐 솟아오르는 하나님의 섭리의 결정적인 역학을 사실상의 주제로 삼는다면, 이 군 선교사는 매우 의미 있는 역사의 주제가 될 수 있을 것이다.

지금까지 살펴본 군 선교는 주로 군목에 의한 활동에 의존해 왔다. 그러나 이제는 의식의 전환이 필요한 때이다. 무조건 많은 초신자들을 대상으로 반강제적인 모습으로 전도하는 데 중점을 두는 시기는 이미 지나갔다. 이제는 대대교회에 대한 군 선교의 전환이 필요한 때이다. 왜냐하면 지금 현역 군목들은 점점 그 숫자가 감소하는 추세이고 이에 대한 민간교역자들의 군인교회 파송이 필요한 때이기 때문이다. 따라서 매년 30,000명씩 입대하는 기존 크리스천 장병들에게 이제는 관심을 가져야 할 때이다.

---

139) 곽선희, <u>제34차 정기총회보고서 · 회의안</u>(서울: 한국기독교 군 선교연합회, 2005), p.151.

무엇보다도 군 복음화의 실질적인 사역의 최일선에 있는 군병사인 평신도 사역자들을 세우는 이 일이야말로 군 복음화의 실질적인 사역이 될 수 있기 때문이다. 그러므로 크리스천 장병들의 개인전도와 생활의 본을 통해서 더 나아가 평신도 사역자로서의 역할을 통해서 군 선교의 재부흥을 가져와야 한다. 이를 위해 군대에 입대하는 크리스천 장병들로 하여금 입대 전 어떻게 무슨 내용으로 준비시키느냐 하는 문제는 이제는 한국교회의 중요한 역점 사항이 되어야 한다. 왜냐하면 이들 크리스천 군 입대 예비자들에게 2년 동안의 군 선교를 위하여 파송받은 군 선교사의 사명의식을 심어 주는 일은 무엇보다도 한국교회에서 해야 할 필요한 군 선교전략이 되기 때문이다.

그러므로 이들 크리스천 병사들의 사역을 통하여 군 복음화의 실질적인 방안을 군 병사 제자훈련을 통한 생활관 사역의 활성화 방안에서 찾아보고자 한다.

제 3 장

생활관 사역의 의미

생활관 사역은 군 병사 제자훈련을 통한 소그룹 사역이다. 본 장에서는 소그룹 활동과 평신도 사역 및 제자훈련을 통한 생활관 사역의 의미를 설명하고자 한다.

제1절 소그룹으로서의 생활관

1. 소그룹의 의미와 생활관

살아 있는 생명체는 집단으로 생존한다. 사람도 여기에서 예외는 없다. 그러므로 사람의 생활 가운데 그룹은 매우 중요한 위치를 차지한다. 그룹과 관계되지 않은 개인이 있을 수 없듯이 개인과 무관한 그룹도 없다.[1] 그룹이라는 말은 우리가 보통 몇몇 사람들이 모인 소집단으로 생각하지만 그룹의 정의는 그 특성 가운데서 무엇을 강조하느냐에 따라 학자 간에 견해를 조금씩 달리한다.

하포드(M. Harford)는 소그룹을 두 사람 이상이 공동의 목적과 관심을 가지고 모여서 서로를 인지하고 감정을 나누며 규범을 설정하고 단체행동을 위한 목표를 수립하고 응집력을 발전시킴으로써 그들 자신을 타 집단과 구별하는 한 집단으로 보았다.[2] 데비드 W. 존슨(David W. Johnson)과 프랭크 P. 존슨(Frank P. Johnson)는 소그룹은 서로 상호 작용을 하고 상호 의존적이며 소속감이 있고 공통의

---

1) Robert S Cathcart & Larry A Samovar, *Small Group Communication* (Dubuque Wm. C. Brown Company Publisheres, 1975), pp.7~8.
2) 남세진, <u>집단지도 방법론</u>(서울: 서울대학교출판부, 2001), p.41.

목적을 추구하는 것이라고 정의한다.[3] M. S. 노을즈(M.S. Knowls)와 H. F. 노을즈(H.F. Knowls)는 소그룹을 확실한 회원 그룹 의식 공동의 목적의식 욕구의 충족을 위한 상호 의존, 상호 작용 통일된 방식으로 행동하는 능력이라고 말한다.[4] 콜먼(Coleman)은 말하기를 "소그룹이란 매우 분명한 목표와 목적을 가지고 상호 인격적인 관계를 위하여 계획된 실제적이면서 상호 의사소통과 후원을 위한 최소 최대의 인원인 3명에서 12명 사이의 그룹이다. 이들 그룹은 적어도 한 달에 한 번씩 또는 한 주에 한 번씩 정기적인 만남을 가져야 한다. 그리고 이들은 정해진 서약서에 기록된 목적과 목표에 동의하면서 구도자들에게 성장가능성을 가지고 그리스도 안에서의 풍성한 삶을 위하여 열려 있는 모임"[5]이라고 하였다. 이철민은 "소그룹은 3~13명의 사람들이 일정한 기간, 정기적으로 만나 그리스도를 알고 그분의 제자로 성장하기 위해서 모이는 모임"[6]이라고 말하였다.

이를 종합해 보면 소그룹이란 두 사람 이상의 집합체로서 일정한 회원이 있고 소속감과 공동의 관심이 있으며 목적을 위해 상호 의존적으로 통일된 행동을 할 수 있는 집단이라는 정의가 가능하다. 이처럼 여러 가지 모양으로 정의되는 소그룹의 개념을 부연 설명하면 다음과 같다.

---

3) 전요섭, 인간관계 훈련(서울: 백합출판사, 1987), p.30.

4) M. S. Knowls & H. F. Knowls, 그룹 다이나믹스 입문, 이수민 역(서울: 대한기독교 교육협의회, 1982), pp.39~40.

5) Lyman Coleman, 소그룹 성경공부를 위한 스렌디프티 훈련교재, 조남수 · 김의원 공역(서울: 아가페문화사, 1990), p.15.

6) 이철민, "소그룹과 소그룹리더" 평신도가 사라진 교회(서울: IVP, 1997), pp.54~55.

먼저 소그룹의 크기는 다양하지만 경험상으로 3~12명을 적합하게 여김은 일 대 일처럼 너무 작을 때는 역동적인 소그룹 형성이 어려우며 너무 많으면 소그룹 안에서 인격적인 상호 교제가 어렵게 된다. 또한 소그룹은 영원히 모이는 모임이 아니라 어떤 목적을 이루는 데 필요한 기간 동안에만 모이는 사역 중심의 모임이라는 것이다. 보통 경험상으로 보면 대개 1년에서 3년 정도 모이며 또한 시간이 날 때 만나는 모임이 아니라 모임 시간과 내용을 미리 약속하여 정기적으로 만나는 모임이라는 것이다. 어떠한 관계이든 정기적인 만남이 없으면 소원해지듯이 보통 일주일에 한 번씩 정기적으로 만나서 성장해 가는 것이 소그룹이다.

그러므로 21세기 질병이라고 할 수 있는 소외감에서 벗어나서 현대 세속 도시에서 복음을 전하기 위한 가장 효과적인 구조가 바로 소규모의 그룹이라는 견해에는 대부분의 목회자들은 공감한다.

하워드 스나이더(Howard A. Snyder)는 소그룹의 중요성에 대하여 다음과 같이 강조하였다. "이러한 그룹들이 오늘날의 도시 사회에서 전통적인 교회예배나 제도적 교회 프로그램이나 대중방송 매체들보다 교회의 사명에 보다 알맞은 것이다. 방법론으로 말해서 소그룹은 교회 내의 새로움을 위한 은사의 발견과 사역에 대한 최대의 희망을 제공해 준다. 필자는 소그룹을 교회 내의 으뜸 기관이 아니라 교회 기본 구조로서의 역할을 주장하는 바이다. 소그룹은 기원후 2세기까지 교회 생활의 기본단위였다."7) 또한 로렌스 O. 리차드(Lawrenced O. Richards)는 그룹 생활에 대한 소개(Introduction to Group life)에

---

7) Howard A. Snyder, <u>새 술은 새 부대에</u>, 이강천 역(서울: 생명의 말씀사, 1981), p.159.

서 다음과 같이 말하였다. "이런 그룹 생활은 참교회의 독특한 징표이다. 우리가 그것을 경험할 때 우리는 주 안에서의 우리의 일치감을 인식하고 진실로 서로 사랑하게 되는 것이다. 그러나 그룹 생활은 교회의 징표로서만 중요한 것은 아니고 그것은 한 교회로서 성도들의 모임의 기능에 필수적이다."[8]

즉 교회가 교회다운 역할을 감당하여 그 속에 소속된 성도 하나하나가 깊이 관계를 가지고 믿음 안에서 서로 돕기 위해서 소그룹은 하나의 선택이 아니라 필수적임을 강조한 말이다. 사실 기독교역사를 고찰해 보면 이러한 소그룹 모임은 부흥의 기간 동안에 예수 그리스도 안에 있는 생동력 있는 개인적인 삶이 영양을 공급받고 또한 격려 받는 방법의 한 가지였음을 알 수 있다.[9]

그러므로 평신도 지도자들은 이 소그룹 모임에 적극적으로 참여했으며 이러한 이들의 활동에 의하여 교회는 더욱 강성해졌다고 보는 견해로서 헤스테네스(Robert Hestenes)는 소그룹은 우리가 갖고 있는 가장 중요한 욕구를 충족시켜 주는 것이라고 강조하였다.[10] 따라서 21세기 교회는 현재보다 더 많은 사람들이 예수를 믿을 것이기 때문에 구원의 수단을 알게 해야 한다. 또한 오늘날 교회사역이 실패하는 부분적인 이유는 교회조직을 훈련시키지 않았다는 데 있다.[11]

그러므로 교회는 새로 들어온 사람들이 자기의 교회임을 인식하도

---

8) Lawrence O. Richards, A New Face for Church(Grand Rapids Zondervan, 1970), p.149.

9) Robert Hestenes, 소그룹 성경공부, 이종록 역(서울: 두란도서원, 1991), p.9.

10) Ibid., p.10.

11) 안재은, 소그룹과 교회성장(서울: 총신대학교 목회신학전문대학교, 2004), p.11.

록 소속감을 갖게 할 수 있는 소그룹 사역이 절대적으로 필요하다.

그러므로 이 소그룹 운동이야말로 예수님께서 우리에게 보여주신 모범이요 제자훈련 방법의 최고의 지도지침이라고 할 수 있다. 오늘날 교회가 체질을 갱신하고 새로운 이미지를 가진 존재로 세상 앞에 나타내려면 소그룹 운동을 통한 제자훈련 외에 다른 방법이 없다. 급변하는 현대과학 문명의 발달은 현대인들에게 물질적인 풍요와 생활의 편의를 가져다주었으나 사람들은 그 속에서 더욱 인간 소외와 고독 속에 살아가고 있다. 이러한 현상이 교회 안에서도 나타나고 있다.

더욱이 군인교회는 이러한 현상이 더욱 두드러진 느낌을 가진다. 목회자와 성도 사이 그리고 성도와 성도 간의 친밀한 교제가 부족하게 된다. 비록 군대라는 특수 문화 속에서 생활하는 병사들이지만 그들도 하나님의 백성이며 그리스도의 몸 된 지체로서의 사귐과 교제를 통하여 구원받아 하나님 나라를 확장해 나가야 할 생명들이다.[12] 그러므로 이들도 소그룹을 통한 사귐과 교제를 통한 구원의 백성으로서 하나님 나라 확장을 위해 나가야 할 필요를 가진다. 특별히 군 생활관은 모든 병사들의 병영 생활의 기초이자 가정과 같은 곳이요 병사들이 얼굴과 얼굴을 대하며 동고동락하는 삶의 터전이라고 할 수 있다. 그런 의미에서 군 생활관이야말로 소그룹으로서의 가장 좋은 요건을 갖춘 모델이라고 할 수 있다. 이러한 군 생활관 속으로 제자훈련으로 무장된 군 병사 사역자들이 투입된다면 이들 소그룹 활동을 통한 교제와 사귐으로 실질적인 군 복음화 운동이 일어날 것이다.

---

12) 박상칠, 소그룹 활동을 통한 군 선교전략(서울: 쿰란출판사, 2004), p.177.

초대교회가 가정교회에서 소그룹 모임을 통한 평신도 제자훈련으로 말미암아 폭발적인 부흥운동이 일어난 계기가 된 것이라면 군 생활관이야말로 가정교회로서 소그룹 활동을 통한 제자훈련의 부흥을 일으킬 수 있는 가장 적합한 사역의 장이 될 것이다. 왜냐하면 군 선교 현장인 생활관 사역 자체야말로 초대교회의 가정교회와 같이 소그룹을 통한 제자 양육이 가능한 곳이기 때문이다.

군 생활관에서의 소그룹 사역은 많은 이점들이 있다. 우선적으로 생활관 소그룹 활동을 통하여 상호 의사소통이 원활하게 이루어지며 깊은 인간관계의 교류가 이루어질 수 있기 때문이다. 또한 군 생활관 소그룹 활동은 생활관 생활에 활력을 가져다줄 수가 있고 모든 구성원들이 활동의 주체가 되어서 자발적이고 적극적인 참여가 가능해지게 된다.

생활관 소그룹 활동을 통하여 누릴 수 있는 특징적인 요소들을 살펴보면 다음과 같다.

첫째, 주로 학습동기가 높아진다. 둘째, 개인의 만남을 통해 개인의 인격이 증시된다. 셋째, 소그룹 활동이 많아지므로 군 복음화 운동이 활성화될 수 있다. 넷째, 소그룹을 통하여 하나 됨의 진정한 코이노니아로 발전시켜 주게 된다. 다섯째, 생활관 구성원들이 심리적으로 안정된 분위기가 형성될 때에 구성원들의 상호 신뢰도가 높아지게 된다. 여섯째, 각자가 다른 사람들에게 자신의 모습이 어떻게 비춰지는가와 자신의 대인관계가 어떻게 영향을 미치는가를 배우게 된다. 일곱째, 이처럼 자유로운 인간관계가 이루어짐으로써 상호 간의 신뢰는 물론이고 하나님께 더욱 가까이 나아가는 개인의 신앙과 인격도 크게 향상되며[13] 따라서 생활관 소그룹 활동이야말로 모든 기독교 소그룹의 필수적인 4가지의 요소인 양육, 예배, 공동체적 교제 그리고 선교[14]가 이루어질 수 있다는 것이다.

무엇보다도 중요한 것은 소그룹 활동을 통하여 소외된 후임병들을 한 공동체내에 받아들여 공동체적 교제를 통하여 이들이 새로운 병영 생활환경에 빨리 수용하고 적응할 수 있는 또 하나의 방법이 될 수 있다는 것이다. 이와 같은 가장 기본적인 점검표를 가지고 군 생활의 삶을 검토해 볼 때에, 생활관 소그룹 활동은 활성화될 수 있게 되며 이를 통하여 군 선교가 실질적으로 이루어진다는 것이다. 그런 의미에서 군 선교야말로 생명력이 넘치는 소그룹 활동의 요소가 될 수 있다. 왜냐하면 그리스도인의 모임이 존재하는 것은 그리스도의 사랑과 기쁜 소식을 필요한 사람들에게 나누어주기 위함이기 때문이다.

성령님께서는 우리가 주변에 있는 사람들과 접촉할 때 그 기회를 사용하셔서 그들이 하나님과 만나며 그리스도의 형상을 닮아가며 자라가도록 도우신다. 하나님의 은혜가 우리를 통하여 흘러나갈 때 아마도 그 영향은 우리의 모임에서 가장 가까이 있는 사람들에게 먼저 끼쳐질 것이다. 그런 식으로 해서 그 능력은 세상 끝까지 뻗어갈 수 있을 것이다.[15] 생활관 사역의 궁극적인 목적이 군 선교라고 한다면 생활관 소그룹 활동은 군 선교에 가장 좋은 방법이 된다.

결론적으로 생활관에서의 소그룹 사역은 이러한 모든 다양한 욕구

---

13) 전요섭, 인간관계 훈련(서울: 은혜출판사, 1994), pp.75~76.

14) Ron Nicholas et al., 소그룹 운동과 교회성장, 신재구 역(서울: 한국기독학
　　생회 출판부, 1997), pp.26~46 참조.

15) Ibid., pp.26~46 참조.

들을 충족시켜 줄 수 있다. 무엇보다도 이 소그룹 활동을 통하여 군 병사들이 먼저 예수님과의 밀접한 관계를 맺게 되고 그들로 하여금 주님의 가르침을 받게 하여 그분과 동행하기를 원하는 자로 양육된다. 또한 그들이 그리스도께 철저히 헌신하며 그분을 위해 자신의 생명을 기꺼이 포기하는 순교적인 신앙을 소유한 예수의 제자가 되도록 양육된다.16)

이를 위하여 사역하는 소그룹 군 병사 사역자들이야말로 그들은 예수님께 부름받은 작은 목자이며 제자요, 제사장이라는 의식을 그들에게 분명하게 인식시켜야 한다. 이를 위해서 소그룹 사역자인 군 병사 사역자들을 성경공부를 통해 예수 그리스도의 제자답게 살아가도록 철저히 무장시켜야 한다. 무엇보다도 그들을 성경말씀으로 잘 교육해야 한다. 따라서 미래의 군 선교 활성화의 실질적인 길은 오직 평신도들인 군 병사 사역자들을 통한 소그룹 사역을 통하여 이루어질 것이다.

2. 군 소그룹의 성경적 의미

성경에는 소그룹이라는 단어는 기록되어 있지 않지만 '삼위일체'라는 단어가 소그룹의 논리성을 더해준다.17) 삼위일체 되신 공동체의 하나님은 완벽한 개체 간의 조화를 의미한다. 창세기 1장과 2장에서 우리는 하나님과 인간, 남녀 그리고 자연의 긴밀한 사귐의 공동체 관

---

16) 이중표 외, <u>교회발전을 위한 영성개발</u>(서울: 쿰란출판사, 1991), p.148.

17) Neal F. McBride, *How to Lead Small Groups*(Colorado: NAV Press, 1990), p.13.

계를 보게 된다. 이 태초의 사귐은 하나님께서 창조주로서의 주도권을 가지고 계셨으며 사람과 자연은 하나님의 은총의 산물이었다. 이것은 하나님 보시기에 좋은 것이었다. 그러나 죄가 인간에게 들어온 이후 하나님과의 사귐이 파괴되어 서로 불신이 생기게 되고 자연은 황폐하게 되어 공동체도 함께 깨어지게 되었다. 그러나 하나님은 다시 자기 아들을 보내시어 그리스도의 몸 된 교회를 통하여 공동체를 다시 회복시키신 것이다.[18]

창세기 3장~11장까지는 폭력, 살인, 전쟁으로 인하여 건강한 공동체가 깨어지고 병든 공동체가 만들어지는 과정을 보여주고 있다. 역기능적 소그룹은 다시 역기능적 소그룹을 만들어 내게 된다. 병든 소그룹은 다시 병든 소그룹을 재생산하게 된다. 따라서 건강하고 튼튼한 소그룹을 만들어 내는 것이 우리의 과제라고 할 수 있다. 태초의 사귐인 소그룹은 사실상 만물을 창조하신 후 곧바로 생겨난 것이다. 하나님께서는 종종 자신의 목적들을 성취시키고자 가족이라는 그룹과 다른 형태의 소그룹을 통해 역사하셨다. 성경에 나타난 최초의 소그룹은 아담과 하와로 구성된 공동체이다. 하나님은 모든 인류를 공동체, 즉 소그룹 안에서 살도록 창조하셨다.[19] 그런데 하나님께서 만든 이 아름다운 공동체 안에 인간의 불순종으로 말미암아 죄가 들어오게 되었다. 이로 말미암아 인간과 하나님과의 친밀한 관계는 깨어지고 공동체는 파괴되었다.[20]

이후 세상은 서로의 깨어진 관계로 인하여 신음하게 되었다. 하나

---

18) Ibid., p.32.

19) 안재은, <u>소그룹과 교회성장</u>, op. cit., p.37.

20) Ibid.

님은 이러한 파괴된 관계로 신음하는 인간들을 위하여 새로운 공동체를 통하여 치유하시고 회복시킬 것을 계획하시게 되었다.[21]

하나님께서는 자기 백성에 대한 그의 영원한 구원계획을 노아의 가족을 통하여 보이셨다(창 6장~9장). 바로 이 가족 소그룹을 통해서였다. 또한 하나님은 아브라함의 가족이라는 소그룹을 통하여 전 인류를 구원하시고자 하는 계획을 세우시고 그 뜻을 성취해 가신다.[22]

하나님은 자기 백성을 애굽으로부터 구출하시는데 이스라엘이라는 소그룹 단위로 구성된 새 민족을 이루기 시작하셨다.[23] 신명기 7장에 보면 하나님께서는 많은 사람들 중에서 소수의 사람을 택하셨는데 그들이 곧 이스라엘 백성들이다. 이 이스라엘 백성들 중에서 12지파라는 소그룹을 두어서 하나님을 섬기며 복을 받게 하셨다.[24] 특히 출애굽기 18장에는 모세가 분담 제도를 시행하여 수많은 백성들을 효율적으로 처리한 '분담 제도의 원리'와 천부장, 백부장, 오십부장, 십부장이 거느릴 수 있도록 권위를 분배하였다.

모세의 인도로 함께 출애굽한 회중은 20세 이상의 남자 숫자가 603,550명이었다(민 1:46). 성인의 수에다 어린이 및 여자들을 합친다면 총수가 수백만은 되었을 것이다. 모세가 이처럼 많은 수를 다스리려면 피곤하여 지쳐 버리는 것은 당연하다. 모세의 장인 이드로는 모세에게 공동체를 다스리며 이스라엘 백성을 상담하고 돌볼 수 있는 기본 원리를 제공하였다(출 18:13~23). 모세 밑에 천부장과 백

---

21) Ibid.

22) Ibid.

23) Neal F. McBride, op. cit., p.14.

24) 안재은, 소그룹과 교회성장, op. cit., p.38.

부장 그리고 오십부장과 십부장을 지도자로 임명하라는 제의였다.

이스라엘 공동체의 기본 단위는 열 명이었다. 그러므로 십부장은 하나님을 경외하는 신실한 지도자로서 열 명의 소그룹 멤버들과 함께 생활하면서 그들을 잘 인도하였다(출 18:24~27). 여기서 10명은 기본 단위였고 작은 공동체로서 가족의 장이라고 볼 수 있다.[25] 구약성경을 통하여 하나님은 타락하고 패역한 세대를 구원하시기 위하여 소수의 사람들로 구성된 공동체를 그 핵심 부분에 두었다. 이처럼 하나님의 인간을 위한 구원 계획은 바로 이러한 소그룹을 통하여 일어나게 된 것이다. 구약성경에 나타난 '분담 조직의 원리'는 현대 교회 소그룹 운동의 선구적 원리인 것이다.[26]

신약성경에서 예수님의 지도자 훈련이 소그룹으로 제자들을 훈련하실 구원계획을 갖고 지도하신 것이었다. 예수님의 공생애를 통하여 그분은 위대한 소그룹의 지도자로 표현되었다.[27] 예수님은 그를 따르는 무리 중에서 열두 제자를 택하시고(눅 6:12~13) 대부분의 시간을 열두 제자들과 보내시며 그들을 유능한 지도자로 훈련하셨다.[28] 예수님은 열두 제자들 중에서도 특별히 베드로와 야고보 요한을 따로 구별하여 대하실 때도 있었다(마 17:1; 26:37~38). 예수님의 제자들은 얼굴과 얼굴을 대면하여 이루어진 '밀접한 대화'(Face to Face Talking)를 통하여 사랑하심을 입은 사람들이다. 이처럼 예수님의 사역은 소그룹 운동을 통하여 전개되었고 개인 접촉을 통하

---

25) Ibid.

26) Ibid., pp.38~39.

27) Neal F. McBride, op. cit., p.15.

28) Careth Weldon Icenogle, *Handout Book*, pp.3~8.

여 제자들을 훈련시키셨으며 그 제자들에게 전도의 사명을 맡겨주셨다.[29] 주님의 가르침을 받은 제자들은 그 후에는 그 스승의 삶을 본받아 '주님의 피로 사신 교회'의 핵심 지도자가 되었다(행 20:28).

사도행전과 바울서신에 나타난 초대교회의 복음 사역에서의 소그룹의 의미를 살펴보면 초대교회에 나타난 가정교회의 모습을 제일 먼저 들 수 있다. 오순절 다락방을 근거로 해서 태어난 예루살렘 교회는 예배와 친교 성경공부와 구제 봉사를 목적으로 적은 수가 가정에서부터 모이기 시작한 교회이다.[30] 사도 바울이 마게도냐에서 처음 설립한 빌립보 교회는 자주장사 루디아의 집에서 시작되었고(행 16:11~40) 소아시아의 에베소 교회는 아굴라와 브리스길라의 집에서 시작되었다(고전 16:19). 뿐만 아니라 가이오 집의 고린도 교회(롬 26:23), 빌레몬 집의 골로새 교회(골 1:1~2), 눕바 집의 라오디게아 교회(골 4:15)의 경우도 모두가 가정에서 시작된 가정교회들이다.[31]

이처럼 대부분의 초대교회들은 적은 수의 무리들이 가정을 중심으로 기도하며 교제하고 복음을 듣고 배우면서 시작한 적은 수의 소그룹을 통하여 이루어진 가정교회의 형태이다. 마태복음 18장 20절 말씀에 주님은 "누구든지 나의 이름으로 모인 그곳에 내가 함께 있느니라"고 약속하셨다. 이와 같이 초대교회는 적은 인원이 가정에서 모이는 가정교회였다.

그러므로 예수 이름으로 모이는 생활관 사역이야말로 성경적 의미

---

29) 안재은, <u>소그룹과 교회성장</u>, op. cit., p.40.
30) Ibid.
31) Ibid.

로 보면 가장 적합한 소그룹 사역지요 작은 가정교회의 모형이 된다. 따라서 군 병사 사역자 중심으로 생활관에서 예배와 친교 성경 공부와 구제 봉사를 목적으로 적은 수가 모이는 생활관 소그룹 사역이야말로 성경적 의미에서 초대교회의 가장 유사한 소그룹 모델이 될 수가 있다.

3. 소그룹의 역사적 의미

소그룹 사역은 오늘날 갑자기 생겨난 것이 아니라 이미 오랜 역사 속에서 시행되어 온 운동이다. 본 항에서 소그룹 사역의 역사적 이해를 초대교회의 가정교회 시대 그리고 국가교회 시대, 종교 개혁시대 이후의 선교회 시대로 간략하게 고찰해 보고자 한다.

첫째, 가정교회 시대이다. 가정교회 시대는 고대 시대로부터 복음 전파의 시작에서 동·서 로마교회의 분리 시기까지이다. 가정교회 시대는 초대교회에도 예수님의 지도자 육성을 본받아 소그룹 훈련으로 지도자를 양육하였다. 바울이 안디옥 교회의 파송을 받고 일차 선교 여행을 떠날 때에도 바울과 동행하는 사람들(행 13:13)이 있었다. 사도행전 20장 4절에서 바울과 동행한 사람은 누가를 포함해 9명이 언급되었다. 또 골로새서 4장 7~14절에도 사도 바울을 포함한 9명, 즉 디모데, 두기고, 오네시모, 아리스다고, 마가, 예수라는 유스도, 에바브라, 누가 그리고 데마가 언급되었다. 그들은 바울과 동행하며 예수 그리스도의 제자로 양육되었다. 주님의 제자로 양육된 그들은 복음을 전파하는 소그룹의 지도자가 되었고 양육된 제자들을 통해서 또 다른 소그룹을 형성하며 친교를 나누고 주님의 제자로 양육시켰다. 허버트 케인(Herbert Kane)은 "당시 예루살렘에만 400여 개 이상의 공회가 있어서 기도회와 예배에 참석하고 있었다"[32]고 주장하면서 복음의 급속한 확장을 증거 하였다. 바울 때부터 3세기까지의 초대교회는 가정교회였다.

이때는 교회라는 공식적 건물이 세워지지 않았고 기독교인들의 가정 중에서 특정한 가정을 세워 정기적인 교인들의 모임이 시작되었다. 가정교회에서는 대략 30명 정도의 교인들이 함께했으며 그 친밀성은 매우 높았을 것이다.[33] 가정은 가족으로서의 공동체를 형성하였고 기독교인들은 자신들을 신성한 가족의 구성원으로 이해하였다.[34] 초대교회의 가정교회로 모인 이러한 소그룹 형태는 A.D. 2세기까지 교회 생활의 기본 단위였다.[35]

둘째, 국가교회 시대이다. 초대교회를 지나 중세에 이르면서 교회는 국가교회의 형태를 띠게 되었다. 중세에 접어들면서 교회는 점차 제도화 조직화되어 그 생동력과 순수성을 잃어가기 시작했고 일각에서는 교회의 세속화에 항거하여 구별된 성결의 생활을 추구하는 수도원운동(Monasticism)이 일어나게 되었다. 수도원적 공동체의 조직자는 파코미우스(Pachomius)로서 북부 이집트 나일 강의 티버네시 섬에 수도원을 건립했다.[36] 그들은 자신들만의 수도원을 만들어 수

---

32) J. Herbert Kane, 기독교 세계사, 박광철 역(서울: 생명의 말씀사, 1991), p.17.

33) 안재은, 소그룹과 교회성장, op. cit., p.14.

34) A .M. Renwick, & A.M. Harman, 간추린 교회사, 오창윤 역(서울: 생명의 말씀사, 1979), p.70.

35) Howard A. Snyder, 새 포도주는 새 부대에, 이강천 역 op. cit., p.159.

도 생활을 하였는데 그 당시의 사회와 교회에서 볼 때 그들은 작은 소그룹을 이루었다. 그러므로 중세의 수도원운동은 소그룹 형태로 이루어졌다. 베네디트(Benedict)와 악시스 프란시스(Accis의 Francis)가 소그룹으로 그들의 추종자들을 모았다.[37]

또한 청교도 중의 한 사람인 영국 키더민스터(Kidderminster)의 리차드 박스터(Richard Baxter)가 가정을 중심으로 한 소그룹 형태의 목회를 했다. 이들 외에도 팔레스틴의 힐라리온(Hilarion), 레바논의 아브라미우스(Abraamius), 에집트의 안토니(Anthony) 등은 말씀과 행위의 통일된 조화를 통하여 선교와 수도원운동을 연합했던 동쪽 지역의 수도사들이었다. 또한 이노센트 3세(Innocent Ⅲ)시대에 발생한 탁발 수도회들은 세속을 떠나 오직 예수 그리스도 안에서 위로를 찾고 남들에게 나누어 주기 위해 자신의 재산과 명예를 포기하였으며 오직 하나님 안에서의 안정을 누리고자 하였던 인물들이었다.[38]

한편 금욕적인 표현으로 집을 버리고 떠나는 것과 참회에 대한 기독교인의 훈련 내용을 표현하는 것으로 순례와 선교의 깊은 관계를 가진 아일랜드의 수도사들이 있었다. 그런가 하면 7세기 이후부터 아일랜드계와 같이 세계 선교를 위해 떠났으나 그들은 스스로 교황청의 대사로 파송받았다는 생각을 한 영국계의 수도사들이 형성되었다. 그 이후로 도미닉 수도원과 켈트 수도원 등이 생기게 되었다.[39]

---

36) Kenneth Scott Latourette, <u>기독교 사상</u>, 윤두혁 역(서울: 생명의 말씀사, 1980), p.356.

37) Justo L. Gonzalez, <u>중세교회사</u>, 서영일 역(서울: 은성출판사, 1988), pp.133~135.

38) William R. Cannon, <u>중세교회사</u>, 서영일 역(서울: 기독교문서선교회, 1986), pp.289~290.

그러므로 국가를 등에 업고 중세교회는 교황의 타락과 교회의 부패로 수도사들이 탄생하게 되었으며 이 수도사들이 함께 모여 공동생활을 하게 되었는데 이것이 수도원을 중심으로 시작되었다. 이때는 국가교회 시대였지만 작은 단위의 수도원을 이루어 자신의 신앙을 유지할 수밖에 없었다. 그러므로 소그룹 형태의 수도원들은 중세를 이끌었던 큰 원동력이 되었다.[40]

셋째, 선교회 시대이다. 이때에는 종교 개혁 시대와 반동 종교 개혁(Counter Reformation)의 과정을 거치면서 사회적으로는 18세기 프랑스 대혁명까지로 그리고 제1차세계대전까지로 프로테스탄트의 형성과 교회의 급속한 세속화와 세계 선교가 활발히 전개되었고 교파 간의 갈등과 대립을 겪는 동안에 로마 가톨릭은 세계 선교의 괄목할 만한 성장을 이룩하게 되었다.[41]

이 시기는 루터에서 경건주의 운동이 시작하기까지의 기간으로 개혁기의 개신교 교회는 순수한 말씀의 선포, 성례의 올바른 집행 그리고 교회 생활의 훈련을 교회의 참표지로 생각하였다. 이때 교회는 로마 가톨릭, 루터교회, 개혁교회 그리고 성공회로 나뉘어졌다.[42] 당시 시대적 정황을 살펴보면 개혁운동에 집중했고 로마 가톨릭에 대항하는 정치적 군사적 투쟁으로 인하여 세계적인 임무를 수행하기 위한 물질적 자원을 가지지 못했다. 또 루터와 칼빈 모두는 왕들이나 국가 통치자들이 공적 예배를 유지할 책임이 있지만 적극적인 기

---

39) 안재은, "기독교 선교사"강의 교안(서울: 총신대학 선교대학원, 1994), p.52.

40) 안재은, 소그룹과 교회성장, op. cit., p.17.

41) Ibid.

42) David J. Bosch, 선교신학, 전재옥 역(서울: 두란노 서원, 1985), p.147.

회를 가지지는 못했다.[43] 따라서 이 시기에 개혁가들은 산발적이면서도 소그룹 형태 모임으로 모일 수밖에 없었다. 한편 경건주의 운동을 일으켰던 재세례파는 루터나 쯔빙글리(Ulrich Zwingli, 1484~1531) 그리고 칼빈(John Calvin, 1509~1564)과 같은 개혁자들보다는 선교를 이해하는 것이 여러 측면에서 달랐다. 이 재세례파는 유아세례를 반대하고 그들의 단체에 가입한 자들에게는 다시 세례를 주는 분파로 메노교파라고도 부른다.[44]

또 17, 18세기 모라비안 경건주의(Pietism)자들이 독일 루터교회에서 시작되어 이성보다는 감정을 더 강조하면서 예수 그리스도와 뜨겁고 열렬하며 경건한 합일로 바뀌어졌다. 이들은 교회의 구조보다는 개인의 경험과 실제를 더 강조하는 작은 그룹의 형태를 유지하게 되었다. 이들의 중심은 회심 거듭남 성화와 같은 새로운 의미를 형성하였다.

무엇보다도 개혁교회의 생명력 없는 형식적인 신앙생활에 대한 각성운동이었다. 이 경건주의 자들은 할레(Halle)대학을 세워서 경건주의 운동의 본거지로 삼았다. 따라서 할레대학에서 시작된 경건주의 운동은 진젠도로프(Ludwing Von Zinzendorf, 1700-1760)에 의한 모라비안 형제단 운동을 일으켰다. 이들은 그들의 수에 비해서 세상에 어마어마한 영향을 끼쳤는데 이는 단순한 의식이나 정통이 아니라 예수를 믿는 산 믿음과 코이노니아를 강조하는 믿음의 소그룹 때문이었다. 이 소그룹을 형제의 연합(Brotherly Harmony)이라 불렀다.[45]

---

43) 안재은, <u>소그룹과 교회성장</u>, op. cit., p.17.

44) Ibid.

45) Ron Trudinger, <u>가정 소그룹</u>, 장동수 역(서울: 기독교문서선교회, 1991).

모라비안 형제단은 영국의 웨슬레(John Wesley, 1703-1770)에게 영향을 끼쳐 감리교 운동을 일으켰다. 이 시기의 웨슬레의 속회체계 (Class System)는 유명한 소그룹 형태가 되었다. 웨슬레는 소그룹의 중요성을 발견하고 회심자들을 위해 속회라는 소그룹을 제정하였던 것이다.[46] 웨슬레는 신도회를 기초로 하여 신도반(Band)과 속회(Class meeting)를 조직하였다. 신도반은 진실한 신자 2~4명으로 구성된 지도자 양육 모임이었다. 웨슬레는 이들에게 제자훈련을 통한 영적인 가르침을 베풀었다. 그리고 속회는 1명의 지도자와 12명의 신자로 조직되어 운영되었다. 이러한 소그룹 훈련의 전통이 지금까지 전수되어 감리교회 성장에 기여하였다. 즉 속회, 여선교회, 남선교회, 청년회 등의 이름으로 모여 사귐과 제자화를 이루어 나갔다. 웨슬레는 속회 모임을 감리회 운동의 원동력으로 생각하였다.[47]

1805년 윌리암스 대학에 영적 부흥이 오기를 기도하는 소그룹 공동체가 있었다. 이들은 건초더미 아래에서 세계 선교를 위하여 기도하기 시작했다. 이 기도회가 그 유명한 건초더미 기도회이다. 이 기도회가 중요한 것은 이들이 세계 선교에 미친 영향력 때문이었다.[48] 또한 기독교 운동 중의 하나인 YMCA는 1884년 영국의 런던에서 죠지 윌리암(George Williams)의 방에서 12명의 청년들이 모인 소그룹 운동으로 시작되었다. 1921년 영국의 옥스퍼드에서 프랭크 부크

---

pp.39~40.

46) 박춘화, "한국감리교회 속회 발전에 관한 연구"(풀러신학대학 박사학위논문, 1987), p.108.

47) 박상칠, op. cit., pp.178~179.

48) Jimmy Long, et al., 소그룹 리더 핸드북, IVP 역(서울: 기독학생회 출판사, 1996), p.37.

맨(Frank Buchman)에 의해 시작된 옥스퍼드 그룹운동, 즉 MRA
(도덕재무장운동)도 소그룹 운동의 결실인 것이다. 이 운동은 오늘
날 수많은 소그룹 활동(가정집회, 형제공동체, 청년연합회 등)에 지
대한 영향을 끼쳤다.[49]

이렇게 교회에서 생겨나게 된 소그룹의 형태는 기도에 주로 관심
을 두었으나 점점 성경공부 혹은 은혜의 나눔 형태로 발전되었고 후
에는 소그룹의 교육적인 기능을 활용하기 시작했다. 그래서 현대에
는 소그룹의 형태가 교회에서 유익한 기구로 정착되었다. 이제 소그
룹의 형태는 교회의 경계를 넘어서 학원 직장 특수 사회 지역에서
복음 전도를 향하여 발전해야 할 시점에 이르렀다.

현대 사회는 '베이비 붐'(baby boom) 시대 이후 집단주의에서 개
인주의 사회로 미분화되면서 대단위의 단체로부터 영향을 받으려 하
지 않는다.[50] 이것은 역사적으로 인간이 소그룹에 익숙하다는 결론
과 상통되는 점이 있음을 발견하게 된다. 결국 이 소그룹 운동은 과
거 역사에서뿐 아니라 고도로 산업화된 현대의 기술문명 사회에서도
성경의 주된 가르침과 명령을 충실히 이해하고 순종하는 삶을 살도
록 도와주는 데 가장 적당한 기초 공동체이다.[51] 따라서 이러한 소
그룹 운동은 역사적으로 현대 교회에서도 중요하게 부각되는 목회신
학의 관점이 되고 있다.[52]

---

49) 박춘화, op. cit., p.109.
50) 주준태, "소그룹을 통한 복음전도: 송도 제일교회의 사례"(플러신학대학
　　　목회학 박사학위논문, 1994), p.38.
51) Ron Nicholas, et al., op. cit., p.240.
52) 안재은, 소그룹과 교회성장, op. cit., p.20.

이러한 소그룹의 역사는 군 선교신학에서도 함께 발전해 왔음을 군 선교 역사를 통하여 우리에게 보여준다. 그러므로 군 소그룹의 역사적 의미를 통하여 군 복음화 운동을 우리는 찾아보아야 할 것이다. 특별히 소그룹 사역을 통한 제자화 운동은 군 병사 사역에서 중요하게 부각되는 목회신학의 관점이 되고 있다.

제2절 생활관 사역에 있어서의 평신도

1. 평신도의 의미

오늘날 현대 교회가 무너져 가고 있는 가장 중요한 원인은 그리스도인 개개인들이 사역자로 부름받았다는 사실을 견고하게 붙잡고 있지 못하기 때문이다. 많은 평신도들은 자신들이 사역자로 부름받았다는 사실도 모른 채 그렇게 죽어가고 있다. 오늘날 시대적 요청과 함께 평신도들이 교회 사역에 참여하고 봉사하는 것이 더욱 절실히 요구되고 있다. 그것을 초대교회의 모습에서 찾을 수 있으며 또 성경적으로 평신도가 교회의 주체로서 사역해야 할 것을 증명해 주고 있다.[53]

일반적으로 평신도란 목회자와 구별된 그리스도인을 말한다. 즉 일정한 신학 교육을 받지 않고 무급으로 자원하여 봉사하는 모든 교인을 의미한다. 그들은 직장을 가지고 이 사회와 세계 속에 침투하여 있는 성도들이다. 평신도라는 이 용어는 3세기 중엽 카르타고의 감독이

---

53) 안재은, 제자 훈련과 교회성장(서울: 총신대학교 목회신학전문대학원, 2004), p.25.

었던 싸이프리안(Cyprian)에 의해 처음으로 사용되었다. 두말할 것도 없이 그것은 성직 계급에 속하지 아니한 교회의 일반 신자들을 두고 사용한 말이었다. 그래서 교직을 가진 자와 일반 신자와의 관계는 마치 구약시대의 제사장과 백성의 관계와 같은 성격을 띠게 되었다.[54]

먼저 우리가 말하는 '평신도'에 대한 의미를 알 필요가 있다. 평신도를 의미하는 영어는 'Lay'이다. 이 말은 헬라어의 라이코스(λαϊκός)에서 라틴어의 라이쿠스(Laicus)로 변했다.[55] 성경에서 말하는 '평신도'(λαϊκος)는 성직자와 평신도를 포함한 하나님의 백성 전체를 가리키는 말이다.[56] 그런데 이 단어는 신약성경이나 70인 역에는 형용사인 라이코스라는 말은 찾아보기 어렵고 명사형인 라오스(λαός)가 많이 사용되었다. 라오스(λαός)는 '선택된 하나님의 백성'을 의미하는 말로 사용되었다.[57] 라오스에서 유래된 다른 말로 레이티(Laity)라는 말이 있다. 이 말은 성직자가 아닌 모든 사람을 통틀어 말할 때 쓰인다. 목사가 아닌 모든 평신도를 전체적으로 말할 때 레이멘(Layman)을 사용한다. 이 말은 목사가 아닌 사람은 레이멘(Layman)이고 레이티(Laity) 중의 한 사람을 뜻한다.[58]

그러므로 이 평신도라는 단어는 원래 하나님의 백성을 가리키는 헬라어 '라오스'(λαός)로 '사람들'(People)로도 번역된다. 따라서 하나님의 백성 라오스(λαός)는 죄인을 사랑하시는 하나님의 대단한 애

---

54) 안재은, 제자 훈련과 교회성장, op. cit., p.25.

55) Hendrik. Creamer, 평신도신학, 유동식 역(서울: 대한기독교서회, 1989), p.52.

56) 은준관, 교회 · 선교 · 교육(서울: 전망사, 1985), p.18

57) Hendrik. Creamer, 평신도신학, 유동식 역(서울: 대한기독교서회, 1989), p.52.

58) 정용철, "평신도 운동에 대한 제언" 기독교사상 8-9월(서울: 대한기독교서회, 1964), p.56.

정 표현인 것이다. 이는 하나님의 소유이며, 사랑의 대상이며, 하나님과 아브라함의 특별한 언약관계하에서 인친 자를 묘사하는 말이다. 이 의미가 정확하게 우리에게 들어온다면 하나님의 백성인 성도는 목회자의 무관심과 특권의식 속에서 무시당하고 버려져도 좋을만큼 연약한 존재가 아니라는 사실을 확인한 셈이다.[59]

베드로전서 2장 9절의 말씀은 하나님의 백성으로서의 명예로운 단어들이라고 할 수 있다. 구약의 선지자들은 신약의 성도들에 대하여 매우 특이한 관점을 가지고 있다. 특히 요엘서는 신약의 성도들에게 성령을 받은 하나님의 종들이라는 표현을 사용했다. 그리고 베드로는 요엘 선지자의 예언이 오순절 성령이 강림하심으로 성취되었음을 온 교회에 선포하였다(행 2:16~21). 이는 신약의 성도가 구약의 성도들과는 달리 성령의 충만을 받은 존재로 세움을 받았으며 특히 은사를 부여받은 존재로 이해되고 있다는 것을 의미한다. 이 관점은 바울에 의해서도 매우 중요하게 다루어지고 있는데 특히 로마서 12장과 고린도전서 12장에서는 모든 성도가 은사를 부여받는 사역자들로 설명되고 있다.[60]

그러므로 평신도는 전 역사를 통하여 하나님의 계획의 핵심을 차지하고 있다. 이러한 평신도의 역사는 인간 기원의 시대로부터 비롯된다. 각 사람은 그 자신이 제사장이었다. 창세기 4장 3~5절에 의하면 가인과 아벨은 저마다 스스로 하나님께 제사를 드리는 제사장의 직무를 수행하였다. 이외에도 스스로 제사장의 직무를 수행한 사람

---

59) 안재은, 제자 훈련과 교회성장, op. cit., p.25.
60) Ibid., p.30.

들에 관한 기사가 많이 나오고 있다. 창세기 8장 20절은 이러한 예를 단적으로 잘 나타내 주고 있다.[61]

그 후 전문적인 제사장 제도가 출애굽기에서 발견되는데 모세가 시내 산으로 올라갔을 때 하나님께서는 전문적인 제사장을 세울 것을 아울러 지시하셨다. 하나님께서는 12지파의 하나인 레위지파가 이스라엘을 대표하여 제사장직을 수행하게 지시하셨다. 그러나 출애굽기 18장 13~17절에 보면 인도자 모세에게 문제가 발생한다. 이때 모세의 장인 이드로는 모세에게 평신도 중에서 자격을 갖춘 사역자를 임명하여 일을 분담시키라고 건의 한다. 평신도 사역자는 바로 이러한 '이드로의 사역 분담 법칙'에 근거를 두고 있다.[62]

모세에게만 의존했던 백성들은 이제 천부장, 백부장, 오십부장, 십부장들을 통해서 이드로의 분담 제의를 수락하였다(출 18:23). 그러나 아직도 백성들이 모세에게만 의존하므로 그 직무에 지친 모세가 하나님께 기도하게 된다. 민수기 11장 15절[63]에서 모세가 기도하자 하나님께서는 70인의 장로를 세우라고 말씀하심으로 70인 장로가 탄생하게 된다.

즉 70인 장로제는 모세의 직무를 분담하여 사역을 효과적으로 하게 하기 위하여 하나님께서 허락하신 제도이다. 한마디로 정리하면 자격 있는 평신도들에게 분권적 위임(Decentralize)을 하게 함으로써

---

61) "노아가 여호와께 제단을 쌓고 모든 정결한 짐승과 모든 정결한 새 중에서 제물을 취하여 번제로 제사를 드렸더니"

62) 출 18:19-22

63) "주께서 내게 이같이 행하실진대 구하옵나니 내게 은혜를 베푸사 즉시 나를 죽여 내가 고난당함을 내가 보지 않게 하소서"

구약시대의 목회자와 평신도와의 협력 사역에 대한 좋은 본보기이며 생산성을 높이는 제도가 바로 70인의 장로제이다.

예수님의 제자훈련은 평신도 사역형 교회의 씨앗이다. 예수님의 제자훈련 속에는 평신도 사역형 교회의 원리가 내포되어 있다. 전문 제사장직이나 레위 지파가 제사장직을 승계하는 전통은 그리스도께서 십자가에 달리심으로 끝이 나게 되었다. 역사적 견지에서 제사장 직은 성경에 기록된 대로 인류 역사의 초기 수천 년간은 모든 사람에게 스스로 하나님 앞에서 제사장직을 수행해야 할 책임이 있었다. 그 후 모세로부터 예수 그리스도께서 이 땅에 오시기까지에 이르는 약 1,500여 년간은 전문적인 제사장이 따로 있어 그들이 제사장직을 수행하던 시대였다. 그리고 그리스도 이후부터 다시 재림하시기까지는 시내 산 시대 이전으로 회귀하여 만인 제사장 시대가 계속되고 있다(벧전 2:9). 이제 모든 성도는 자유스럽게 하나님 앞에 나아갈 수 있게 되었고 아직 그리스도를 만나지 못한 사람들에게 자유로이 하나님을 소개할 수 있게 되었다(계 1:6).

그러므로 초대교회 때에는 평신도와 전문 사역자라는 구분조차도 존재하지 않았다. 사도 바울은 이러한 원리를 에베소서 4장 12~13절에서 설명하고 있다. 개별적으로 제사장직을 이행해야 할 이 권리는 신약 교회 활동의 원동력이 되었고 성도들이 이 봉사의 일을 감당할 때에 교회는 성장하게 되었다. 그러므로 평신도가 선택된 하나님의 백성으로서 하나님과 특별한 관계를 가진다는 사실은 베드로전서 2장 9절에도 확실하게 나타난다.

이와 같이 성서에서는 평신도는 사명을 위해 부름받은 하나님의 백성으로 묘사하고 있고 하나님의 백성이라는 성서적 견해에서 성직자와 평신도 사이의 상하 구분을 인정하지 않는 것임을 알 수 있다.

2. 평신도 사역의 역사적 이해

기독교는 원칙적으로 성직자와 평신도를 구별하지 않는다. 루터의 만인 제사장론은 그 본래의 정신을 재확인한 것이다. 성서적으로 순수하게 시작된 평신도의 의미는 시간이 흐름에 따라 그 의미와 뜻이 바뀌면서 한 단계 내려간 일반 계층으로 전락해 버렸다. 그렇기 때문에 평신도의 의미를 역사적으로 고찰할 필요가 있다. 평신도라는 말을 최초에 사용한 사람은 로마의 클레멘트(Clement of Rome)로 알려졌는데[64] 그는 교인들 중에 특수한 직책을 가지지 않는 사람들을 가리켜 라이코스(λαἰκος)라고 불렀으며 이 말이 플레베아우스(Plebeius)라는 라틴어로 번역되어 교회 안에서 어떤 직책도 맡지 않는 사람들에 대한 명칭으로 사용되었다.[65]

그러나 이 말을 계급적 의미로 사용한 사람은 3세기 중엽 칼타고 감독 사이프리안(Cyprian)이었다. 역사의 흐름 속에서 교회가 점점 제도화되어 가고 있었고 이에 따라 성직자의 위치가 크게 강화되면서 성직 계급에 속하지 아니한 교회의 일반 신도들을 가리키는 데 사용한 말이 내적 의미까지도 구별되게 된 것이다. 사이프리안은 성직자와 평신도는 구약시대의 제사장과 백성의 관계와 같은 것으로

---

64) 심일섭, "현대의 평신도 신학과 한국교회" 기독교사상(9월호) 1976, p.51.
65) 이종성, "평신도 운동" 기독교 교육 136호(서울: 기독교 교육, 1978), p.83.

생각하였으며 감독은 사도의 계승자라고 하였다. 특히 라틴 교부들에 의하여 성직 계급(감독)이 교회의 주체적 또는 절대적 지위를 갖게 된 것이 사실이다.[66]

그러나 초대교회 발전과정에 있어서 제사장 계급 출신은 거의 없었던 것으로 미루어 보아 교회는 처음에는 성직자와 평신도 사이의 구분이 없이 출발하였다.[67] 그들은 자신들의 교회를 조직체가 아닌 유기체로 보았기에 어느 특정한 사람에게 권위가 부여되는 개념 자체가 없었다. 초대교회의 생활에 있어서 평신도의 역할은 현저하게 나타났다. 그러나 성도가 늘어남에 따라 교회가 점차 확장되기 시작한 2세기에 들어서는 교회가 제도화·조직화됨에 따라 평신도의 개념이 성서적인 면에서 이탈하게 되었다. 1세기가 끝나면서 교회에는 성직자(clergy)라는 단어가 등장하게 되었고, 이것은 교회의 확장으로 교세가 넓어지면서 교회를 관리하는 전담성직자를 세우려는 움직임이 교회 내에서 일게 되면서 시작되었다.

따라서 신약에서 말하는 만인제사장이라는 개념이 구약의 레위기적 제사장직으로 바뀌어 가면서 이것을 가지고 교회를 형성해 감에 따라 시작되게 되었다. 이러한 평신도와 성직자와의 이분법적인 논리가 생기게 된 원인을 보면 교회의 놀라운 성장으로 인한 것과 당시 이단들의 등장으로 교회를 보호하고 관리해야 했기 때문에, 또 한 가지 예수 그리스도의 재림이 지연됨에 따른 것으로 볼 수 있다.[68]

---

66) Elgin S. Moyer, Great Leaders of the Christian Church, tr. by A.D. Clark (Seoul, Korea: Christian Literature Society, 1961), p.37.
67) 서정운, "기독교 평신도론" 숭전대 논문집 제3집(서울: 숭전대학교, 1972), p.71.
68) John W. Drane, 초대교회의 생활, 역(서울: 두란노서원, 1991), pp.71~81.

2세기에서 4세기에 걸쳐서 성직자라는 단어는 공식적인 언어로 사용되었으며 콘슨탄틴 대제의 기독교 공인으로 이들은 상류층에 속하게 되면서 4세기 이후 성직자들은 사회적인 특권을 부여받게 되어 교역은 소명이기보다는 하나의 직업화가 되어 갔다. 이것은 후에 로마교회의 교황권을 확립하도록 촉진하는 발판이 되었고 평신도들의 지위는 더욱 약화되면서 비성서적인 교회조직으로 전락해 버려 평신도는 사제들의 말에 복종만 하면 되는 수동적인 자아로 움직이게 되었다. 즉 콘스탄틴 이후 교회는 로마의 교황권을 확립하도록 촉진시켰고 교회적·계급적 사고 양식이 높아지게 되었으며 교직 제도에 중점을 둔 강력한 권위의 확립으로 지향해 나갔다.[69]

중세 시대에 있어서는 로마 감독의 권위가 월등히 강화되어 교황이 황제의 권한을 능가하는 최고의 교역자로 군림하게 되어 이로 인한 고해성사라는 교리의 제도화로 인하여 평신도와 성직자 사이에 간격은 더욱 크게 생겼고 이러한 현상이 자연히 평신도와 성직자를 상하로 구분시키는 결정적인 동기가 되었다. 이때부터 성직자는 일종의 지배계급으로 군림하게 되었다.[70] 그리고 당시의 교회는 평신도 교육에 무관심한 나머지 평신도들로 하여금 그들의 신앙적 정열을 표현할 기회까지도 주지 않았다.[71]

그러나 12세기 이후 평신도의 의미가 크게 강조되고 14세기의 위클리프(John Wycliffe, 1320~1384)를 통한 평신도 운동과 이어서

---

69) J. L. Neve, 기독교 교리사, 서남동 역(서울: 대한기독교서회, 1976), p.129.

70) 이종성, "목사상의 현재적발전에 대한 개관" 현대와 신학 제3호(연세대학교 연합신학대학원, 1966), pp.28~30.

71) 서정운, "선교와 교회성장" 복된 말씀 제25권(7)(전북: 복된말씀사, 1978), p.76.

일어난 종교 개혁의 근본 사상은 평신도의 위치 전개에 있어서 근본적인 변화를 가져오게 되었다. 마틴 루터는 평신도를 각성시켜 로마 교황과 항쟁하며 종교 개혁을 진행시켰다. 그는 만인 제사장론을 주창하면서 하나님 앞에서는 사제나 평신도가 우열의 차이가 없다고 주장하였다. 그것은 성직주의의 철폐를 의미하는 것이며 가장 강력한 평신도의 옹호와 회복을 의미하는 것이었다.[72]

즉 성직자와 평신도 사이의 벽을 허물고 모두가 '하나님의 백성'들로서 평등하다는 새로운 관념을 재확인시켜 주는 것이었다. 그러나 근대에 들어와서는 평신도에 대한 인식이 망각되어 가는 가운데 새롭게 일어난 획기적인 일들이 바로 웨슬레(John Wesley, 1703~1770)의 평신도 운동이다. 웨슬레는 교회 내의 평신도에 대하여 성서적으로 깊이 연구하여 평신도 운동의 합리성을 교계에 선포하였다. 웨슬레는 개인의 구원(Individual Salvation), 사회적 구원(Social Salvation), 사회적 개혁(Social Reform)을 같이 인정하고 교회와 평신도(Layman in the church) 그리고 평신도와 사회(Layman in the world)를 연구한 뒤에 평신도 설교자(Lay preacher)의 필요성까지도 주장하였다.[73]

그러나 이러한 평신도 운동에 대한 것들은 예수님에게까지 거슬러 올라갈 수 있다. 예수님은 그의 제자들을 지식인들이나 사상가들 혹은 제사장들 중에서 선택하지 않으셨다. 예수님의 제자들은 일반인들로서 공식적인 교육이나 웅변 교육을 받지 못한 자들이었다. 이런 의미에서 볼 때 기독교는 처음부터 평신도들에 의한 운동이었다.[74]

---

72) M. Gibbs & T. Ralph Morton, 오늘의 평신도와 교회, 김성환 역(서울: 대한 기독교서회, 1965), pp.65~66.

73) 정진경, 신학과 목회(서울: 성광문화사, 1977), p.226.

한편 신약성경에는 목회자와 평신도 사이의 구분에 대해서는 전혀 언급하지 않고 있다.[75] 구분이 있다면 그것은 단지 다양한 사역들에 대한 기능적인 구분일 뿐이었다.[76] 거기에는 계급적인 구별은 존재하지 않았다. 하나님의 백성을 가리키는 헬라어 'λαός(라오스)'는 그리스도인의 공동체, 즉 모든 그리스도인을 포함하는 의미이었다.[77] 따라서 그리스도의 몸으로 연합을 이룬 각 지체들은 모두가 평신도들이며 제자 삼는 일에는 똑같은 책임을 가지게 된다. 이것은 여성에게도 동일하게 적용되었다. 신약성경에서는 여성 지도자들도 찾아볼 수 있다.[78] 결국 신약성경이 다루고 있는 것은 기능과 소명에 관한 것이지 지위의 문제가 아니었다는 것이다.[79]

즉 교회 내의 모든 지도력은 인간적인 조건이 아닌 성령에 의한 영적 은사에 그 근거를 두고 있다. 따라서 하나님께서는 필요한 사람에게 필요한 지도력을 주신다. 그러므로 초대교회에서는 이러한 지도력의 기능이 상당히 유동적이고 유연성 있게 작용했다. 그런 의미에서 목회자 평신도라는 이분법적 사고와 이해는 비성경적이라고 할 수 있다. 사실 교회 안에서의 강단과 일반 성도가 앉는 자리와의

---

74) Michael Green, <u>초대교회 복음전도</u>, 박영호 역(서울: 기독교문서선교회, 1992), p.322.

75) Robert L. Saucy, <u>하나님이 계획하신 교회</u>, 김기찬 역(서울: 생명의 말씀사, 1994), p.171.

76) Snyder, Howard A. <u>그리스도의 공동체</u>, 김영국 역(서울: 생명의 말씀사, 1991), pp.124~126.

77) Gerhard Kittel, ed., Theological Dictionary of the New Testament, trans. Geoffrey W. Bromiley(Grand Rapid: Eerdmand, 1977), p.54.

78) 행 18:26, 21:9; 롬 16:1~2.

79) Hendrik Kraemer, <u>평신도 신학</u>, op. cit., p.20.

근본적인 구분도 2세기까지는 분명하지 않았다.[80]

사실 웨슬레의 교회 갱신 운동의 두 기둥은 소그룹과 평신도 설교자이었다. 따라서 복음을 통해 회심한 많은 사람들을 감독하고 훈련시키기 위해서는 다수의 훈련받은 지도자가 필요했다. 따라서 웨슬레는 교회와 교직을 기능적으로만 이해하였고, 이러한 필요와 이해는 그로 하여금 본질적인 복음 전도를 위해서는 비본질에 속하는 교직에 대한 영국 교회의 이해를 뛰어넘을 수 있게 만들었다.

그런 의미에서 소그룹이야말로 평신도들을 지도자로 훈련시키는 가장 훌륭한 훈련장이다. 그런가 하면 훈련된 평신도들이 소그룹의 지도자가 되어 다른 평신도들을 훈련시킬 수 있다. 웨슬레는 소그룹을 통하여 배출된 많은 평신도 지도자들을 그의 사역에 동참시켰다. 한편 그는 남성뿐만 아니라 당시에는 가히 급진적이라고 할 수 있는 많은 여성들까지도 지도자로 세워 교회 갱신 운동에 활용했다. 이와 같이 웨슬레는 성경의 패턴은 목회상의 필요 그리고 기능적인 교회론을 바탕으로 자신의 평신도 활용에 정당성을 부여하였던 것이다. 헨드릭 크레머(Hendrik Kraemer)는 평신도에 대한 각성은 현대 사회 구조 안에서의 복음 전도를 위한 평신도들의 잠재력을 발견하게 된 데서 비롯되었다고 지적하였다.[81]

교회의 구성원 중 99%가 평신도들이며 그들은 분명 교회의 주체자인 것으로 볼 때에[82] 현대 교회는 이제 평신도에 대하여 눈을 떠야 한다. 그리고 복음전도를 위한 그들의 잠재력을 인식해야만 한다.

---

80) Coleman, Robert E, 주님의 제자 훈련 계획, 김영헌 역(서울: 두란노, 1989), p.6.
81) Ibid., p.39.
82) Ibid., p.19.

현대 교회는 교회 갱신의 원동력인 평신도를 초대교회의 제자들처럼 복음의 증인으로 무장시키는 일이 무엇보다도 시급하다.[83] 그러므로 잠자고 있는 그들을 깨워서 교회를 새롭게 하는 일에 나서게 해야 한다. 평신도가 능동적이고 교회 갱신의 원동력이 되어야 하는 이유는 단순히 신학적 원리에 입각한 실용주의나 기능주의 때문만은 아니다. 그것은 곧 성경적인 원리이기 때문이다. 그러므로 진정한 교회 갱신을 이루기 위한 또 하나의 열쇠가 평신도 활성화이다.

지금은 군인교회의 평신도 사역의 활성화는 어느 때보다 절실하다. 왜냐하면 대대 군인교회의 절대다수가 병사들로 구성되어 있기 때문이다. 따라서 이들 평신도들인 병사들을 말씀으로 훈련하고 신앙으로 무장시키는 일은 무엇보다도 시급한 일이다. 이는 병영 생활 중에서 병사들의 가장 영향력을 받을 수 있는 사람이 바로 옆 전우들이기 때문이다. 그러므로 이들 군 병사들을 평신도 사역자로 세워서 이들이 또 다른 병사들을 도우며 제자 삼는 일이야말로 이 시대의 새로운 군 복음화 운동이 될 수 있을 것이다.

3. 생활관 평신도 사역

내무 생활이란 사전적 의미로는 '군대가 거주하는 건물'을 말하며 내무실이란 병영에서 군인들이 평상시에 기거하는 방을 말한다. 군의 수많은 시설 가운데 내무실은 '장병들이 취침하는 병영내의 방'이라고 정의되어 있다.[84] 따라서 내무 생활 훈련은 군인의 본분을 완수

---

83) 옥한흠, 평신도를 깨운다(서울: 두란노, 1991), p.65.
84) 육군본부, <u>육군 군사 술어 사전</u>(육군인쇄창, 1988), p.6.

하는 데 있어 긴요한 지표가 될 뿐 아니라 군 생활을 모두 마치고 귀향 후에 있어서도 국민의 한 사람으로서 국가에 이바지할 수 있는 토대가 되기 때문에 우리 군은 1966년 규정된 군인복무 규율에 따라 병사들이 내무 생활을 실시하고 있다. 이런 내무 생활의 목적은 병사들로 하여금 내무 생활을 통하여 전우애를 기르고 단체 생활에 필요한 협동정신과 자율정신을 배양하며 병영 생활에서 오는 심신의 피로를 회복하고 유사시 즉시 임무를 수행할 준비를 갖추는 데 있다.[85]

따라서 생활관이야말로 병사들의 병영 생활의 중심이 되는 시설이 된다. 이는 생활관이라는 공간에서 병사들은 휴식과 교육 등 대부분의 생활이 이루어지고 있으며 하루 일과의 57% 이상을 보내는 중요한 곳이기 때문이다. 생활관의 기능을 보면 첫째, 수면기능이다. 수면은 생활관의 가장 주된 기능으로 병영 생활에서 일과표에 의한 취침·기상을 하고 있다.

둘째, 수납 및 갱의(更衣)기능이다. 단순히 물품을 저장하는 것이 아니라 정리정돈을 해두어서 필요할 때 빠르고 정확하게 사용하는 데 목적이 있다.[86] 따라서 병영 생활에 있어서는 수납 및 갱의가 가장 근거리에서 짧은 시간에 이루어져야 한다.

셋째, 휴식기능이다. 동료 간의 가벼운 잡담, 오락(장기, 바둑 등), TV 시청 등을 하면서 휴식을 취하며 이 여가시간 동안에 대인간의 접촉을 통한 사회적 활동(socializing)이 이루어지는 곳이 바로 생활관이다. 그러므로 병영 거주는 집단생활 방식을 통하여 타인과의 접

---

85) 육군본부, 군인 복무규율(육군인쇄창, 1998), p.14.
86) 조성기, 주거학(서울: 동명사, 1981), p.20.

촉이 반드시 이루어지는 곳이며 여가시간 동안에 대인간의 접촉을 통한 사회적 활동이 이루어지는 곳이 내무 생활이다. 따라서 병사들은 내무 생활을 통하여 다른 사람의 세계에 대한 호기심에 의해서 자신의 사적 감정을 외부에 표현하는 즐거움을 가질 수 있는 곳이다.

넷째, 집회의 기능이다. 생활관은 군 조직의 특수성으로 특수 집단의 전기·전술 연마를 위한 교육 및 집회 장소의 기능을 갖게 된다.

이러한 생활관은 이등병에서 병장까지의 일반 병사들로 구성되어 있다. 하급자는 상급자들처럼 자유스럽게 인접 생활관을 가지 않는 것으로 나타나 특히 하급자의 경우 생활관 이외에는 주로 갈 만한 곳이 별로 없다. 그런 의미에서 하급자인 경우 생활관은 개인적인 휴식과 오락 친한 병사들과의 대화 등의 사회구심점 공간 형성의 전 공간이라 말할 수 있다.

메타(Meta)는 변화를 의미하는 접두사이다.[87] 지금 새로운 시대 변화에 대처하는 교회를 메타교회라고 말한다. 그렇다면 군 병사 제자훈련을 통한 생활관 사역이야말로 이 시대의 군 선교적인 차원에서 군인교회의 메타교회라고 말할 수 있다. 왜냐하면 메타교회는 평신도 사역자 중심으로 주중 매일 사역 중심으로 성도 위주로 모일 수 있는 교회이기 때문이다. 그런 의미에서 생활관 교회야말로 병영 생활 중에서 평신도들인 군 병사들이 매일 모일 수 있는 유일한 곳이 될 수 있으며 평신도 사역자(lay-Minister)들이 일어날 수 있는[88] 좋은 곳이 될 수 있다.

---

87) 김점옥, <u>평신도 사역자를 키워라</u>(서울: 기독신문사, 1999), p.46.
88) Ibid., p.66.

평신도들은 누구인가? 그들은 하나님의 백성들이며 은사를 부여받은 자들이다. 교회와 목회자의 가장 우선적인 사명은 무엇인가? 그것은 평신도들을 목양하는 차원을 넘어서 그들을 무장시키는 사역이며 이 사역의 목적이 교회의 비전속에 분명하게 진술되어 있어야 하고 이 목회자의 사명이 교회의 모든 성도들의 마음속에 마치 열병처럼 사로잡고 있어야 한다. 우리는 이것을 목회를 위한 '목적전술'이라고 부를 수 있다.

많은 교회 평신도들이 교회 내에서 일하는 것으로는 영적인 만족을 느끼지 못하고 있다. 이러한 평신도들은 자신들의 은사와 능력을 보잘것없는 것으로 치부하는 교회가 싫은 것이다. 이들은 자신들의 사명과 뜨거운 열정을 쏟아놓을 곳을 찾기를 원한다. 이런 충동이 그들로 하여금 잘못된 길로 들어서게 할 수도 있다. 이러한 일들은 분명 목회자의 무관심과 무지 속에서 생겨난 슬픈 현상이다.

사도행전 6장 1~7절에 보면 예루살렘 교회에 사도들이 집사를 세우는 사건이 나온다. 평신도 사역자의 한 직분인 집사제도는 하나님의 직접적인 명령에 의해 시작된 것이 아니라 교회의 필요와 형편에 따라 결정한 것이다. 여기서 우리는 교회의 필요와 형편에 따라 평신도 사역자가 있어야 한다는 평범한 원리를 발견하게 된다. 초대교회 사도들은 교회의 문제가 발생했을 때 그것을 담당할 만한 직분을 만들어 냄으로써 성도들의 필요를 채움과 동시에 자신들의 본질적인 사명에 전념할 수 있었다. 그리고 평신도 사역자들을 선출하는 방식에 있어서도 평신도들에게 일임하는 대담한 방식을 취하고 있다(행 6:3~4). 이때 성도들 사이에 일어난 반응은 바로 기쁨이었다.[89]

평신도를 사역자로 세운 사도들의 이 결정은 평신도들의 사역에로의 참여를 공식적으로 인정한 것이 되었고 많은 사람들에게 적극적인 동기를 부여케 함으로써 후에 최초의 순교자 스데반과 같은 위대한 평신도 사역자를 배출시키는 계기가 되었다. 그러므로 이 시대의 목회자들에게 가장 필요한 것은 초대교회의 사도들처럼 평신도들에게 동기 부여를 할 수 있는 리더십을 갖게 하는 것이다. 이것은 그들을 믿고 일을 맡기는 평신도 사역이며 많은 평신도 사역자를 발굴하여 세우는 것이 목회자의 지도력에서 출발해야 한다는 것이다. 지금까지 대부분의 목회 패러다임은 담임목사 중심의 독점목회라고 할 수 있었다. 군인교회도 이러한 형태를 지니고 있었다고 할 수 있다. 그러나 이러한 모노미니스트리(Monoministry)는 실패한 모델이 된다.[90]

이제는 대대 군인교회도 평신도들인 군 병사들이 다수 참여하는 목회가 되어야 하며 그러한 패러다임으로 지향해 나가야 할 것이다. 그렇게 될 때에 진정 군 복음화는 실질적으로 나타나게 되며 그 결과가 바로 군인교회성장이 된다. 이 평신도 사역이야말로 교회성장을 위한 이 시대의 가장 위대한 비전이라 할 수 있으며 이 비전을 품은 모든 교회는 예외 없이 모두 성장하고 있다면, 마찬가지로 군 병사들을 통한 생활관 사역의 활성화 운동이야말로 이 시대 군 복음화의 위대한 비전이 되며 이 비전을 품은 모든 병사들이 사역하는 군인교회야말로 예외 없이 모두 성장할 수 있게 될 것이다.

신약 시대에 들어오면서 소그룹 단위가 매우 중요한 개념이 되었

---

89) 행 6:5 "온 무리가 이 말을 기뻐하여"

90) 김점옥, op. cit., p.131.

는데 사도행정 16장 31절에서 이를 잘 나타내 주고 있다. "가로되 주 예수를 믿으라 그리하면 너와 네 집이 구원을 얻으리라" 여기서 사용된 집(Household)이란 단어는 헬라어로 '오이코스'(οἶκὸς)이다. 이것은 하나님의 역사가 한 단위 속, 즉 오이코스 속에서 동시에 일어나고 있는 상황을 설명해 주고 있다. 즉 이 단위는 어떤 공통적인 것을 공유하고 있는 동질 집단으로서 그 가족 단위는 아무리 많아도 20~30명을 넘지 않는 소그룹이었음을 짐작할 수 있다.[91]

이 '오이코스'의 특징이야말로 특별한 유대 관계와 동질감을 가지고 있는 유기적인 단위라고 할 수 있다. 그리고 이 '오이코스'야말로 "살아 계신 하나님의 교회요 진리의 기둥과 터"(딤전 3:15)가 된다는 것이다. 따라서 하나의 소그룹은 온전한 한 단위의 교회이며 동시에 한 교회 속에 한 단위를 형성함으로써 유기적인 교회의 모습을 가지게 된다는 것이다. 사람의 몸에 수많은 지체들이 존재하듯이 교회에 존재하는 수많은 사역을 평신도 사역자에게 맡김으로써 온전한 하나의 교회로서의 역할을 하게 하는 것과 같은 것이다.[92]

그렇다면 군 생활관 사역이야말로 이 시대에 가장 잘 보여줄 수 있는 '오이코스'의 모형이 된다. 이러한 '오이코스'의 모형인 군 생활관은 이미 어떤 공통적인 것을 공유하고 있는 동질 집단이며 그 인원은 20~30명을 넘지 않는 소그룹의 모습을 이미 임의적으로 갖추고 있다 하겠다. 이러한 생활관 오이코스 속으로 잘 훈련된 병사들의 사역이 활성화될 수 있다면 이는 군을 복음으로 정복할 수 있는

---

91) Ibid., p.257.

92) Ibid., p.258.

초대교회와 같은 불붙는 에너지원이 될 수 있는 계기가 될 것이다.

또한 소그룹 모임이 지향하는 목표가 '교회 속에 작은 교회'를 추구하는 것이라면 생활관 교회야말로 작은 단위의 모임인 하나의 교회로서 그 구성원들의 필요를 채울 수 있는 하나님께 예배하는 온전한 공동체를 형성할 수 있는 요건이 이미 마련되어 있는 훌륭한 '오이코스'가 될 수 있음을 의미한다.

하나님은 목회자가 모든 문제를 책임지도록 하지는 않으셨다. 예수님은 전능하신 하나님이셨지만 열두 제자를 부르셨고 70인을 세우셨다. 목회자가 탈진하고 목회를 그만두고 싶을 정도로 지쳐 있는 근본적인 원인이 무엇인가? 그것은 목회자의 짐을 분담할 평신도를 키워 놓지 않았기 때문이다. 교회의 다양성은 목회자가 아무리 노력한다 해도 다 파악할 수도 다 충족시킬 수도 없다. 오직 그 다양한 평신도를 다양한 사역으로 소그룹 속에 참여시킬 일을 하게 하는 것이 가장 유효하고도 효과적인 방법 중에 하나일 것이다. "나를 따라오너라 내가 너희로 사람을 낚는 어부가 되게 하리라 하시니"(마 4:19).

이런 의미에서 군 생활관이야말로 평신도 사역의 가장 적합한 조건을 구비한 예비 된 '오이코스'이며 사람을 낚는 황금어장이 될 수가 있다.

통계에 의하면 75%의 새신자가 소그룹 사역을 통해 회심하였다고 한다. 그렇다면 군 생활관 소그룹을 통한 평신도 사역은 후임병들에게 복음을 접하게 하는 최전선이 될 수 있으며 군 생활관이야말로 평신도 사역을 위한 하나님께서 만드신 선교의 장이 될 것이다.

제3절 제자훈련과 생활관 사역

1. 제자훈련의 의미

제자란 스승의 가르침을 받은 사람 또는 예수의 가르침을 받아 그의 뒤를 따르는 사람을 말한다.[93] 제자를 영어로 'Disciple'이란 하는데 이는 라틴어 'Discipere'에서 유래되었고 'to take a part completely'의 뜻이 있다. 이는 어떤 것을 완전히 분해하여 이해한다는 의미이다. 즉 제자란 스승에 의해 완전히 분해하여 상세하게 이해된 인격이라 할 수 있다. 또한 제자란 헬라어로는 배우는 사람의 뜻을 가지고 있다. 따라서 제자는 가르침을 받는 사람, 즉 배우는 사람이라 할 수 있다.[94] 그러므로 예수의 제자란 넓은 의미로 '예수 그리스도를 주로 고백하는 모든 그리스도인'을 제자라 하며 좁은 의미로는 '온전히 성숙되어 헌신하는 그리스도인'을 말하기도 한다.

훈련이란 일정한 목표 또는 기준에 도달케 하기 위하여 실천시키는 실제적 활동을 말한다.[95] 영어에서 훈련이 'Discipline'인데 'Disciple'과 같은 어원을 사용했으며 훈련(Training), 교련(Drill), 징벌(Chastisement), 고행(Penance)을 의미한다.[96]

그래이(Gray W. Kuhne)는 "제자훈련은 그리스도인의 생활에서 영적인 성숙함에 이르고 영적 재생산을 할 수 있도록 하는 영적인

---

93) 이희승 편, 국어 대사전(서울: 민중서림, 1979), p.2571.

94) Carl Wilson, 목회와 제자 양성, 권명달 역(서울: 보이스사, 1981), p.86.

95) 이희승 편, op. cit., p. 3295.

96) 김현식 편, 동아프라임 영한사전(서울: 동아출판사, 1991), p.617.

작업을 말하는 것"97)이라고 했다. 로버트 콜먼(Robert Coleman)은 "예수님의 제자훈련 전략은 선택된 소수의 무리와 함께 거함을 통하여 재생산하는 제자로 훈련시키는 것"98)이라고 했다. 레로이 에임스(Leroy Eims)는 제자훈련의 원리를 "사역의 배가방법으로서 한 사람을 전도하여 초신자로부터 시작해서 제자 일꾼 지도자까지 이르도록 돕는 과정이다"99)라고 주장했다. 월터 A. 핸리치슨(Walter A. Henrichsen)은 "제자훈련이란 제자로 선택된 사람들이 스승과 함께 생활하며 어떤 일정한 목표와 기준에 도달할 때까지 교육되고 훈련되는 것"이라고 하면서 "제자는 태어나는 것이 아니라 훈련으로 만들어지는 것이다"고 했다.100)

위의 이론들을 종합해 볼 때에 제자훈련이란 예수를 주로 고백하며 새로운 믿음의 공동체인 교회 안에 들어온 모든 그리스도인들을 가르치고 훈련해서 예수의 인격과 삶을 본받아 예수처럼 살게 만드는 것이라고 말할 수 있다. 성경속의 제자훈련은 예수를 닮아가는 데 강조점을 둘 뿐 아니라 예수처럼 살게 만드는 모든 것이다. 제자훈련은 그가 하신 사역에 동참하고 계승하여 그리스도의 왕국을 구현케 하는 데 역점을 두고 있다. 그리고 제자 만드는 일을 훈련이라고 표현하는 것은 제자훈련이 기성교회의 전통적인 교육 방법보다는 더 적극적이고 구체적일 뿐 아니라 목표나 방법에 있어서도 확실하고

---

97) Gary W. Kuhne, 새신자 양육의 원동력, 정학봉 역(서울: 요단출판사, 1989), pp.91~92.

98) 안재은, 제자 훈련과 교회성장, op. cit., p.131.

99) Ibid.

100) Walter A. Henrichsen, 훈련으로 되는 제자, 네비게이토 선교회 역(서울: 네비 게이토 선교회, 1984), p.3.

분명하다는 강한 의지가 훈련이라는 말속에 들어 있기 때문이다.[101]

우리가 예수 그리스도의 명령을 성실히 이행하며 성숙한 제자의 삶을 살기 위해서는 반드시 고도의 훈련이 필요하다. 왜냐하면 죄성(罪性)을 가진 인간은 훈련을 통해서만이 바로 설 수 있기 때문이다. 웨이론 B. 무어(Waylon B. Moore)는 일 대 일의 제자훈련을 통한 효과적인 영적 배가의 원리를 제시하고 있다. 즉 복음증거를 통해 새신자를 얻으면 새신자는 양육을 통해 훈련을 받아 자라가게 된다. 이 제자는 좀더 성숙해지기 위해서 제자의 도움으로 개인적인 훈련을 받으면서 배가할 수 있게 된다는 것이다.[102]

성경에서 제자라는 말이 나오는 곳은 사복음서와 사도행전뿐이다. 따라서 성경 저자들이 각각 어떤 의미로 그 이름을 사용하고 있는 가를 살펴보는 것은 제자의 개념을 바로 이해하는 데 큰 도움이 될 것이다.

마태는 신약성경에서 열두 제자와 앞으로 믿을 사람들을 가리켜 제자로 보았고(마 25:15~23), 마가는 예수의 제자를 열두 명으로만 국한시켜 제자라고 말했다(막 3:16~18; 4:34~35). 누가는 예수 그리스도를 믿는 모든 사람을 가리키고 있으며(눅 10:1~20), 요한은 상당수의 사람들을 예수의 제자로 말하고 있다(요 6:66; 8:31). 사도행전에서는 인격과 삶을 통해서 그리스도의 성품이 드러나는 사람(행 11:26)을 제자라고 말했다. 갈라디아서에서는 신령한 자(갈 6:1), 에베소서에서는 온전한 사람(엡 4:13), 고린도전서에서는 장성한 자(고전 14:20), 골로새서에서는 완전한 자(골 1:28)를 제자라고 가르치고 있다.[103]

---

101) Ibid., pp.193~194.
102) 안재은, 제자 훈련과 교회성장, op. cit., pp.132~133.

그러므로 사복음서 저자들은 마가를 제외하고는 제자라는 이름은 예수님을 주로 고백하고 교회 안으로 들어오는 모든 신자들을 가리키는 호칭으로 사용되었다고 말하고 있다. 우리가 주목해야 할 것은 신자들이 그리스도인이라고 하는 이름을 얻기 전에 제자라는 이름을 먼저 가지고 있었다는 사실이다. 이것은 신자가 제자로서의 자격을 먼저 구비하지 아니하면 그리스도인이 될 수 없다는 것을 의미한다.[104]

안디옥 교회에서 제자들이 얻었던 그리스도인이란 명칭은 예수님을 닮은 작은 그리스도라는 의미를 담고 있다. 진정한 그리스도인의 자격은 제자가 되는 것, 다시 말해서 제자도에 있었다. 이런 의미에서 보면 초대교회의 신자들이 모두가 제자라는 이름을 가질 수 있었다는 것은 정말 놀라운 일이 아닐 수 없다. 예수님이 승천하시면서 제자들에게 모든 족속을 예수 믿는 사람들이 되게 하라고 하지 않으시고 제자를 삼으라고 하신 것은 그가 다스리기를 원하신 새 왕국의 백성은 예외 없이 자기를 닮은 사람들(제자)이 되기를 소원하셨기 때문이다.[105]

그러므로 제자훈련이란 예수를 구주로 고백하며 새로운 믿음의 공동체인 교회 안에 들어온 모든 그리스도인들을 가르치고 훈련해서 예수의 인격과 삶을 본받아 예수님처럼 살게 만드는 과정이다. 따라서 제자훈련은 예수님을 닮아 가는 데 강조점을 둘 뿐 아니라 그가 하신 사역에 동참하고 계승하여 그리스도 왕국을 구현케 하는 데 그 역점을 두고 있다. 그리고 제자 만드는 일을 훈련이라고 표현하는

---

103) 옥한흠, 다시 쓰는 평신도를 깨운다(서울: 두란노, 1999), p.130.

104) 안재은, 제자 훈련과 교회성장, op. cit., p.87.

105) Carl Wilson, 목회와 제자 양성, op. cit., p.90.

것은 제자훈련이 기성교회의 전통적인 교육 방법보다는 더 적극적이고 구체적일 뿐만 아니라 목표나 방법에 있어서도 확실하고 분명하다는 강한 의지가 훈련이라는 말속에 들어 있기 때문이다.106) 빌리 핸크스(Bille Hanks)는 "전통적인 교회가 복음화하는 일에 실패한 이유는 교육을 통해 전달해 주려 하지 않기 때문이다"107)라고 말함과 같이 제자훈련은 성숙한 예수 그리스도의 제자를 만들기 위한 훈련이라고 말할 수 있다.

그러므로 넓은 의미로서 예수 그리스도를 주로 고백하는 모든 그리스도인을 일컬어 제자라고 한다. 그러나 좁은 의미로는 온전히 성숙되어 헌신하는 그리스도인을 제자라고 말한다.108) 따라서 이렇게 온전히 성숙되어 헌신하는 그리스도인들을 만들기 위한 제자훈련은 필수적인 과정이라 할 수 있다.

2. 군 제자훈련의 성경적 모델

"너희가 그 은혜로 인하여 믿음으로 말미암아 구원을 얻었나니 이것이 너희에게 난 것이 아니요 하나님의 선물이라"(엡 2:8) 허물과 죄로 인하여 죽은 인간의 구원은 전적으로 하나님의 은혜로 말미암은 것이다. 여기서 깨닫게 되는 것은 모든 것이 하나님의 주권 섭리

---

106) David Watson, 제자도, 문동학 역(서울: 도서출판 두란노, 1993), pp.193~194.

107) Bille Hanks and Willian Shell, 제자 훈련, 박광철 역(서울: 생명의 말씀사, 1983), pp.113~123.

108) 최상태, "제자 훈련을 통한 가정교회 사역이 가지는 목회적 효율성에 관한 연구"(풀러신학교 목회학 박사학위논문, 2001), p.14.

가운데서 역사하신다는 사실이다. 그러므로 성경에 나타난 제자훈련을 연구하는 일도 그것은 처음부터 하나님이 하시는 일, 즉 섭리에 대한 연구일 뿐이며 그것을 효과적으로 적용하는 일도 하나님의 뜻에 따라서 순종하며 그에게 영광을 돌리기 위함일 뿐이다. 그러므로 성경에 나타난 제자훈련도 본질적으로 하나님의 구원 경륜에 그 뿌리를 두고 있다.

구약성경에서 우리는 하나님께서 하나님의 종들을 부르실 뿐 아니라 그들을 구체적인 삶의 현장 속에서 훈련시키신 모델들을 여러 가지로 발견할 수 있다. 구약성경에서 제자라는 낱말을 사용한 근거를 찾아볼 수 있는데 이사야 8장 16절에서 "너는 증거의 말씀을 싸매며 율법을 나의 제자 중에 봉함하라"고 했고 역대 상 25장 1~7절에서는 다윗왕의 직속기관으로 현대적인 의미에서 성가대를 조직할 때 제금과 비파와 현금을 잡아 여호와 하나님의 전에서 노래하며 섬기는 자 288명을 제비 뽑아 세웠는데 그들을 제자라 했다. 그러므로 제자라는 낱말은 자신이 스승에게서 배워서 스승과 같이 되어야 하는 사명과 그 하는 일에 상당한 직임을 맡는 자라는 의미가 포함되어 있다.[109]

이러한 제자훈련이 이루어진 모델이 구약성경에는 많이 있지만 본 항에서는 사무엘과 선지자들의 생도들, 엘리야와 엘리사, 이사야와 그의 제자의 유형을 고찰해 보려고 한다. 사무엘 시대로부터 선지자의 무리 또는 선지자의 생도들로 알려진 예언자의 집단이 존재하였다. 이들은 엘리사 시대까지 군거하며 존속된 것으로 나타나 있다. 이들은 사무엘 엘리야 엘리사들의 선지자들과 스스로가 제자 관계의

---

109) 정학봉, <u>성서적 제자 훈련학</u>(서울: 요단출판사, 1986), p.209.

성격으로 연관되어 왔음을 발견할 수 있다.[110) 열왕기하 2장 12절, 13장 14절에서 추종자가 선지자 무리의 지도자에게 아버지로 부른 것을 볼 수 있다. 아들이란 말이 양육받는 제자의 의미를 내포하고 있듯이 스승을 아버지로 부를 수 있다는 사실이다.[111)

사무엘은 에브라임산지 라마다임소빔에 거주하는 엘가나의 처 한 나가 여호와께 간구하여 낳은 아들로(삼상 1:1, 10~11) 엘리 제사장이 죽은 후에(삼상 4:18) 제사장 겸 사사가 되어 이스라엘 백성들을 40년간 치리하였다.

사무엘이 활동하던 시기는 이스라엘 백성들이 가나안에 들어가 땅을 분배받고 생활이 안정되어 감에 따라 그들의 신앙이 세속화되어 가기 시작한 시기이다. 이때가 이들 이스라엘 백성들은 가나안 원주민들의 우상숭배와 그들의 정치제도인 인간 왕의 통치를 사모하여 지금까지 하나님을 왕으로 모신 하나님의 직접적인 통치를 거부하고 인간 스스로 왕을 세우고 자기 의지대로 살려고 하는 신앙적인 위기 속에 있었던 시기이다(삼상 8:1~7). 이러한 신앙적 위기 상황 속에서도 사무엘은 여호와의 신앙을 계승시키기 위하여 선지 생도들을 택하여 제자훈련을 시키었다.

사무엘상 10장 10절에 "그들이 산에 이를 때에 선지자의 무리가 그를 영접하고"라는 말이 나오고 사무엘상 19장 20절에는 "그들이 선지자 무리의 예언하는 것과 사무엘이 그들의 수령으로 선 것을 볼 때에"라는 말이 나오는데 선지자의 무리에 사무엘이 스승으로 제자훈련

---

110) 안재은, 제자 훈련과 교회성장, op. cit., p.90.

111) Ibid.

을 한 라마땅 나욧은 선지자의 무리가 있는 곳으로 이곳을 선지학교로 불렀다.112) 사무엘은 시대적으로 어려운 시기에 여호와의 신앙을 계승시키기 위하여 제자훈련을 실시하였으며 그 학습 내용은 주로 율법인 하나님의 말씀을 가지고 시킨 제자훈련이라고 할 수 있다.113)

엘리야는 디셉 사람으로서 이스라엘 왕 아합 때에 활동한 선지자이다. 북 왕국 이스라엘은 아합의 치세에서 정치적으로는 왕성하였으나 시돈 왕 엣바알의 딸이며 아합의 부인인 이세벨이 바알 신상을 수입하여 신전을 건립하고(왕상 16:30~33) 바알과 아세라 선지자들을 후원하였다.114) 당시 아합 왕과 이세벨이 펼친 바알우상과 아세라 목상을 섬기도록 한 우상숭배정책은 여호와의 종교를 말살하려는 흉계이었다. 그러나 엘리야는 이러한 위기 상황 속에서도 담대하게 저들과 투쟁하면서 엘리사를 그의 후계자로 삼아 집중적으로 제자훈련을 시키었다. 그는 바알 선지자 450인과 아세라 선지자 400인의 갈멜산에서의 대결에서 승리하여 여호와만이 참하나님이라는 사실을 모든 백성들 앞에서 보여주게 되었고 하나님 말씀의 능력을 실제로 보여준 제자훈련의 좋은 모델이라고 할 수 있다(왕상 18:20~40). 또한 바알과 아세라 선지자의 대결에서 나타난 그의 기도의 내용은 한마디로 말해서 이 백성으로 주 여호와는 하나님 되심을 나타내시기를 간구한 말씀 훈련이었다. 그의 기도는 오직 "주께서 이스라엘 중에서 하나님이 되심과 내가 주의 종 됨과 내가 주의 말씀대로 이 모든 일을 행하

---

112) 김희보, 구약 이스라엘사(서울: 총신대학출판부, 1981), p.183.

113) 이홍기, "Study of the effects of discipleship training on church growth" (Fuller Theological Seminary 박사학위논문, 1995), pp.21~22.

114) 그리스도교대사전, "엘리야" 항목, 조선출 편(서울: 대한기독교서회, 1978), p.349.

는 것을 오늘날 알게 하옵소서"(왕상 18:36) 하고 부르짖은 내용이었다. 결과적으로 불의 응답에 의한 승리는 여호와의 말씀의 능력이 나타난 사건으로 제자훈련의 좋은 학습 내용이 되었다.[115]

그 후 엘리야가 호렙산 굴에서 유할 때 강한 바람과 지진과 불 후에 세미한 음성으로 여호와께서 그에게 세 가지를 말씀하시었다(왕상 19:9~18). 즉 하사엘에게 기름을 부어 아람 왕이 되게 하고 예후에게 기름을 부어 이스라엘의 왕이 되게 하며, 엘리사에게 기름을 부어 엘리야를 대신하여 선지가가 되게 하라(왕상 19:15~16)는 명령, 즉 세 번째 명령이 곧 엘리사를 제자 삼으라는 것이었다. 그러나 엘리야는 엘리사를 후계자로 제자 삼는 사명만을 수행하게 되고 다른 두 가지 명령은 엘리사 시대로 넘어간다. 이 사실만을 보아도 제자 삼는 훈련이 얼마나 중요한가를 보여주고 있다. 엘리야가 엘리사를 제자로 삼아 공동 생활하는 속에서도 얼마나 철저하게 말씀 훈련을 받았는지를 짐작할 수 있는 것은 하나님께서는 언제나 엘리야에게 말씀으로 나타나신 것으로도 알 수 있다. 따라서 "여호와의 말씀이 엘리야에게 임하여 가라사대"라는 말씀은 마치 공식처럼 따라다녔다. 호렙산 굴속에 있을 때에도 폭풍과 불은 그냥 지나가기만 했으나 세미한 소리는 그에게 임하여 머물렀다.[116]

엘리사가 그의 스승 엘리야에게 얼마나 진지한 훈련을 받았는가 하는 사실은 엘리야 승천 직전에 엘리야가 마지막 지상에서 순방하는 선지 학교 길갈에 엘리사를 머물게 했지만 엘리사는 벧엘로 같이

---

115) 한동욱, 제자의 생활(서울: 로고스출판부, 1988), p.178.
116) 김문제, 우주과학과 신공위성(서울: 백합출판사, 1972), p.522.

동행하였고, 또 여기에 머물라고 하였지만 여리고로 같이 동행을 하였고, 마침내 요단까지 따라가 끝내는 갑절의 영감을 받게 되었다. 여기에 나타난 제자는 하나님의 능력을 힘입어 우상 종교정책과 투쟁하면서 여호와가 하나님 되심을 알게 하는 일에 사용된 하나님의 선택된 종들이었다. 또한 이 일을 위해서 제자를 삼고 말씀으로 훈련하였다. 이 훈련은 철저하게 엘리사에게 계승되었고 이 때문에 엘리야와 엘리사의 관계야말로 구약성경에서 제자 삼는 가장 확실한 모델이라고 말할 수 있다(왕상 19:19~21).[117]

이사야는 대략 B.C. 701년경인 웃시야 왕이 죽던 해에 하나님의 부르심을 받은 선지자로서[118] 그는 하나님 앞에서 자기의 죄를 철저하게 회개하고 성결함을 받은 후 예언자로 활동하기 시작하였다. 이사야가 활동했던 그 시기에는 정치적으로는 이스라엘은 애굽과 앗수르 두 강대국의 사이에 끼어 있었고, 이로 인하여 백성들은 여호와 하나님을 의지하기보다는 강대국들을 의지하게 됨으로써 그 백성들의 신앙은 형식과 위선에 빠졌고 영적으로 도덕적으로 타락해 있었다(사 1:2~4). 이러한 어두운 시대에 부름을 받은 그는 하나님의 계시로 제자들을 훈련시켰다. "너는 증거의 말씀을 싸매며 율법을 나의 제자 중에 봉함하라"(사8:16)는 이 말씀이 모든 사람에게 주어졌지만 소수의 사람, 즉 선택된 사람들에게만 받아 들여졌다는 것이다. 그러므로 그 말씀에서 아무 유익도 얻지 못한 자들에게는 그것이 봉함되었으며 주께서 성령으로 자신의 백성들에게는 그 말씀을 개봉하고 열어 놓는 식으로 봉함되었다는 것이다.[119]

---

117) 안재은, <u>제자 훈련과 교회성장</u>, op. cit., p.91.
118) 김영진, <u>성서백과사전 제10권</u>(서울: 성서교재간행사, 1981), p.85.

여기서 제자들은 이사야에게 가르침을 받은 소수의 영적 무리를 의미한다. 앗수르는 "필연 폐하고 유다의 남은 백성에게는 구원의 소망이 있으리라"는 말씀은 그때 경건한 무리(이사야와 그의 제자들) 가운데 싸매어 두라고 말씀하신 것이다.[120] 그렇게 부탁한 이유는 그때 일반 백성들이 그의 말씀을 신종하지 않을지라도 필경 그 말씀 성취의 날은 확실히 임하기 때문에 그 증거의 말씀을 그의 제자들인 소수의 무리들에게 가르쳤다는 것이다. 그러므로 이 소수의 무리들과 공동생활을 하면서 가르침을 이룬 것이 곧 제자훈련이다. 신약성경의 가장 중요한 제자훈련의 모델은 예수 그리스도이시다.

예수님의 제자훈련의 원리는 제자들과 함께함의 원리였고 모든 것을 버리고 자신을 따라오라는 것이었으며 철저하게 개인접촉을 통한 훈련이었다.[121] 예수님의 제자훈련의 원리는 그가 특별히 선택한 열두 제자들을 가르치고 훈련하는 것이었다. 따라서 예수님은 근본적으로 교사였으며 제자들을 훈련시키는 분이셨다.[122]

아버지가 자녀를 잘 양육할 수 있는 유일한 방법은 그들과 함께 시간을 보내는 것이다. 예수님은 그가 떠난 후에도 그들을 그분의 증거자로 세우기 위하여 훈련시키셨다는 점과 그리고 그 훈련 방법이란 단순히 그들과 함께 계심이었다는 점을 말씀하신 것이다.[123] 예수님

---

119) 존 칼빈, <u>구약성서 주석 12</u>, 존칼빈 성경주석출판위원회 역편(서울: 성서교재 간행사, 1982), pp.286~287.

120) 박윤선, <u>성경주석 이사야</u>(서울: 영음사, 1980), p.102.

121) Hanks, Billie & William A. Shellm <u>제자 훈련</u>, 박광철 역(서울: 생명의 말씀사, 1983), p.52.

122) Waylon B. Moore, <u>새신자 양육의 원리와 방법</u>, 정학봉 역(서울: 요단출판사, 1980), p.64.

은 전도와 양육과 훈련을 위해 사람들과 친밀하게 접촉하는 것을 그와 함께하는 원리(With him principle)라고 불러야 할 것이다.[124]

그러므로 제자훈련 방법으로서 사람들과 함께 시간을 보내는 것과 바꿀 대치물은 아무것도 없다.[125] 예수님은 자신이 한번도 걸어보지 않은 길을 우리에게 가도록 명령하시지 않으셨으며, 오히려 자기를 부인하고 자기 십자가를 지고 나를 따라오라는 것이었다.[126] 그분은 그의 왕국이 영광과 능력으로 도래할 그날을 미리 바라보셨다.

하나님은 모든 사람이 구원을 받으며 진리를 알기를 원하셨다(딤전 2:4). 바로 그 목적을 위하여 예수 그리스도는 모든 인간을 죄에서 구원하시기 위하여 세상의 구주로서 자기 자신을 주셨다. 그분 한 사람의 죽으심은 모든 사람을 위하여 죽으신 것이다(롬 5:12~21). 우리의 피상적 사고방식과는 달리 그는 국내와 국외 선교 사이의 구별을 두지 않으셨다. 예수 그리스도에게는 모든 세계가 전도 지역이었다.[127] 마가복음서에 보면 예수께서 제자를 왜 양육했는지를 발견하게 된다. 예수는 자기와 함께 있게 하기도 하고 보내서 전도하게도 하며 귀신을 축출키 위하여 제자들을 선택하시고 양육하셨다(막 3:13~15).

사실 제자란 말의 다른 의미는 선생이 걸으신 것처럼 자기도 걷는 사람(The men who walk as he walked)이라는 의미이고 보면, 예수

---

123) Billie Hanks, William A. Shell, 제자 훈련, op. cit., p.57.

124) Waylon B. Moore, 새신자 양육의 원리와 방법, op. cit., p.38.

125) Ibid., p.38.

126) 버린티어 선교회 편, 제자 훈련 지침서(서울: 종합선교나침판, 1982), p.45.

127) Billie Hanks, William A. Shell, 제자 훈련, op. cit., p.34.

님께서도 당신과 동행할 제자들을 원하셨던 것이다.[128] 예수님께서 당신의 마음에 드는 자들을 선택하신 이유는 그분의 일을 그들에게 위임키 위해서 그리고 새 이스라엘(영적이스라엘)의 핵심적인 인물로 양성하여 주님의 교회를 건설케 하기 위해서였으며 그들과 함께 그분의 학교를 세워서 하나님의 나라를 선포하게 하고 그의 이름으로 병든 자를 고치며 하나님의 나라를 선포케 하기 위해서였다.[129]

예수님은 삼 년 반 동안의 대부분의 시간을 제자들을 부르시고 선택하시고 훈련하는 데 할애하셨다. 예수님의 사역은 제자훈련이 중심적인 과제이었다. 예수님은 대중을 자기의 가르침과 설교로 매료되게 하였으나 소수의 제자들은 훈련을 통해서 철저히 양육하셨다.[130] 또한 자기와 자기의 사역을 제자들에게 위임시키려고 시도하셨고 제자들과 전 인격적인 관계를 수립하여 일정한 기간과 과정을 수료시키게 한 후에는 제자들을 자기 사람이라 호칭하고 끝까지 사랑하셨다(요 13:1). 제자들에게 보여준 예수님의 이러한 사랑은 희생적이며 헌신적인 사랑이었다.[131]

예수님은 사람들을 제자로 선택한 후 양육할 때에, 다음과 같은 일곱 가지 방법들을 활용하셨다.[132] 즉 소수 집중 교육 방법(마 26:37),

---

128) Allen Hadidian, *Succesful Discipling*(Chicago: Moody Press, 1979), p.6.

129) Ibid., p.55.

130) Gene A. Getz, *Sharpening the Focus of the Church*(Chicago: Moody press, 1980), p.166.

131) George Arther Butterick, *THeInterpreter Dictionary of the Bible*, vol.1.(new york: A bingdom Press, 1962), p.379.

132) Robert colelman, <u>예수님의 제자도</u>, 이상길 역(서울: 크리스챤비전하우스, 1993, pp.19~103.

공동생활을 통한 실제 훈련(막3:13~15) 방법, 순종 훈련 방법(마 9:9), 모범 교육의 방법(눅 22:39~46), 사역 위임의 방법(눅 10:1~20), 조사 점검의 방법(막 6:30~31; 눅 9:54~56; 눅 10:17~20), 제자 중식의 방법(마 28:19~20) 등이었다.

사도 바울은 바리새인으로 교법사 가말리엘 수하에서 학문을 닦은 자로서 당대 최고의 학자였다. 그는 다메섹 도상에서 예수님을 만난 후에(행 9:3~9) 남은 생애를 오직 복음을 위하여 바친 사람이다. 그는 위대한 전도자요 설교자였으며 신학자요 개혁자로서 사도들의 제자훈련에 있어서 가장 모범적인 사역자가 바울이라는 사실은 아무도 부인하지 못할 것이다. 그는 다메섹 도상에서 예수 그리스도와의 초자연적인 만남 이후 그리스도로부터 직접적인 계시를 받고 사도로 부름받은 예수님의 사역자이다. 바울의 제자훈련을 보면 다음과 같다. 첫째, 소수 집중 훈련 방법, 둘째, 사대 중식 방법, 셋째, 영친관계 방법, 넷째, 협력 사역 방법(Team Work Method)이었다.

그러므로 이러한 어려운 박해와 시련 속에서도 계속 이 복음이 전파되어 나갈 수 있었던 것은 사도들에 의해 제자로 훈련받은 그리스도인들이 열심히 복음을 증거 했기 때문이었다. 개인이 개인을, 가정이 가정을, 지하에서 골방에서 복음을 전하고 제자훈련을 함으로써 질적으로 무장된 교인들이 증가했고 제자훈련의 일을 계속해 나갔으며, 그들은 그리스도의 지상명령을 몸소 지키며 순종하였다. 초대교회의 제자훈련을 살펴보면 교회는 예수를 주로 고백하는 예배 행위와 깊은 관련이 있었고 제자들을 가르치는 훈련도 예배 행위에 포함되어 있었다. 교회가 전 세계에 주님의 지상명령을 수행하는 동안

성도들은 비로소 제자화(becoming)되어 갔으며 교회는 세계 속에서 주님의 몸이 되어 갔다.[133]

주님의 궁극적인 지상명령을 이루는 데 가장 중요한 매개체는 설교(preaching)와 가르침(teaching)과 예수님의 복음을 내용으로 제자들을 훈련하는 것들이 이방인들을 전도하는 매개체가 되었다. 설교와 함께 전도를 위한 복음 선포의 또 다른 한 방법은 공동체 생활이 그 특징이라 할 수 있다.[134] 초대교회의 훈련이란 성령 강림 이후 시작된 제자들의 신앙생활 지도, 사도들의 가르침, 성도의 교제, 기도, 떡을 떼는 일 등 모든 제자화 운동이 공동체 생활 그 자체 속에서 이루어졌다.

이는 제자들을 위한 예수님의 기도가 예수님의 승천 이후에 역사적으로 그대로 성취된 것으로 볼 수 있다. 오순절 날 베드로가 메시지를 전한 결과 하루에 교회 구성원이 120명(행 1:15)에서 3,000명(행 2:41), 5,000명(행 4:4)으로 늘어나게 되었다. 그렇다면 예수를 그리스도와 주로 갓 믿은 이 모든 사람들이 과연 어떻게 신앙 속에서 계속 성장해 나갔으며 복음을 위한 전권대사가 될 수 있었을까? 그것은 예수님에게서 교육받은 사도들의 제자화 운동의 결과이었다.[135]

초대교회에서 갑작스럽게 불어난 그 구성원들은 이제는 더 이상 대그룹의 형태(Large Group)로 계속적으로 모일 수가 없게 되었다. 하나님께서는 출애굽 하는 동안에 이스라엘 백성들을 10명 단위 또

---

133) John Knox, <u>The Church and the reality of Christ</u>, London: Collins, 1963, p.24.

134) 은준관, <u>교육 신학</u>(서울: 대한기독교서회, 1976), p.102.

135) D. James Kennedy, <u>전도폭발</u>, 김만풍 역(서울: 생명의 말씀사, 1984), p.24.

는 50명 단위의 소그룹으로 나누도록 모세에게 지시하셨던 것처럼 하나님께서는 초대교회가 보다 작은 단위로 모이도록 이끄셨다. 사도행전 2장 46절에서 베드로가 전한 메시지의 여파로 예루살렘 교회가 상호 보완적인 두 개의 모임 곧 대그룹 모임(성전에 모이기를 힘쓰고)과 소그룹 모임(집에서 떡을 떼며)으로 나뉘게 되었다.(행 5:42)

당시 초대 그리스도인들은 여러 면에서 복음을 전파하는 데 유리한 호조건을 가지고 있었다. 그 시대는 로마제국의 포장된 도로와 헬라어 공용어의 사용은 복음 전파를 매우 편리하게 하였다.[136] 그 후에 로마의 잔인한 박해와 시련이 불어 닥쳐왔지만 기독교인들의 복음 전파는 조금도 수그러들지 않았다. 오히려 복음의 불씨는 환난과 핍박의 바람을 타고 더욱 세차게 번져 나갔다. 112년경 플리니우스가 크라얀 황제에게 보낸 보고서를 보면 "교회성장이 너무나 급속하여 이교도의 신전들이 모두 황폐해질 것이 두렵습니다"[137]라고 지적할 만큼 복음 전파는 급속도로 확산된 것을 알 수 있다. 환난과 핍박 속에서도 이런 결과를 이룩할 수 있었던 것은 사도들로부터 제자훈련을 받은 신자들이 계속적으로 제자 배가 사역에 참여하여 예수 그리스도의 복음을 전파했기 때문이다.

군 제자훈련도 신구약의 성경적 제자훈련을 모델로 삼아 특히 예수님의 소그룹 훈련과 초대교회의 소그룹 훈련을 통한 제자훈련 방법을 통하여 군 복음화를 이루어 나가는 사역이야말로 군 제자훈련의 좋은 모델이 될 수 있을 것이다.

---

136) Stephen Neill, 기독교 선교사, 홍치모 · 오민규 역(서울: 성광문화사, 1979), pp.27~28.

137) D. James Kennedy, 전도 폭발, 김만풍 역, op. cit., p.35.

3. 군 제자훈련을 위한 역사적 모델

그러나 4세기에 들어서면서부터 상황은 달라졌다. 313년 콘스탄틴 황제가 밀란 칙령을 통해 기독교 신앙의 자유를 선언하고, 그 후 기독교가 국교가 되면서부터 제자 삼는 사역에 문제가 생기기 시작하였다. 기독교인들에게는 많은 특혜가 주어지게 되고 이로 인하여 수많은 이교도들이 온갖 미신과 이방종교를 가지고 교회 안으로 들어왔다. 그들은 복음이 무엇인지조차 알지 못하였을 뿐만 아니라 복음의 능력도 삶을 변화시키는 체험도 하지 못한 채 교회 속에 들어왔다. 그러나 그들은 복음을 전하지도 제자 삼는 사역도 엄두를 내지 못하였다. 점차 성직자와 평신도 간에 구분이 생기게 되었고 전도와 제자 양육은 전문적으로 훈련받은 사람들이나 하는 일이라는 개념을 가지게 되었다.[138]

결국 얼마 있지 않아 제자 배가 운동 사역은 쇠퇴하게 되었고 이때부터 교회는 외형적으로는 비대해져 갔지만 내적으로는 타락해 가기 시작했고 교회는 선교나 제자 사역 배가 운동보다는 예배와 집회에만 관심을 가지게 되어 미사 집전이 교회의 중심 사역이 되었다. 이때부터 제자 삼는 일은 교회에서 사라졌으며 교회는 그리스도의 지상명령에 불순종하게 되었고 이것이 교회의 타락이요 교회를 암흑시대로 몰고 간 원인 중에 하나라고 볼 수 있게 되었다.[139] 그 결과 중세기의 제도화된 교회는 초대교회 때의 생생했던 성도의 교제와 뜨거운 모임 등은 사라져 버리고 중세기적인 모습으로 나타나기 시작했다.

---

138) Ibid., p.24.

139) Carl Wilson, <u>목회와 제자 양성</u>, 권명달 역, op. cit., p.32.

따라서 중세 로마교회의 제자훈련은 한마디로 정의하기에는 너무 복잡하고 변질된 형태의 것이었다. 교회 자체는 예수님의 재림을 기다렸던 초대교회의 종말론적인 신앙보다 교황을 신의 대행자로 본 교권적인 구조와, 예수님과의 인격적인 만남보다는 신비적인 면을 추구하게 되었고 하나님 존재의 인식 경험을 신비적인 성만찬 참여를 통해 추구하는 것으로, 훈련 목적은 삶을 위한 준비가 아니라 로마교회에 봉사하기 위한 지적 준비로 이해하고 시행되게 되었다.[140]

중세의 제자훈련은 한마디로 교권과 그 보전을 위한 교육적인 행위이었다. 이러한 면 때문에 중세의 제자훈련은 다음과 같은 두 가지 치명적인 약점을 가지게 되었다. 첫째, 교권 확장의 수단으로 이용된 훈련은 교권 밖에 있는 인간과 백성 전체를 보지 못한 근시안적이고 예속적인 훈련이 됨으로써 인간 소외와 신앙 가능성을 말살하려는 위험을 가져왔다. 둘째, 중세 제자훈련은 성직자와 귀족들의 자녀들만을 용납함으로써 사회의 이원적인 계급 형성과 양극화 작업에 앞장선 것으로서 서민과 민중들을 교육의 기회로부터 배제하는 비인간화를 자아냈다.[141]

또한 이 시기에는 교회 안에서 평신도와 성직 계급이 뚜렷이 구분되면서 평신도들은 의식(儀式)에만 참여하여 구원을 얻고자 하는 공덕사상이 생겨났고 그 결과 중세기 동안 '제자훈련'이라는 단어는 교회 안에서는 사라지게 되었다. 이것이 곧 교회의 타락과 교회의 암흑시대를 초래한 원인 중의 하나가 되었다.[142]

---

140) Margaret Deansley, A *History of The Medieval Church*(London: Methven & Co. L.T.D. 1957), p.209.

141) 은준관, 교회·선교·교육(서울: 전망사, 1985), p.114.

그러므로 중세기의 교회는 외형적으로는 웅장하고 거대했지만 성직자들은 기독교의 참신앙과는 거리가 멀었다. 이런 결과는 주님의 명령인 제자훈련을 통한 교회부흥이 아니라 인본주의적인 방법의 결과이었다. 종교 개혁의 근본 동기가 영적 만족을 갈망하는 인간들의 영적 고민과 투쟁에서 비롯된 것이었으며 그러므로 종교 개혁가 루터는 이러한 고민을 하나님의 말씀인 성경 가운데서 그 해결책을 찾게 된 것이었다. 이 종교 개혁운동으로 말미암아 잃었던 성경을 다시 발견하게 되었고 덮여 있던 성경을 다시 열어 놓아 성경이 모든 나라 말로 번역되기 시작하였다.[143]

루터의 이 종교 개혁은 그동안 로마교회의 형식주의와 상징주의를 추앙하던 맹목적 교육 형태의 기반을 뒤흔들어 놓았으며 제자훈련에 있어서도 일대 혁명을 불러일으켰다. 이는 교회의 오랜 역사를 통해서 만들어진 가지가지의 전설과 사람이 만들어 낸 학설과 교훈을 따라 외형적인 장식에만 치우쳤던 것에서 탈피하여 본래의 그리스도의 가르침으로 돌아가자는 것이었다. 이제 성경은 모든 여러 나라 언어로 번역되었고 번역된 성경은 널리 여러 나라에 보급되게 되었다. 이 개혁으로 말미암아 모든 사람들은 하나님 앞에서 제사장들이요 하나님께 응답할 수 있다는 개인적인 권리를 되찾았고 모든 예배에 능동적으로 참여할 수 있게 되었으며 그리스도를 개인의 구주로 영접하여 구원의 특권을 누릴 수 있게 되었다.

루터가 종교 개혁의 기초로 삼았던 "의인은 믿음으로 말미암아 살

---

142) Carl Wilson, <u>목회와 제자 양성</u>, 권명달 역, op. cit., pp.31~32.
143) 지원용, <u>루터와 종교 개혁</u>(서울: 컨콜디아사, 1972), pp.35~36.

리라"(롬 1:17)는 말씀은 만인 제사장론의 기초가 되었으며 평신도가 하나님과 직접적인 관계를 적극적으로 개방할 수 있는 가능성을 만들어 주었다. 그러므로 종교 개혁운동은 제자훈련으로 인한 개인적인 영혼 구원과 신앙 성장과 하나님 말씀에 대한 재발견 운동이었으며, 곧 사도시대로 되돌아가려는 교회의 각성 운동이었고, 이 운동이야말로 교회를 인위적인 방법이 아닌 예수님의 방법으로 세워나가며 하나님 나라를 주님의 방법으로 확장해 나가려는 개혁운동이었다. 종교 개혁 이후의 개신교회들은 모든 민족에게 복음을 전해야 할 사명을 자각하게 되어 선교사를 파송하기 시작하였고, 갱신된 교회가 보내는 선교사들은 선교 현장에서 제자 삼는 운동을 그들의 선교정책으로 펼쳐 나가게 되었다. 이로 인하여 선교사들은 어디를 가든지 그 지방의 말로 성경을 번역했으며 병원이나 학교를 세워 그 지역 주민들에게 봉사하였고 복음을 전하여 개인적으로 그리스도를 영접하게 하였으며 가급적 현지인 지도자들을 길러 현지인으로 하여금 전도하게 하여 제자 삼는 일을 맡게 하였다.[144]

그런 의미에서 종교 개혁은 교회로 하여금 주님의 지상명령에 따른 제자훈련의 본분을 다시 시작하게 된 운동이요 초대교회의 제자훈련을 다시 시작하게 된 운동이라고 할 수 있다. 그러나 종교 개혁운동으로 말미암아 교회가 복음 전파와 사도적 교회로 돌아가자는 환원 운동에 새롭게 각성한 것은 사실이지만 종교 개혁 당시에는 본격적이며 조직적인 제자 양육 사역이 아직은 이루어지지를 못하였다. 그 후 18세기에 이르러서야 요한 웨슬레에 의한 성경적이고 조

---

144) Stephen Neill, op. cit., pp.300~301.

직적이며 열정적인 복음 운동으로 말미암아 본격적인 제자훈련 사역이 교회에서 꽃피게 되었다.

콘스탄틴 대제의 기독교 국교화 이후로부터 성직자와 평신도들 사이에는 분열의식이 싹트기 시작하였고 불과 2세기도 지나지 않아 평신도들의 복음 전파 사역은 성직자들에게 전담하도록 넘겨지게 되었다. 이로 인하여 전도는 전문적으로 훈련받은 사람들의 직업이 되었고 평신도들의 제자훈련은 종말을 고하게 되었다. 그 결과 하나님의 모든 백성을 포함하여 평신도 지도자에 이르기까지 정상적이고 점진적인 신약 시대의 평신도 사역은 회복되지 못하였다. 그러나 20세기에 들어오면서 성경공부를 통한 지상명령의 뜻을 깊이 깨닫게 된 평신도 운동들이 본격적으로 일어나기 시작하였고 교회들은 신약 시대 초대교회의 사역의 원리들을 조금씩 깨닫고 적용하게 되었다.

그 가운데 대표적인 제자훈련 사역이 네비게이토 운동이다. 네비게이토 선교회(The Navigator)는 도슨 E. 트로트맨(Dawson E. Trot-man)에 의해 창립되었는데 그는 예레미야서 33장 3절의 말씀을 읽고 도전을 받아 그의 친구 한 사람과 함께 본격적인 기도의 삶을 시작하게 되었다. 내게 부르짖으면 크고 비밀한 일을 보여주시겠다는 하나님의 약속을 직접 체험해 보고 싶어 했던 그는 정한 장소에서 5시 정각부터 2시간 동안 미국지도와 세계지도를 손으로 하나하나 짚어가면서 기도하기 시작하였고, 42일 후 기도회를 중단하고 침상에 누워 있는 일주일 동안에 The Minute Man(미국 남북전쟁 시 북군의 특수부대로 항상 무장한 채로 대기하고 있다가 비상시 출전하도록 되어 있던 부대인데, 현제 한국군에서 운용하고 있는 5분대기조

란 것과 유사하다)에 관한 아이디어가 떠올라 그것을 계기로 네비게이토 운동이 시작되었다.[145]

1933년 후반에 The Minute Man 팀이 갑자기 해체되었는데 이것은 도슨 트롯트맨이 새로운 일을 시작하게 하는 또 하나의 계기가 되었다. 이 새로운 일이란 도슨이 리 스펜서(Lee Spencer)라는 해군 병사에게 성경공부와 암송, 적용, 전도, 기도하는 법을 석 달 동안 가르친 일이다. 그 후 스펜서의 동료가 그에게 변화된 삶을 물었을 때 스펜서는 그 동료를 도슨에게 데려왔다. 그리고 그에게 "내게 가르쳐 주었던 것을 이 친구에게도 가르쳐 달라"고 요청했는데, 이때 도슨은 "내가 당신을 가르쳤던 것처럼 당신이 직접 이 친구를 가르치라"는 계속적인 제자훈련의 중요성을 내포한 유명한 답변을 했다. 이것이 바로 네비게이토 선교회의 출발이 되었다.[146]

도슨과 스펜서 두 사람은 다시 다른 사람을 가르치기 시작했고, 2년 후인 1935년 봄에는 25명의 팀이 되었다. 이 팀은 계속해서 교회와 해군기지를 순방하며 전도했으며 그 해안에 네비게이토 홈(Navigator Home)을 마련하게 되었다. 해군기지 내에서 이들의 가르침은 계속 대를 이어가게 되었으며 제2차세계대전이 끝날 무렵에는 천 대나 되는 군함 안의 군인들이 가정, 학교, 직장으로 돌아가서 재생산(Reproduction)을 계속하게 되었다. 1948년 최초로 네비게이토 선교회의 대표자가 중국으로 파송되었으며 1950년에는 불란서, 독일,

---

145) Dawson E. Trotman, <u>시대의 요청</u>, 한국네비게이토 선교회 역(서울: 한국 네비게이토 선교회 출판부, 1992), p.21.

146) The Navigators, *NAVIGATORS*(Colorado Springs: NAV Press), 네비게이토 소개 팜프렛.

영국에 선교사를 파송했고 1953년에는 미국 콜로라도 스프링즈 (Colorado Springs)에 국제본부를 마련하게 되었다. 1956년에 도슨은 물에 빠져 들어가는 사람을 구하다가 자기의 생명을 대신 바치기까지 23년 동안(1933~1956)을 네비게이토에서 사역하면서 하나님께 대한 자기 헌신과 기도와 하나님의 약속의 말씀을 주장함으로써 전 세계의 14개 국에서 종족과 언어가 다른 개개인들에게 그리스도를 알고 그를 알게 하라(To Know Christ and to make Him Known)는 표어를 세우며 살아가도록 돕는 수많은 사역자들을 양성하였다.[147]

예수님은 부활 승천하실 때 그의 제자들과 모든 그리스도인들에게 "가서 모든 족속으로 제자를 삼아"(마 28:19)라는 지상명령(The Great Commission)을 주었다. 그러나 모든 그리스도인들이 주님의 지상명령 성취에 적극적으로 참여하는 것은 아니었다. 예수님 시대와 똑같이 지금도 추수할 곡식은 무수히 많으나 '추수할 일꾼들'은 적다(마 9:37)는 외침이 도처에 울려 퍼지고 있다. 도슨은 오직 예수 그리스도의 군사로 헌신된 사람들에 의하여서만이 가장 효과적이고 능력 있게 전파된다고 믿었다. 그러므로 지상명령 성취를 앞당기기 위하여서 선교회가 담당해야 할 부분은 더 많은 헌신된 일꾼들을 공급하는 일이라고 생각하고 전략을 세웠는데 그것이 바로 영적 배가 혹은 승법 번식(Spiritual Multiplication) 방법이었다.

이는 디모데 후서 2장 2절에서 볼 수 있는 바울-디모데-충성된 사람들-다른 사람들이란 복음의 4세대에서 채택된 모형인 것이다. 즉 충성된 사람들을 충분히 훈련시켜 그 훈련된 제자들로 하여금 또

---

147) Ibid., p.3. Lorne Sanny(네비게에토 2대회장 역임)의 서문.

다른 사람들을 제자로 삼도록 가르치는 배가번식 방법이다. 이 방법이야말로 지속적으로 각 시대에 필요한 추수하는 일꾼(Harvest Worker)들을 공급할 수 있는 성서적이고 효과적인 방법이라고 그들은 믿었다.

이는 불신자들에게 전도하여 회심자(Convert)를 얻고 그들을 믿음 안에서 굳게 세워 제자(Disciple)로 만든 다음 그 제자들로 하여금 다시 다른 사람들을 전도하여 제자로 확립시키고 다시 그들을 일꾼(Worker)으로 무장시킬 수 있도록 준비시키자는 과정인 것이다. 이 과정을 진행시키는 네비게이토 선교회의 기본 형식이 곧 일 대 일의 개인적인 양육 과정이다(Man to Man). 즉 영적으로 갓 태어난 회심자에게 그리스도를 중심으로 성경공부, 기도, 교제, 말씀 증거로 순종하는 생활을 통하여 능력 있는 예수 그리스도의 제자로서의 삶을 살아가도록 훈련하는 것이다.

군 제자훈련도 이와 같은 일대일 양육 훈련을 통하여 군 병사 사역자가 먼저 그리스도의 제자가 되고 그 군 병사 사역자가 또 다른 병사들을 제자로 삼는 영적 재생산자(Spiritual Reproducer)로 삼아야 할 것이다. 바로 이러한 네비게이토 사역 훈련과 같은 일 대 일의 개인적인 양육 과정인 제자훈련 방법을 활용하여 생활관 사역이 이루어져 나가는 이 사역이야말로 군 제자훈련의 좋은 모델이 될 수 있을 것이다.

4. 제자훈련과 생활관 사역

데이빗 왓슨(David Watson)은 서구 기독교 쇠퇴의 원인을 교회 제자훈련의 부재에서 찾았다. 왓슨은 "서구의 기독교 세력의 쇠퇴는 서구의 기독교가 그리스도의 제자가 된다는 의미를 절대적으로 무시해 왔기 때문이다"[148]라고 말하였다. 이것은 단지 유럽에 국한된 현상이라고는 보기 어렵다. 그리스도의 복음의 능력이 무기력한 상태에 빠진 것은 오늘날 한국교회에도 당면한 문제이기도 하다. 지금 군 선교사역도 이러한 범주를 벗어나지 못하고 있다. 특별히 군 선교 단위부대인 대대 군인교회에 군종 목사와 군종병[149]의 부재는 군 복음화 운동에 심각한 장애요인이 되어 왔다. 그러나 이에 대한 해결의 길은 보이지 않는다.

그러므로 군 병사 제자화 사역만이 이러한 군 복음화의 장애요인을 극복할 유일한 대안이 될 수 있다고 본다. 그리고 실질적인 군 복음화를 위해서도 군 병사 제자화 훈련은 무엇보다도 절실하다. 왜냐하면 군 생활관 사역의 활성화 운동은 군 복음화를 이룰 수 있는 실질적인 운동이 될 수 있기 때문이다. 훈련된 군 병사들을 지도자로 세워 생활관으로 재파송하고 이들로 하여금 제자 사역을 감당하게 하는 이 제자 삼기 운동이야말로 군 복음화를 이룰 수 있는 최선의 길이 된다. 특별히 이들 헌신자들에게는 동료 병사들의 신앙을

---

148) David Watson, 제자도, 문동환 역 op. cit., p.13.

149) 현재 대대 군인교회에는 군종병들이 편제되어 있지 않다. 그 결과 사명의식이 있는 믿음의 병사들이 보직겸용으로 자체적으로 군종 업무에 헌신하고 있다.

위하여 사역케 하기 위한, 하나님께서 그들에게 허락하신 사명이 무엇이며 그 주어진 사명을 어떻게 수행할 것인가에 대한 훈련은 필수적이다. 따라서 이들이 제자훈련을 통하여 이루어야 할 사명은 다음과 같은 것들이 될 것이다.

첫째, 군 병사 제자훈련을 받은 병사들로 하여금 황금어장의 어부역을 맡게 할 사명이 있음을 주지시킨다. 예수 그리스도는 베드로에게 사람을 낚는 어부가 되라고 말씀하셨다(막 1:17). 이처럼 황금어장의 한가운데 있는 군 병사 사역자들이 십자가 군병으로서 갈등과 근심과 고독에 눌려 있는 동료 병사들에게 사랑의 능력과 소망 되시는 그리스도를 소개하고 동료 병사들이 주님을 영접하여 새로운 피조물이 되도록 인도하는 데 충성을 다 하도록 하는 것이다.

둘째, 군 병사 사역자들은 내무 생활을 통하여 작은 사역 활동을 펴 나가도록 하게 한다. 그들의 활동이 교회 활동 중심에서 생활관 중심으로 제자화 사역 활동을 다양하게 전개해 나가도록 한다. 이들의 사역 활동이 활발하게 이루어질 때에 부대는 활기 있고 단결된 분위기를 이룰 것이다. 자녀들의 좋은 신앙이 가정에서 이루어지듯이 병사들의 신앙은 건강한 생활관 환경에 의해서 좌우되고 건강한 생활관은 이들 사역자들의 활동 여하에 따라서 성패가 좌우되기 때문이다.

셋째, 군 병사 사역자들은 내담자를 찾게 하는 사명을 주지시키는 것이다. 특별히 군 병사 사역자들은 다른 병사들과 함께 생활관 생활을 하면서 내담자들을 조기 발견하여 동료 전우가 자신의 문제를 해결하도록 도와주는 사명은 부대의 안전을 도모하고 자신에게도 보람을 준다. 일반적으로 군대 생활의 고충으로 고민하는 병사가 그

애로사항을 상관과 면담을 통해 해결하기보다는 동료 병사들을 통해 나누는 것이 더 쉬운 법이다. 군 병사 사역자들은 이러한 여건을 인식하고 동료 병사들과 격의 없는 대화를 통해 그들의 애로사항을 찾아내어 도와주어야 한다.[150]

넷째, 군 병사 사역자들은 군목이 배치되어 있지 않는 소부대에서 작은 군목의 역할을 하도록 주지시킨다. 특별히 군 생활관 사역을 통하여 제자화 활동과 작은 군목의 역할을 감당하게 함으로써 군 생활관에 활력을 불러 일으켜야 한다.

이와 같이 군 병사 사역자들의 역할은 목회 사역을 돕는 일이지만 복음 전파의 주요 대상인 병사들과 좀더 밀접하게 동고동락하며 활동할 수 있는 작은 목자로서의 군 사역자들이라는 것이다. 따라서 이들 군 병사 사역자들은 단순히 목회자를 보좌할 뿐만 아니라 전도자로서 직접 사역하는 목회자들의 동역자들이라는 것이다. 따라서 이들 군 사역자들의 훈련의 필요성은 아무리 강조해도 부족하지 않다.[151]

우리는 초대교회의 제자화 운동이 놀라운 힘이 있었음을 안다. 이와 같이 종교 개혁운동은 제자화 회복 운동이라 할 수 있다. 제자화 사역은 무엇보다도 우리 주님의 요청이다. 제자화된 사도들 없이 어떻게 초대교회가 존재할 수 있었으며 또한 교회의 역사가 2,000년 동안 이어져 올 수 있었겠는가? 예수님은 자신의 사역을 책임지고 수행할 제자들을 육성하기 위하여 적은 소수를 선택하시고 이들에게 집중적인 훈련과 모범을 보임으로써 그의 제자화 사역을 성공적으로

---

150) 박상칠, op. cit., p.115.
151) Ibid., pp.116~117.

성취하셨음을 성경은 우리에게 보여주고 있다. 복음이 예루살렘에서 사마리아와 다른 이방나라로 전파될 때에 이 복음을 전파하고 교회를 설립한 자들이야말로 직업선교사가 아닌 아마추어 선교사들이었다.[152] 초대교회 평신도들의 전도에서 본받을 것이 바로 이들 평신도들의 순교자적인 희생정신이었고[153] 그들이야말로 충성스런 주님의 제자들이었다.

오늘날의 교회들은 기독교를 축복과 번영의 종교로 부각시키는 데 열중한 나머지 기독교의 고귀한 희생정신을 가르치는 것을 잃어버렸다. 그러나 초대교회는 예수의 이름을 위하여 자신의 생명도 아끼지 않았던 희생정신으로 무장되어 있었다. 이러한 평신도의 희생적 순교정신은 현재도 가장 이상적인 교회의 모델로 평가되고 있다. 지금 군 선교에 있어서 평신도들에게 가장 요구되는 것도 다름 아닌 순교자적인 희생정신이다.[154] 그러나 이 희생정신도 결국은 제자화 사역을 통해서만이 이루어지게 된다는 것이다.

군대 사회는 엄격한 계급 사회이다. 그만큼 계급적으로 희생적인 생활을 한다는 것은 일반 사회보다도 더 어렵다. 이러한 군대 안에서 계급을 초월하여 스스로 낮은 데 처할 수 있다는 것은 그리스도의 제자가 아니고서는 기대하기가 어렵다. 그러나 군 병사들이 계급을 초월하여 겸손히 이웃 병사들을 섬기는 그리스도인의 삶을 살아갈 수만 있다면 그것은 확실히 희생정신의 결과이며 이러한 희생정

---

152) 전호진, <u>선교학</u>(서울: 개혁주의 신행협회, 1985), p.245.

153) Ibid., p.247.

154) Robert Coleman, <u>주의 제자 훈련 계획</u>, 홍성철 역(서울: 두란노서원, 1991), pp.103~104.

신이야말로 철저한 제자화 사역을 통해서만이 가능한 것이 될 수가 있다. 예수님께서는 "너희가 서로 사랑하면 이로써 모든 사람이 너희가 내 제자인줄 알리라"(요 13:35)고 말씀하셨다. 우리가 서로 사랑한다는 것은 선교 지역에서의 성도들의 본분을 나타내는 것이며 그리스도의 복음을 증거 하는 참된 모습이기도 하다.

그러므로 기독 장병들은 제자화 사역을 통하여 병영 생활 가운데에서 서로 사랑하며 그 본을 보여주어야 한다. 그것은 단순한 전우애의 차원을 넘어서 영이신 그리스도(The Pneumatic Christ)를 소유한 백성들로서의 형제애를 나누고 보여주는 모습이 되기 때문이다. 이를 위해서 기독 장병들은 서로 뜨겁게 사랑하도록 힘써야 한다. 왜냐하면 예수 그리스도의 사랑이 없이는 병영 생활 속에서의 복음을 효과적으로 전파할 수 없기 때문이다. 이 예수 그리스도의 사랑만이 불신 장병들과의 분리를 초래하지 않으며 위화감을 조성하지도 않게 된다. 서로 사랑하는 것은 결국 희생으로 귀결되며 그리스도의 충성스러운 제자들로서 기독병사들은 다른 병사들을 위하여 그리고 기독병사 서로를 위해서 서로 사랑하고 희생하여야 한다. 왜냐하면 사랑과 희생은 별개가 아니라 결국 하나이며 주님이 가르치신 기본 정신이기 때문이다.[155] 사랑과 희생이 없이는 군 조직 속에서 복음을 효과적으로 전파할 수 없다. 그러나 이 모든 것들은 군 병사들의 제자화 사역에서만이 가능한 길이 된다.

---

155) 박상칠, op. cit., pp.127~129.

제 4 장

군 복음화 전략과
생활관 사역의 목표와 비전

제1절 복음화와 건강한 군인교회상

교회는 각 지체들이 개성을 가지고 있으면서 전체적으로는 기능을 조절하는 몸과 같다. 교회는 머리 되신 그리스도께로부터 생명력을 공급받는 생명체이다.[1] 교회가 그리스도의 몸이라는 사실은 교회의 머리는 그리스도이시라는 것이며 교회가 그리스도 안에서 성장되고 성숙되어 가야 한다는 것이다. 그러므로 건강한 군인교회상이야말로 머리 되신 그리스도 안에서 각 지체들이 성장되고 성숙되어 함께 성장하는 교회의 모습인 것이다.

1. 건강한 군인교회의 의미

우리는 복음을 바르게 이해하여 이 세상에 바르게 선포해야 한다. 복음이 바르게 선포되면 하나님의 영광과 구원의 역사가 나타나게 되어 이 땅에 하나님의 나라가 세워지는 것이다. 복음이 바르게 전해지는 교회는 예수님이 교회의 머리가 되시며 예수 그리스도가 존귀하게 되는 건강한 교회이다.[2]

교회의 머리는 예수 그리스도이시며 성도는 그 지체이다. 그리고 몸은 하나님께 영광을 돌리며 그리스도를 존귀케 하기 때문에 교회가 건강해야 한다.[3] 우리가 살고 있는 이 땅에는 완전한 교회란 존

---

1) Paul R. Stevens & Phill Collion, 평신도를 세우는 목회자, 최기숙 역(서울: 미션월드 라이브러리, 2000), p.184.
2) 권태경, 건강한 교회의 9가지 특성(서울: 생명의 말씀사, 2003), p.36.
3) 오정현, 사람을 세우는 설교(서울: 국제제자훈련원, 2003), p.19.

재하지 않는다. 그럼에도 불구하고 우리의 현실을 보면 어떤 교회는 다른 교회보다 더욱 건전하고 건강하다. 그 이유는 무엇 때문인가? 스테픈 A. 메키아(Stephen A. Macchia)는 건강한 교회를 세우는 비결에 대하여 하나님이 권능을 주시는 임재, 하나님을 영화롭게 하는 예배, 영적인 훈련 공동체 안에서의 배움과 성장, 사랑과 관심이 넘치는 관계들을 맺고자 하는 열심, 청지기 리더십의 발달, 교회 밖에 대한 관심, 지혜로운 행정과 책임, 그리스도의 몸과의 네트워킹, 청지기 정신과 관용4)이라고 주장하였다.

그러므로 교회가 건강하게 되려면 모든 성도들이 사역하는 평신도 사역형 교회가 되어야 한다. 왜냐하면 교회는 유기체적 생명체이기 때문이다. 따라서 교회가 건강하게 될 때에 사람들은 서로를 보살피게 된다(골 3:12~17; 엡 4:15, 5:2). 따라서 모든 목회자는 무엇보다도 건강한 교회로 성장하는 데에 관심의 초점을 맞추어야 한다. 사도 바울은 교회와 그리스도와의 관계를 "그는 몸인 교회의 머리라"(골 1:18)고 하였고, "그는 머리니 곧 그리스도라 그에게서 온몸이 각 마디를 통하여 도움을 입음으로 연락하고 상합하여 각 지체의 분량대로 역사하여 그 몸을 자라게 하며 사랑 안에서 스스로 세우느니라"(엡 4:15~16)고 하였다. 즉 교회는 그리스도의 몸으로서의 공동체임을 강조한 말씀이다. 따라서 그리스도의 몸 된 지체인 모든 성도들이 함께 사역에 참여하는 교회만이 건강한 교회가 될 수 있다. 즉 모든 그리스도인들이 전체 노력의 일부분으로 이루어져야 한다는 것이다.5)

---

4) Stephen A. Macchia, 건강한 교회를 만드는 10가지 비결, 김일우 역(서울: 아가페 출판사, 2000), p.23.
5) Bill Hull, 목회자가 제자 삼아야 교회가 산다, 박경환 역(서울: 요단출판사,

즉 모든 그리스도인들은 그리스도의 몸 된 교회의 지체이며 이 모든 지체는 한 몸 되신 주님께 붙어 있다. 따라서 모든 지체가 한 몸에 붙어 있어도 다양한 은사를 가지고 있고 통일성 있게 한 몸이 역사한다는 것이다(롬 12:4, 5; 고전 12:12, 20,; 엡 4:11). 그러므로 하나님의 교회는 그리스도에 의해 연합되고 모든 지체들이 상합되어 그리스도를 머리로 하여 사랑 안에서 성장하여 나가게 되는 것이다(엡 4:16).[6]

사도 바울은 고린도 교회에게 그리스도의 몸의 통일성과 다양성에 관하여 가르쳤다(고전 12:12~27). 그리스도의 몸에 대한 바울의 이미지는 양육을 위한 것이며 거기서 분리되는 것은 비극임을 암시하고 있다. 그리고 기능의 다양성은 분리가 아니라 통일을 이루어낸다는 것이다(엡 4:11~16).[7] 우리 육체의 각 지체가 몸 전체에 잘 참여하여야 건강에 기여하듯이 하나님께서는 교인들이 교회 생활과 교회 일에 참여하기를 기대하신다는 것이다.[8] 그러므로 모든 성도들은 성령으로부터 주어진 은혜의 선물인 은사를 잘 활용해야 할 책임이 있다. 특별히 은사 중심적 사역만큼 개인의 삶이나 교회 생활에 큰 영향을 미치는 것은 없다.[9]

우리 몸의 각 부분이 최고의 기능을 발휘하며 작동해야 하듯이 교회도 불구의 상태로 있기를 원치 않는다면 교회 내의 지체가 움직여야 한다.[10] 하나님은 사람을 통하여 하나님의 이 일을 이루신다. 이

1999), p.234.

6) 김연택, <u>21세기 건강한 교회</u>(서울: 도서출판 제자, 1997), pp.105~106.

7) Edmund P. Clowney, <u>교회</u>, 황영철 역(서울: IVP, 1998), p.156.

8) Peter C. Wagner, <u>교회성장을 위한 지도력</u>, 김선도 역(서울: 생명의 말씀사, 1994), pp.146~147.

9) Christian A. Schwarz, <u>자연적 교회성장</u>, 윤수인 역(서울: 도서출판 NCD, 2000), p.24.

를 위하여 하나님은 우리만이 가지고 있는 독특한 재능, 은사, 기술, 그리고 능력을 우리에게 주셨다. 하나님은 우리 자신만을 위한 이기적인 목적 때문에 그 능력들을 허락하신 것이 아니다. 다른 사람들을 도우라고 이 모든 것을 우리에게 주셨다. 물론 다른 사람들에게도 우리를 도울 수 있도록 그 능력들을 허락하셨다.[11]

건강하고 열매 맺는 교회가 되는 한 가지 열쇠는 사람들을 그 영적 은사에 따라 일하게 만드는 것이다.[12] 그러므로 성령의 은사들은 그 것을 소유한 사람들을 위한 것이 아니라 교회를 세우고 하나님의 영광을 위하여 섬기는 데 활용되어야 한다. 이를 위하여 먼저 자신에게 주신 은사를 확인하는 일이 무엇보다도 중요하다. 건강한 교회는 모든 성도들을 섬기게 되고 평신도들을 모두 사역에 동참하게 하는 활력 있는 몸을 갖는 것이다. 건강한 교회의 특색이라면 대부분의 성도들이 적어도 한 가지 이상의 교회사역에 참여하고 있다는 것이다. 영적 은사들은 사람들이 성장할 수 있게 도와줌으로써 그리스도의 몸을 건강하게 만들어준다. 성도들이 자신의 영적 은사들을 발휘할 수 있는 영역에서 사역할 수 있을 때 교회는 건강하게 자라나는 것이다.

교회는 세상으로부터 불신자들을 교회로 끌어 모으는 일과 더불어 그들을 그리스도의 제자와 평신도 지도자로 훈련시켜 세상으로 다시 내보내는 일도 충실하게 감당해야 한다. 교회는 세상으로부터 부름 받은 자의 모임이라는 사실만을 강조하지 말고 동시에 제자를 삼으

---

10) Bill Hull, <u>모든 신자를 제자로 삼는 교회</u>, 박영철 역(서울: 요단출판사, 1997), p.209.

11) Rick Warren, <u>목적이 이끄는 삶</u>, 고성삼 역(서울: 도서출판 디모데, 2003), p.76.

12) Ron Kincaid, <u>제자 삼는 교회</u>, 김진우 역(서울: 생명의 말씀사, 1993), p.141.

라는 주님의 명령을 따라 세상으로 보냄을 받은 자의 모임이라는 사실도 동시에 강조해야 한다. 현재 군인교회가 가지는 문제 중의 하나가 많은 평신도들인 군 병사들이 가지고 있는 이 은사들을 개발하여 활용하지 못한다는 점이다. 그러나 교회 사역자가 건강한 교회로 성장할 수 있도록 이끈다면 그 지도력에 필수적인 목표는 모든 평신도들의 이 영적은사를 발견하고 또 발견하는지를 확인하는 것이며 자신의 영적인 은사를 사용하고 있는지를 확인하는 것이다.[13]

이는 마치 신체 내에서 혈액순환이 끊임없이 잘 되어야 몸의 건강을 유지하듯이 교회도 끊임없이 움직이며 활동해야 하는 것과 같은 이치이다. 그러므로 군인교회 목회자들은 평신도들인 군 병사들이 받는 그들의 영적은사를 재발견하고 개발하여 그들의 잠재력을 깨우쳐주고 기능을 개발시켜 주며 이 은사들을 활용하여야 한다. 특별히 군 병사들로 하여금 제자훈련을 통한 평신도 사역자들로 양성시켜 자신이 받은 은사를 마음껏 발휘할 수 있도록 사역의 장을 마련해 주어야 한다. 하나님께서 성령의 은사를 주신 목적은 그리스도의 몸 된 교회를 세우게 하기 위해서이다. 그렇기 때문에 교회의 모든 성도들인 군 병사들로 하여금 그리스도의 몸 된 교회로서의 다양한 은사를 발견하고 개발하도록 기회를 제공해 주어야 한다.

2. 생활관 사역과 건강한 군인교회

몇 명의 군종병들을 훈련시켜 사역자로 만든다고 해서 군인교회가

---

13) Peter C, Wagner, 교회성장을 위한 지도력, 김선도 역, op. cit., p.146.

건강하게 되는 것은 아니다. 교회는 유기적 생명체이기 때문에 그리스도의 몸인 교회가 건강하게 되려면 모든 병사들이 사역하는 군 병사 사역형 교회가 되어야 한다. 에베소서 4장 16절에 "그에게서 온몸이 각 마디를 통하여 도움을 입음으로 연락하고 상합하여 각 지체의 분량대로 역사하여 그 몸을 자라게 하며 사랑 안에서 스스로 세우느니라"고 말씀하고 있다. 이 말씀은 지체인 모든 성도들이 함께 사역에 참여하여야 건강한 교회가 될 수 있다는 말씀이다. 즉 모든 그리스도인들이 자신의 일정 부분을 담당하여 전체를 이끌고 나가야 한다는 것이다.[14]

하나님께서는 목양사역을 일부 목회자들에게만 주신 것이 아니라 전체 몸 된 교회 모두에게 담당시키신 것이다. 그러므로 목양사역은 교회 모두의 공동체적인 책임이다. 현재 대다수의 군인교회의 문제는 대부분이 평신도들인 군 병사들이 사역에 참여하지 아니하는 데 있다. 즉 교회 전체가 신진대사가 잘되지 않는다는 것이다. 따라서 군 병사들이 사역하는 평신도 사역형 교회로 조속히 전환하지 아니하면 군인교회는 지속적으로 건강하게 성장할 수 없게 된다.

일부 군인교회가 군종들을 훈련시키고 이들에게 성경공부를 시키며 여러 가지 프로그램을 도입하여 훈련을 하지만 군인교회가 실질적으로 건강하게 지속적으로 성장하지 못하는 이유는 평신도들인 군 병사들을 사역에 참여시키지 못하는 데 있다. 건강한 군인교회란 성숙한 교인이 미숙한 교인을 끌어안아 주는 교회를 말함인데 여기서 성숙한 교인이란 군 사역에 참여할 수 있는 군 병사들을 말한다. 그 교회 안에서 얼마나 성숙한 신앙인이 있느냐는 곧 그 교회 안에 얼

---

14) Bill Hull, 목회자가 제자 삼아야 교회가 산다, 박경환 역, op. cit., p.234.

마나 많은 군 병사들이 군 사역에 참여하느냐에 따라 교회가 건강한 군인교회가 될 것이다. 따라서 제자훈련된 성숙한 군 병사들이 미성숙한 군 병사들을 끌어안아 주는 교회, 바로 이런 교회가 건강한 군인교회요 선교하는 교회가 될 것이다.

이를 위하여 대대 군인교회는 체질이 바뀌어야 건강하게 된다. 즉 군 병사들을 제자훈련하여 이들 병사들이 생활관에 들어가 그들이 훈련받은 프로그램을 가지고 사역 활동을 하게 될 때에 진정 군 복음화와 전군 신자화의 실질적인 진행이 이루어질 것이다. 따라서 군 병사들을 제자훈련시켜 이들을 통한 생활관 사역의 활성화가 이루어지는 군인교회로 그 체질이 바뀌질 때, 건강한 군인교회로 거듭나게 된다. 군 병사 제자훈련을 통하여 병사 한 사람 한 사람이 성숙한 성도가 될 때에 비로소 건강한 군인교회가 된다.[15] 즉 군 병사들을 제자훈련시켜 이들을 통한 생활관 사역이 활성화될 때에만이 건강한 군인교회로 거듭나는 길이 될 것이다.

제2절 2020비전의 실현

1. 2020비전의 의미

반만년 역사를 가진 우리나라의 가장 큰 축복은 1884년 이 땅에 복음이 들어왔다는 사실과, 또 한 가지는 우리민족 역사에 가장 불행

---

15) 최홍준, 잠자는 교회를 깨운다(서울: 규장, 2004), p.183.

한 6·25전쟁 중 기독교 신자율 약 6%일 때인 1951년 2월 7일 군종목사 제도가 도입되어 군 선교사역의 시작되었다는 것이다.16) 1969년 9월 육군 제1군으로부터 일어난 1인 1종교 갖기 운동인 전군 신자화 운동과 함께 한국교회의 지도자들이 60만 국군장병들의 군 복음화를 선교목표로 1972년 초교파, 범교회적으로 "전군 신자화 후원회"를 조직한 후 1975년 신앙전력화 운동과 함께 "군 복음화후원회"로 개칭되었으며 1981년 문화관광부 등록 사단법인 단체로 개편하여 부설기구로 "군 복음화보사" 및 "비전2020 실천운동 본부"를 두었다. 1998년 11월 13일 2020 전 국민의 75%인 3,700만 성도의 나라를 건설하자는 "비전2020 실천운동"을 21세기 기독교 운동으로 선언했으며 1999년 군 선교를 통한 민족복음화와 세계 선교에 기여한다는 뜻에서 단순한 물질 후원에서 전문적인 군 선교기관으로서의 역할을 다하게 위해 사단법인 "한국기독교 군 선교연합회"17)로 개칭하였다. 사단법인 한국기독교 군 선교연합회는 지금 "군 복음화는 민족복음화의 지름길"이라는 표어를 내걸고, 비전2020 "이 백성을 그리스도에게로"(고후 6:16)라는 목표를 가지고 충성스럽게 활동 중에 있다.18)

그러므로 비전2020 실천운동이란 매년 군에 입대하는 장병들에게 매년 22만 명씩 진중세례를 주고 이들을 출신 지역교회와 결연을 맺어 미래 출석교인으로 등록, 신앙으로 양육하여 온전한 기독군인의 사명을 감당케 하고 제대 후에는 출신 지역교회 성도(청년부)로 등

---

16) www. v2020. 아주 특별한 선교.

17) (약칭)군 선교연합회(Military Evangelical Association of Korea) - (MEAK).

18) 이덕열, "21세기의 효과적인 군 선교전략"(Midwest Theological Seminary 박사학위논문, 2003), p.166.

록시켜 지역교회의 부흥에 이바지하는 운동이며 나아가 2020년에는 전 국민 75%인 3700만 명을 성도의 나라로 만드는 애국, 애족, 군인 신앙 전력 강화, 21세기 기독교 운동이다.

이를 위한 전략으로 첫째, 군인교회에서는 군에 입대하는 불신 전우를 전도하여 세례를 주고 매년 25만 명(군 세례인원 22만 + 입대 세례교인 3만 명)을 사회에 배출하여 군의 사고를 예방하고 사기를 진작 시키며 명랑한 병영 생활을 조성케 하는 신앙전력화 운동이다. 둘째, 일반 민간교회(회원교회)에는 군에서 세례 받은 신자를 지역교회로 연결시켜 미래 등록교인으로 등록하고 10대 양육 프로그램으로 잘 양육하여 교회 청년부를 부흥시키고 그들의 가족을 전도하여 지역을 복음화시키며 나아가 민족을 복음화시키고 인류복음화에 이바지하는 것이다.[19]

따라서 이 운동은 곧 국가적 차원에서는 모범국민 육성과 건강한 사회를 만들자는 애국 애족이 운동이요, 군 차원에서는 건전한 종교 활동을 통하여 장병들의 사생관 확립, 필승의 신념배양, 사고예방 및 사기진작, 명랑한 병영 생활 등으로 정신전력의 극대화 방안은 물론 아울러 국민과 함께하는 국방이라는 21세기 신국방 개념[20]에 적극 부응하는 신앙전력화 운동이다. 교회적 차원에서는 진중세례 운동으로 땅 끝까지 이르러 복음을 전파하라는 예수 그리스도의 명령에 순종하여 민족복음화와 세계복음화를 지향하는 한국교회 부흥과 복음화된 통일조국 건설에 이바지하자는 21세기 기독교 운동이다.[21]

---

19) 한국기독교 군 선교연합회, 아주 특별한 선교(창간호, 2002), p.61.
20) 국방부, 2001년도 국방주요 자료(국방부, 2001), p.16.
21) 한국기독교 군 선교연합회, op. cit., p.61.

하나님은 한국교회사와 군 선교 역사를 통하여 21세기의 세계 선교를 향한 큰 비전과 뜻을 이 민족에게 보여주셨다. 그러므로 이 선교사명은 민족복음화의 터 위에 세워지고 장차 21세기 통일조국의 복음화도 민족복음화의 터 위에서 가능하기 때문에 오늘 우리에게 주어진 비전2020 실천운동 목표의 단계적 추진은 매우 중요하다. 그러나 이 비전2020 실천운동의 선교 목표 달성을 위해서 몇 가지 가정이 전제되어야 한다.

첫째, 군 선교를 통한 세례 장병 25만 명이 매년 그리스도인으로 세례에서 양육에 이르기까지 성장하여 참된 그리스도인으로 사회에 배출되어야 한다.

둘째, 이 세례 장병이 제대 후 민간교회나 학교 직장에 모두 연계되어 교회에 소속을 하고 계속적인 기독교인의 양육과 그리스도인의 삶을 살아야 한다.

셋째, 이들이 한 가정(4인 가족)을 이룰 때 그 가정이 온전한 크리스천 믿음의 가정이 되어야 한다.

넷째, 비록 현 교회에 신자증원의 정체 현상 속에서도 전도를 지속적으로 계속하여 교회가 성장해야 하며 교회학교를 통한 젊은이들의 전도와 양육이 활성화되어야 한다.

다섯째, 한국 기독교가 복음통일과 세계 선교의 비전을 감당하기 위해서는 비전2020 실천운동의 목표 달성(75% 민족복음화)과 함께 없어서는 안 될 가장 중요한 것이 한국 기독교인의 참된 그리스도인의 회복과 한국교회의 본질 신뢰 회복이 되어야 한다.[22]

따라서 비전2020 실천운동은 양적·질적 성장의 동시적 목표와 회복이 요구되고 있다. 만약 한국교회 신뢰회복과 한국교인의 진정한 크리스천의 본이 되는 교회부흥이 뒤따르지 않는 비전2020 실천운동의 목표 달성은 무가치하며 의미도 없다. 이러한 점에서 교회는 영혼구원과 치유 삶의 기쁨과 소망을 주는 한국인의 꿈을 주는 그리고 소금과 빛의 역할을 감당하는 교회가 되어야 한다. 따라서 그리스도인들은 십자가와 부활의 참된 증인으로 이웃에 본이 되는 참된 그리스도인의 삶을 실천해 나갈 때 VISION 2020실천운동의 목표는 하나님의 기쁘신 뜻 가운데서 달성될 것이다.[23]

2. 2020운동의 10대 특징[24]

첫째, 대상적인 면이다. 신체와 지성 등 모든 면에서 국가가 공인하는 우수한 젊은이들, 꿈이 있고 미래가 있고 내일의 주역을 대상으로 한다는 점이다.

둘째, 기능적인 면이다. 순환 조직사회라는 점에서 매년 37만 명씩 입대하고 전역하는 점은 항상 복음을 받아야 할 대상들이 새로운 인물들이라는 점이다.

셋째, 동원적인 면이다. 지휘관이 명령하면 일시에 수백 명, 수천

---

22) 정성길, "비전2020 군 선교 실천운동을 통한 민족복음화 선교전략연구"(켈리포니아신학대학원 박사학위논문, 1999), pp.52~53.

23) Ibid., pp.52~53.

24) 한국기독교 군 선교연합회, 미래출석교인양육 교재(서울: 군 선교연합회, 2004), p.19.

명, 수만 명이 집결할 수 있는 곳이다.

넷째, 심리적인 면이다. 인간은 누구나 종교적 본성을 갖고 있다. 사랑하는 부모 형제 곁을 떠나 새로운 환경에 적응해야 할 그들로서는 심리적으로 불안, 위축, 긴장된 상태이므로 순수한 어린아이와 같은 옥토가 되어 있어서 복음을 쉽게 받아들인다는 점이다.

다섯째, 안보적인 면이다. 장병들이 무엇보다도 죽음을 두렵게 생각지 않는 사생관이 확립되어 있을 때, 강한 군대가 될 수 있다. 이스라엘 군대의 6일 전쟁의 교훈을 깊이 새겨야 한다. 오직 필승의 군대로 양병하여 민족과 조국의 안녕을 유지할 수 있다.

여섯째, 교회 선교적인 면이다. 연간 22만 명씩 세례를 준다는 일, 1회에 5천 명, 6천 명씩 세례 주는 나라는 지상에 어느 곳도 없는 한국교회만이 갖는 유일한 축복이다. 세계 선교의 마지막 교두보가 한국이라는 점도 자연스럽게 입증되는 것이다.

일곱째, 파급적인 면이다. 우리는 성경의 백부장 고넬료가 예수를 믿으므로 그 가정이 구원받고 로마 군대로, 세계로 파급되었다는 사실을 기억하고 있다. 한 명이 두 명, 두 명이 네 명이라는 기하급수적인 파급효과가 전 국민의 75%를 신자화하겠다는 곧 "비전2020 실천운동"이라는 청사진을 한국교회에 제시할 수 있었던 것이다. 이러한 영향력은 어떤 선교 영역도 따라올 수 없다.

여덟째, 경제적인 면이다. 성경의 달란트 비유와 씨앗 결실을 우리는 깊이 생각해야 한다. 작은 투자로 결실을 크게 맺을 때 경제적 부가 가치는 플러스 점수를 얻을 수 있는 것이다. 일반교회에서 불신자 한 명 전도에 소요되는 경비는 어느 정도인가? 1년간 약 9백만

원을 투자해서 3천 명 세례신자를 만들 수 있겠는가? 군 선교는 작은 투자로 확실한 결실을 맺는 경제성이 있는 선교 영역이다. 그러므로 군 선교는 경제적으로 대단한 가치성이 있다. 투자와 효과가 비례하고 반드시 남는 장사가 되어야 한다.

아홉째, 시간적인 면이다. 군 선교는 일반적 시제로서는 국가가 존립하는 동안에는 계속된다. 남북통일이 되어도 군은 존재한다. 역사적으로 잊어서는 안 될 부분이 우리의 주변 열강은 일본, 중국, 러시아이며, 신앙적 시대로는 주님이 오실 때까지 군 선교는 지속될 것이다.

열째, 연합적인 면이다. 한국교회는 교단주의, 개교회주의의 정서에 물들어 있다. 그러나 군인교회는 교파가 없다. 또한 교단을 초월하여 약 120억 원이 소요된 육·해·공군 본부교회 예배당을 5년여 동안 연합으로 추진하였으며 지금의 진중세례식을 통한 비전2020 실천운동도 교단과 교파를 초월하여 협력하고 있다. 가장 모범적인 교회 연합 사업과 운동의 모델이 군 선교임을 누구도 부인하지 않을 것이다.

3. 생활관 사역과 2020비전의 실현

비전2020 실천운동 전략 개념은 1,000여 군인교회가 전도와 세례로 4만여 일반교회가 후원하고 이를 위해 비전2020 실천운동본부에서는 군인교회와 일반교회를 연결시켜 주고 협력할 수 있도록 확인하는 역할 분담을 정하는 것이다.

3천7백만 성도의 나라 건설을 위해서 1,000여 군인교회는 목표를 매년 25만 명의 기독신자를 배출하여 2020년까지 625만 명을 건설하는 것을 목표로 한다. 이를 위한 주요 활동은 기도와 교제(서신, 전화, 심방, 초청)를 통한 예비 등록 교인을 관리하고 진중 세례식을 후원하며 1:1 연결을 통한 고정 지원과 본인의 전역 전에 그의 가족도 집중 전도하고 전역 후에 교회를 출석하도록 영접하는 것이다. 비전2020 실천운동본부는 이와 같이 군 교회와 일반교회의 역할을 유기적으로 잘 수행할 수 있도록 연결 확인하면서 21세기 기독교 운동 실천과 교단 교회 연합 사역 실천을 목표로 하면서 주요 활동은 미래 출석교인 양육을 종합 관리하고 군 선교 회원교회 육성과 지회를 육성하여 지역 심의 실천이 될 수 있게 하는 것이다.

이러한 비전2020 목표를 달성하기 위한 전략을 수행하기 위해서는 첫째, 한 생명 살리기 군인교회 5대 실천사항을 추진하는 것이다. 이는 군인교회의 담당사항으로서 제일 먼저 불신 장병을 대상으로 전도를 한다. 특히 훈련소 및 신교대에서 교육 훈련받을 때의 전도는 배고픈 물고기가 미끼를 물듯이 가장 좋은 기간이다. 둘째, 이들에게 어렵고 힘든 것을 주님께 맡기고 주님을 영접할 수 있도록 결신케 하여 세례를 베푸는 것이다. 이 역시 훈련소나 신병 교육대 입소 훈련 기간이 가장 좋은 기회이다. 셋째, 세례 받은 초신 전우 양육이다. 이를 위해서 1:1 사랑의 청지기 선임자와 결연을 하여 예배참석, 성경공부, 교회봉사 등에 동참토록 보장해 준다. 넷째, 양육할 전우를 군인 신자카드를 작성 제출케 하여 비전2020운동본부를 통하여 일반교회와 결연토록 한다. 다섯째, 일반교회와 연결 후 계속 연락을 유지하되 잘하고 있는가? 양육하고 점검하는 것이다.[25]

---

25) 한국기독교 군 선교연합회, <u>아주 특별한 선교(창간호)</u>, op. cit., p.61.

이 5대 실천사항 중에서도 무엇보다도 중요한 것이 이제 막 기성부대에 전입해온 세례 신병들이 그들의 신앙이 잘 양육되어 그리스도인의 장성한 분량까지 자라게 해 주는 일이다. 그러므로 이 새신자 양육이야말로 핵심과제이다. 왜냐하면 이것이 곧 한 생명 살리기 군인교회 5대 실천사항의 핵심사항이기 때문이다. 따라서 이 초신 전우의 1:1 제자훈련을 통한 양육과 집중관리가 이들을 차세대 기독교 일꾼으로 양육하는 데 있기 때문이다.

그런데 이들의 신앙 성장을 위하여 양육하는 일을 누가 맡을 것인가? 군 기성부대에 전입한 이들 세례 신병들을 돌보고 이끌어주며 그들로 하여금 신앙의 둥지를 틀 여건과 환경을 마련해 줄 수 있는 일꾼들이야말로 바로 군 병사 제자훈련을 받은 군 생활관 사역자들의 몫이 되어야 할 것이다. 이렇게 생각할 때에 군 생활관 사역자들의 역할은 그 무엇보다도 크고 귀한 사역이 될 것이다. 따라서 군 병사 제자훈련을 통한 생활관 사역운동이야말로 2020의 비전 운동을 실현시키는 핵심적이면서도 실질적인 사역의 길이라고 말할 수 있다.

제3절 효율적인 군 복음화

1. 디모데 후서 2장 2절의 의미

바울은 디모데에게 보낸 두 번째 편지에서 다음과 같이 권면하고 있다. "또 네가 많은 증인 앞에서 내게 들은 바를 충성된 사람들에게 부탁하라 저희가 또 다른 사람들을 가르칠 수 있으리라"(딤후 2:2) 바울은 본 절을 통하여 그리스도 예수 안에 있는 은혜 속에서 강하여 지는 것 외에 디모데가 해야 할 일 한 가지를 더 언급한다. 그것은 바로 그가 많은 증인 앞에서 바울에게 들은 바를 충성된 사람들에게 부탁하는 것이다. 여기서 '앞에서'로 번역된 헬라어 디아(διά)는 문자적으로는 본래 '~를 통하여'라는 뜻을 지닌 전치사이다. 따라서 혹자는 '많은 증인 앞에서'라는 표현을 '많은 증인들에 의해 지지되는' 이라는 의미를 함축한 법률적 문구라고 확신한다. 이렇게 본다면 많은 증인들이란 단순히 구경꾼들과 같은 의미 없는 존재들이 아니라 상당한 영향력을 지닌 증언자들임이 분명하다.[26)

본래 증인이란 본 것과 들은 것에 대해 실질적으로 증거 하는 사람을 가리킨다. 이런 증거 행위는 종종 죽음을(행 22:20) 수반하기도 하기 때문에 이 말에서 영어의 순교자(martyr)가 유래되었다. 이 본문의 의미를 구체적으로 살펴보면,

첫째, "네가 많은 증인 앞에서 내게 들은 바"의 의미이다. 즉 내게 들은 바 바울이 전하여 준 것은 디모데가 전달하도록 부탁받은 구속의 진리, 즉 구원의 복음을 말한다. 즉 바울과 디모데가 처음 만난 날부터 교제해 오는 동안 제자인 디모데가 선생인 바울의 입에서 들었던 모든 설교와 교훈임에 틀림없다.[27) 그러므로 소그룹 제자훈련에 있어서 양육자는 개인적인 생각이나 경험으로 피양육자를 가르치지 말고 오직 하나님의 말씀으로 양육해야 한다. 그리스도의 종이란 자기 성전에서만 아니라 그의 관심과 수고가 미치는 한 자기 가르침의

26) 제자원, 옥스퍼드 원어 성경대전(서울: 제자원, 2002), p.438.
27) 최홍준, 잠자는 교회를 깨운다(서울: 규장, 2004), p.183.

말씀의 순결성을 보존하고 지키는 일에 많은 수고를 하여야만 한다.

둘째, "충성된 사람들에게 부탁하라"의 의미이다. 디모데의 경우 복음의 진수는 많은 증인을 통하여 또는 많은 증인이 보는 앞에서 이루어진 것이다. 이는 디모데가 복음의 진리라는 사실을 자신만이 아닌 여러 사람과 공유해야 함을 보여준 것이다. 바울은 이러한 배경에 근거하여 이 말씀은 사도 바울이 복음을 후대에 전하는 일에 대해서 얼마나 관심이 있는지를 보여준다. 바울이 자신의 가르침에 그것을 전달할 자격이 있는 모든 경건한 사역자들에게 위임되기를 바라는 것은 결코 이상한 일이 아니다.[28] 왜냐하면 그렇게 하지 않으면 장차 자신이 죽은 후 곧 사단이 공격해서 자신이 복음을 전한 모든 수고가 무산될지도 모른다는 위기감을 느꼈기 때문이다. 하나님의 말씀은 후대에도 계속해서 증거 되도록 또 다른 사람에게 계속 위임이 되어야 한다.

셋째, "저희가 또 다른 사람들을 가르칠 수 있으리라"의 의미이다. 이 말씀은 단순히 충성된 자들에게만 가르치지 말고 그들이 또 다른 사람들을 가르치도록 해야 한다는 뜻이다. 즉 복음의 확대가 이루어지도록 해야 한다는 것이다. 복음의 확대 재생산이 이루어질 때에 복음이 계속해서 후대에 전달이 될 수 있기 때문이다. 예수님께서 제자 삼으라는 것은 곧 평신도들을 제자훈련시켜 사역자로 말씀 증거자로 만들라는 것이요, 또 그들 훈련받은 평신도들이 다른 평신도들을 훈련시켜 사역자로 세워서 복음의 확대재생산을 이루라는 말씀이다. 이것이 배가 운동과 평신도 사역형 교회이다.

---

28) John Calvin, 신약성경주석 9, 존 칼빈 성경주석출판위원회 역(서울: 성서교재 간행사, 1985), p.561.

그러므로 교회는 본문의 말씀대로 한 사람이 또 다른 한 사람을 가르칠 수 있도록 제자 삼는 교회가 되어야 한다. 제자훈련의 목적이 그리스도인들의 삶에 있어서 영적인 성숙과 재생산을 목표로 한다면 한 사람이 다른 한 사람을 제자로 삼아 제자훈련을 통한 배가 운동이 일어나야 한다.

그 배가 운동의 첫 번째 단계가, 곧 그가 들은 바 복음을 전하는 것이다. 즉 모든 족속을 제자 삼는 소그룹 운동의 첫 단계가 복음을 전하는 것이다. 배가 운동의 두 번째 단계는, 전도한 영혼에게 충성된 사역자의 자세로서 말씀으로 양육하는 것이다. 갓난아기가 젖을 먹어야 살 수 있듯이 거듭난 성도는 소그룹 제자 활동을 통하여 말씀으로 양육을 받아야 제대로 성장할 수 있으며 재생산이 이루어지게 된다는 것이다. 배가 운동의 세 번째 단계는, 이렇게 양육된 새신자를 그리스도 안에서 영적 생활 속에서 영적인 열매가 맺어지도록 훈련하는 것이다. 이 훈련을 통하여 그리스도의 참된 제자로서 남을 가르칠 수 있는 그릇으로 자라가게 되는 것이다. 배가 운동의 네 번째 단계는, 이렇게 훈련된 신자를 일꾼으로 세우는 것이다. 즉 저희가 또 다른 사람을 가르칠 수 있는 사역자로 만드는 것이다.

교회는 소그룹 양육일꾼을 세워서 또 다른 사람을 가르칠 수 있는 확대 재생산이 이루어져야 할 것이다. 한 사람이 다른 한 사람을 가르칠 수 있는 제자훈련을 통한 사역자를 만드는 일은 곧 군 복음화 전략의 최대의 전략이 되어야 할 것이다. 군 생활관 사역의 효율적인 군 복음화 전략과 사역의 목표와 비전이 바로 여기에 있다.

그러므로 평신도를 제자 삼는 이 원리가 이제는 군인교회에서도 적용되어야 할 시점에 와 있다. 근본적으로 생활관 사역의 목표와 비전이 한 사람이 다른 한 사람을 가르칠 수 있는 군 병사 사역자를 세우는 일이다. 군이라는 특수한 환경 속에서도 오직 믿음으로 모든 것을 극복하려는 군 병사들로 하여금 생활관 사역의 목표와 비전을 이루게 하는 것이다. 왜냐하면 군 병사들을 훈련시켜 이들 훈련받은 병사들이 각자 자신이 속한 생활관에서 초대교회의 가정교회와 같이 군 생활관 사역의 활성화를 이루어 보자는 것이다. 더 나아가서는 사도행전 11장 23절의 안디옥 교회와 같은 생활관 사역의 역사를 이루어 보자는 것이다.

따라서 군 병사 제자훈련을 통한 생활관 사역의 활성화야말로 군 복음화의 확실한 내실을 기할 수 있는 실질적인 방법이 될 수 있다는 것이다. 그러므로 효율적인 군 복음화를 위해서는 군 병사 제자훈련을 통한 생활관 사역의 활성화만이 이제는 군 복음화의 최대의 전략이다.

2. 생활관 사역과 군 복음화

제자 삼는 사역이 로마를 변화시킨 것처럼 세계를 복음화하고 땅 끝까지 하나님나라를 건설하기 위해서는 이제는 교회가 제자 삼는 사역으로 돌아가야 한다. 평신도 훈련의 중요성을 깨닫고 평신도 훈련에 값을 치루는 교회는 하나님 나라 확장에 쓰임이 될 것이며 개 교회적으로도 큰 축복의 계기를 맞이할 수 있게 될 것이다.[29]

---

29) 김재현·박충규, <u>교회성장 사랑방 전도운동</u>(서울: 에페소서원, 1994), pp.152~153.

한국교회는 그동안 대부분 성도들을 제자로 훈련시키는 사역에 무관심 했었다. 그러던 한국교회가 맹목적인 물량주의로 말미암아 수없이 많은 부작용들을 경험했고 그 결과 교회성장이 둔화되는 수많은 결과를 경험하게 되었다. 칼 윌슨(Carl Wilson)은 교회가 실패한 주요 원인은 교회가 어떤 역사적 발전에 의해 부지중에 무의식적으로 함정에 빠졌고 더 이상 예수께서 뜻하셨던 바대로 효과적인 제자양성을 하지 못했고 따라서 대다수가 그분의 뜻을 알지 못하고 또 그분에게 순종하지 못했던 것에 있다고 했다.[30] 그리고 가르침의 깊이가 없이 계속되는 교세의 확장은 훗날 교회를 허약하게 만든다고 말했다.[31]

하워드 A. 스나이더(Howard A. Snyder) 교수는 말하기를 "2천년 동안 교회는 복음에 있어서나 성서가 있는 공동체와 제자도의 모습에 있어서 눈에 뜨일 만큼 전전된 바가 없다. 우리가 20세기 동안의 체험에서 믿는 가장 뚜렷한 교훈 중 하나는 교회는 항상 성서적이고 영적인 뿌리로 돌아갈 때 가장 충실했다는 것이다. 그때에 비로소 교회는 새로워져 그 시대의 영적인 위기나 사회적 위기에 도전함에 있어 가장 창의적이었다."[32]고 했다. 즉 하워드 A. 스나이더(Howard A. Snyder) 교수는 예수님 당시의 제자공동체와 제자도만이 바로 갱신되어야 할 근본이고 영적인 뿌리임을 말한 것이다. 그러므로 지금 한국교회는 예수님의 제자 공동체의 모형과 제자도를 따르는 제

---

30) Carl Willsn, 목회와 제자 양성, 권명달 역(서울: 보이스사, 1981), p.23.

31) Ibid., p.89.

32) Howard A. Snyder, 혁신적 교회갱신과 웨슬레, 조종남 역(대한기독교출판사, 1993), p.196.

자훈련을 통해서 교회의 본질과 사명을 수행하는 교회로 갱신해야 할 시점에 와 있다.

이러한 맥락에서 볼 때 제자훈련을 통한 군 복음화 실현도 이제는 피할 수 없는 실천적이고 현실적인 대안으로 다가왔다. 지금까지는 군 복음화가 교회건축을 위한 프로그램에 모든 역량이 모아졌고 그 결과 전 군에는 약 1,000개의 예배처소가 세워지게 되었다. 그러나 늘어난 군인교회만큼 군 복음화의 실질적인 결과가 이루어지지 못함은 바로 군인교회의 제자화 운동이 일어나지 못하고 있다는 증거이다. 우리나라는 군목 제도가 실시된 지 반세기가 넘었다. 그동안에 많은 주님의 종들이 일심으로 군 복음화를 위하여 많은 전략적 사역을 감당하였다. 그러나 아직도 군 복음화는 완성되지 못하고 있다. 오히려 지금은 군대 사회가 종교의 다원화로 인하여 영적 전투장으로 변해가고 있는 실정이다. 이제는 군인교회가 한 사람이 다른 한 사람을 제자 삼는 일을 주된 목적으로 삼지 않는 한 실질적인 전군 복음화는 한낱 구호에 그치고 말 것이다.

진정한 군 복음화의 전략과 생활관 사역의 목표와 비전은 무엇인가? 그것은 모든 병사들을 다 사역자 되게 하는 것이요 다 제자 삼는 일이다. 그러기 위해서는 군 병사 한 사람 한 사람이 사역자 되게 하는 제자 삼는 역사가 이제는 군 생활관에서부터 일어나야만 한다. 그러므로 지금은 군 복음화의 전략을 바꾸어야 할 시점에 와 있다. 이것이 곧 군 병사들 한 사람 한 사람들로 하여금 소그룹 제자훈련을 통한 군 생활관 사역자로 세우는 전략이다.

현 60만 장병들을 향한 하나님의 뜻은 어디에 있겠는가? 그것은 곧 이들 장병들을 그리스도의 군사로서 변화시키며 나아가서 호국의 간성으로 자라나게 하는 길이라고 볼 때에 전군에 세워진 군인교회의 제자화 훈련을 통한 생활관 사역의 활성화 운동은 이제는 피할 수 없는 시대적 요청이기도 하다. 무엇보다도 주님의 사역을 위해 헌신할 일꾼들을 키우는 일과 제자훈련을 통한 생활관 사역의 활성화의 길만이 군 복음화를 이룰 수 있는 도전의 길이 될 것이다.

제 5 장

군 생활관 사역의 활성화 방안

지금까지 군 병사 제자훈련을 통한 군에 대한 이론적인 근거와 군 생활관 사역을 하여야 할 실제적인 필요성에 대하여 살펴보았다. 그러면 어떻게 해야 군 병사 제자훈련을 통한 생활관 사역이 바로 이루어질 수 있을 것인가에 대하여 본 장에서는 5가지 실제적인 방안을 소개한다.

첫째, 생활관 사역 목표를 가진다. 둘째, 생활관 사역자 훈련 및 사역의 실제를 통하여 군 병사의 훈련 및 소그룹 활동과 일대일 양육을 통한 생활관 사역을 실시한다. 셋째, 사역과 훈련의 병행 시스템을 통하여 사역 중에도 보충학습 훈련을 위한 시스템 운영을 한다. 넷째, 생활관 사역자의 특수훈련을 통한 집중 학습 훈련, 반복 학습 훈련, 실습 훈련을 한다. 끝으로 군 생활관 사역 시 군의 특성과 환경을 잘 진단하여 이에 대처하고 범위와 그 시기를 잘 선택하여 군 병사 제자훈련의 극대화를 이끌어 낸다는 것이다.

제1절 생활관 사역목표

군 병사 제자훈련을 통한 생활관 사역의 활성화를 위해서는 무엇보다도 이에 대한 군 선교 교역자가 목회 비전을 가져야 하고 그 목회 비전에 따른 조직과 교육 프로그램이 있어야 한다.

1. 군 선교 교역자의 생활관 사역목표

비전은 지도자에게 있어서 가장 중요하다. 왜냐하면 비전은 지도자의 필수적인 자질이기 때문이다. 특히 교회 지도자에게 있어서 비전이란 곧 생명과도 같은 것이다. 존 C. 맥스웰(John C. Maxwell)은 비전을 가진 지도자의 중요성에 대해서 다음과 같이 말했다.[1]

모든 위대한 지도자는 두 가지 능력을 가지고 있다. 첫째, 자신이 어디로 가는지를 안다. 둘째, 다른 사람들이 자신을 따라오도록 설득하는 능력이 있다. …… 그러므로 비전의 중심은 지도자에게 있다. 그 지도자에 그 피지도자이기 때문이다. 피지도자들은 지도자를 찾은 후에 비전을 찾는다. 지도자는 비전을 먼저 찾고 그 다음에 피지도자들을 찾는다. ……비전은 그것을 소유한 사람보다 커야 한다. ……비전은 소유한 지도자에게 능력을 부여한다.

그러므로 지도자가 하나님의 선한 역사를 믿음의 눈, 비전의 시각으로 바라보고 나아가는 것은 대단히 중요하다(히 11:1,6). 믿음의 눈은 지도자에게는 가장 큰 꿈과 비전이다. 따라서 21세기의 바람직한 교회의 지도자는 하나님을 기쁘시게 하는 믿음을 소유한 비전의 사람이어야 한다. 목회자가 감당해야 할 사역들 중 제일 첫 번째 해야 할 일이 곧 목회 비전을 가지고 이 비전을 세우는 일이다.[2] 왜냐하면 교회의 본질과 사명은 그 교회 담임목사의 비전과 리더십에 달려 있다[3]고 말할 수 있기 때문이다.

특별히 대대 군인교회는 군 선교 교역자[4]의 비전을 가지는 것이

---

1) John C. Maxwell, 당신 안에 잠재된 리더십을 키우라, 강준민 역(서울: 도서출판 두란노, 1997), pp.223~250.

2) 정준모, 평신도가 깨어 사역하는 교회(서울: 은혜출판사, 2001), p.17.

3) 안희묵, "나의 셀 목회 현장이야기" 목회와 신학, 2000년 2월호, p.107.

4) 목사자격이 있는 민간목회자로서 가급적 군목경력자 혹은 군필자로서 현역

무엇보다도 중요하다. 군 선교 교역자가 군 병사 제자훈련을 통한 생활관 사역의 활성화에 대한 목회 비전을 분명하게 세우고 제시할 때에, 그 비전을 따르는 추종자들이 생기게 되고 교회가 하나 될 수 있다. 군 선교 교역자가 확실한 비전을 제시해 줄 때에 군 병사 사역자들이 이 비전을 공유하며 군 복음화를 위한 사역에 적극 동참할 수 있게 된다. 특별히 국방의 의무를 수행하는 중에도 불안하고 목적 없이 표류하는 병영 생활 가운데 있는 병사들에게 이러한 비전 제시는 이들 병사들의 믿음의 목표를 세워주고 병영 생활과 더불어 앞으로 나아가야 할 인생의 방향을 일깨워 주게 되며 더 나아가서 하나님의 목표와 비전을 그들이 소유하게 되고 리더십을 발휘할 수 있도록 도와주는 계기가 된다.

성경의 모든 주의 종들은 하나같이 기도하는 가운데 사역자로서의 비전을 발견한 사람들이다. 그러므로 군 병사 제자훈련을 통한 생활관 사역에 대한 사역 비전은 먼저 목회자의 끊임없는 기도 속에서 이루어져야 한다. 특별히 군 생활관 사역을 군 선교사역자가 성경적 신학적 교회관과 목회관을 정립하여 그 부대 교회의 풍토에 맞는 비전을 제시하고 끊임없는 메시지 선포와 교회 교육을 실시할 때에만 이 가능한 것이다.

대대 군인교회에서의 군 선교사역자가 군 생활관 사역의 활성화를 위한 군 병사들의 사역형 목회 비전을 가지게 될 때, 과연 어떠한 유익이 있게 되는가? 그것은 군 생활관 사역의 방향 설정을 할 수 있게 된다는 것이다. 잠언서 29장 18절에서 "묵시가 없으면 백성이

군목이 담당하지 못하는 주로 대대 급 교회에서 사역하는 목회자들을 말한다. 이들은 전담사역자와 수시사역자로 구분된다.

방자히 행하거니와 율법을 지키는 자는 복이 있느니라"고 말씀하셨다. 그러므로 비전은 미래를 보며 사람들을 이끌 수 있는 능력이며 미래를 현실화할 수 있는 능력이다. 조지 바나(George Barna)는 "비전이란 앞으로 될 수 있거나 또는 되어야만 하는 일의 방향을 바라보는 당신의 눈 속에 있는 그림이다"[5] 라고 말했다. 존 맥스웰(John Maxwell)은 "기관이 나아가야 할 바른 방향은 비전에서 나오며 비전은 기관의 법칙 규칙, 정책 안내서나 조직 체계들이 줄 수 없는 방향을 제공한다고 주장했다."[6]

우리가 어느 분야에서 어떤 목표를 성취하지 못하는 이유는 능력이 부족해서가 아니라 어떤 목표가 없고 힘이 분산되기 때문이다. 그러나 비전은 우리의 모든 능력과 관심에 분명한 방향을 결정지어 줌으로써 목적을 성취하게 한다.[7] 이는 돋보기를 통하여 빛의 초점을 맞추면 에너지를 모아 강력한 힘을 발휘하듯이 목적이 분명한 삶은 강력한 힘을 나타낼 수 있기 때문이다.[8]

중요한 것은 비전은 하나님에 의해 주어지는 것이다. 그러므로 비전은 하나님의 뜻에 의해 형성되고 하나님께서 주신 목적을 이루는 것이며 하나님께서 우리가 무엇을 할 것인가를 명확하게 말해주는 것이다. 바울이 위대한 인생을 살아갈 수 있었던 것은 다음과 같은 분명한 비전을 가지고 있었기 때문이다. "형제들아 나는 아직 내가

---

5) George Barna, *The Power of Vission*(Ventura CA: Regal Books, 1992), p.29.

6) John Maxwell, 인재 경영의 법칙, 임윤택 역(서울: 비전과 리더십, 2003), p.54.

7) 김정옥, 평신도 사역자를 키워라, op. cit., p.146.

8) 안창천, "평신도 사역형 교회로의 전환을 위한 효과적인 방안 연구"(총신대학교 목회신학전문대학원 박사학위논문, 2004), p.78.

잡은 줄로 여기지 아니하고 오직 한 일, 즉 뒤에 있는 것은 잊어버리고 앞에 있는 것을 잡으려고 푯대를 향하여 그리스도 예수 안에서 하나님이 위에서 부르신 부름의 상을 위하여 좇아가노라"(빌 3:13-14). 이것이 우리 모두의 목회 비전이 되어야 한다.

목회 비전이 주는 첫 번째 유익은, 교회가 나아갈 방향을 정확히 설정해 주고 정한 방향대로 나아가게 하는 능력을 준다. 대대 군인교회가 군 병사 사역형 교회에 대한 목회 비전을 가지고 한곳에 노력과 에너지를 집중할 때에 군인교회를 변화시키는 위대한 일을 할 수 있게 된다. 지금은 군 복음화의 길이 곧 군 생활관 사역의 활성화임을 군 병사들에게 일깨워 주고 이 비전을 제시하므로 앞으로 대대 군인교회에서의 나아가야 할 방향과 목표를 제시해 주어야 할 때이다. 그리고 더 나아가서 하나님의 목표, 비전을 그들이 소유하도록 군 사역의 리더십을 발휘해 주어야 할 때이다.

목회 비전이 주는 두 번째 유익은, 계속해서 군 생활관 사역의 동기를 부여해 준다는 것이다. 김상복 목사는 비전의 중요성에 대하여 다음과 같이 이야기했다.[9]

> 지도자는 비전의 사람이요 꿈을 꾸는 사람이다. 큰 꿈을 꿀 줄 아는 사람이다. 꿈이나 어떤 개념이나 비전이나 목적이 큰 사람이다. ……우리는 꿈의 사람이 되어야 한다. 모든 위대한 운동은 꿈에서부터 시작되었다. 위대한 비전 없이 위대한 일은 일어날 수가 없다. 위대한 역사는 위대한 비전을 전제로 한다.

---

9) 김상복, <u>목회자 리더십</u>(서울: 도서출판 엠마오, 1993), pp.79~84.

그러므로 훌륭한 비전이 있는 사람은 동기 부여가 된 사람이다. 특별한 사람과 보통 사람의 차이는 그가 가진 재능이라든지 지식의 유무가 아니라 어떤 꿈을 가지고 끝까지 나아가는가 하는 것이며 그것이 한 인생을 결정짓는 열쇠가 된다.[10] 비전이 없는 사람 꿈이 없는 사람은 미래가 없다. 미래가 없는 사람은 위험하다. 위험스런 사람은 지도자가 될 수 없다. 꿈을 잃은 지도자들에게 우리는 기대를 할 수 없다. 비전 없는 지도자를 우리는 경계해야 한다.[11]

그러므로 비전은 사람을 실질적으로 움직이는 에너지이다. 비전은 동기를 부여하며 행동하도록 한다. 동기 부여가 안 된 사람은 비전이 없거나 작은 사람이다. 비전을 가진 사람이라면 작은 일에도 목표에 도달하기 위한 과정으로 이해하고 최선을 다하게 된다. 아이디어가 없는 동기 부여될 가능성은 있지만 꿈이 없는 사람 비전이 없는 사람에게 동기 부여란 있을 수 없다.[12] 교회에서 사역을 하지 않는 것은 비전을 품지 않아 동기 부여가 제대로 되어 있지 않기 때문이다. 또 교회의 일을 하다가 시험에 드는 것도 목회 비전이 약하기 때문이다. 비전은 교회의 지체들에게 진정한 봉사의 동기를 부여하고 헌신을 촉구한다.[13] 모든 군 병사들이 제자화 훈련을 통한 군 생활관 사역형 교회로의 비전을 가지면 군인교회 모든 병사들도 동참할 것이고 그 결과 군 복음화 운동은 저절로 이루어질 것이다.

목회 비전이 주는 세 번째 유익은, 병사들의 생활관 사역의 역동성

---

10) 오정현, 열정의 비전메이커(서울: 규장문화사, 1998), p.85.
11) 박종구, 바른 지도자는 누구인가(서울: 신망애 출판사, 1997), pp.24~25.
12) Andy Stanley, 비저니어링, 정연석 역(서울: 디모데, 2003), p.16.
13) 이동원, 비전의 신을 신고 걷는다(서울: 두란노 서원, 2004), pp.170~172.

이다. 군은 철저한 조직사회이다. 이러한 조직사회 속에서의 생활관 사역을 감당하는 일은 군 복음화의 특별한 비전을 소유하지 않는 한 불가능하다. 목회자는 모든 영역에서 전문가가 될 수 없기 때문에 평신도들을 훈련하여 그들이 각자 자기 맡은 분야에서 헌신할 수 있도록 하는 것이[14] 곧 목회자가 할 일이다. 군 사역도 마찬가지이다. 군 선교가 황금어장에 그물을 내리는 것이라지만 군 병사들의 도움과 헌신이 없이 그 효과를 거두기란 불가능하다. 그러므로 군 병사들을 중요한 사역 팀(Lay Ministry Team)으로 만들어야 하고 그들 병사들의 삶의 현장에서 사역자들을 생산해 내는 공장장이 되어야 한다.[15] 그러므로 군 선교사역자는 군 생활관 사역의 활성화를 위한 군 병사들의 사역형 목회비전을 확실하게 소유하여야 할 것이다.

예수님께서는 승천하시면서 제자들에게 "내가 너희에게 분부한 모든 것을 가르쳐 지키게 하라"(마 28:20)고 부탁하셨다. 우리나라 젊은이들의 땅 끝은 어디인가? 곧 군대라고 말할 수 있다. 초대교회가 주님의 이 대 위임명령을 비전으로 삼았기에 로마제국의 핍박 속에서도 계속해서 복음을 전하고 복음으로 로마를 정복할 수 있었던 것과 같이, 군인교회의 목회 비전속에서도 군 병사 제자훈련을 통한 생활관 사역의 활성화가 이루어질 때에 복음으로 군을 정복할 수 있을 것이다.

---

14) 생활백과편찬위원회 편, 신앙생활 백과(서울: 성서교재 간행사, 1990), p.819.
15) 박상칠, 소그룹 활동을 통한 군 선교전략(서울: 쿰란출판사, 2004), p.125.

2. 생활관 사역의 비전 나눔

군 생활관 사역의 목회 비전은 군 선교사역자와 함께 군 병사 사역자들도 함께 나눌 수 있도록 그들과 목회 비전을 나누고 공유해야만 한다.

가. 비전 나눔의 필요성

목회의 방향과 목표를 결정하는 중요한 요소 가운데 최우선적인 것이 목회철학이다. 건전한 목회철학이 전제될 때 건강한 목회가 가능하고 건강한 목회가 뒷받침 될 때 비로소 교회는 건강해질 수 있게 된다. 목회철학의 정립이 모든 목회에서 가장 시급한 과제라고 보는 이유는 무엇인가? 그것은 목회의 성공 여부가 목회철학에 달려 있다고 보기 때문이다. 옥한흠 목사가 주장하는 목회 철학의 핵심은 지금까지의 예배하는 공동체로서의 교회 개념을 이제 평신도가 상호 사역하고 증거하는 공동체로 바꾸어야 한다는 것이다. 그러기 위해서는 목회자는 평신도를 교회의 최대 최선의 잠재력임을 깨닫고 그들을 일깨워 함께 지어져 가는 교회를 만들어야 한다는 것이다. 즉 평신도를 깨워야 목회자도 살고 또 교회도 산다는 것이다.16)

군인교회 목회 비전도 담당 교역자로부터 시작되어야 하며 그 비전을 모든 군 병사 사역자들에게 그리고 모든 병사들에게까지 미쳐져야 한다. 몸의 피가 머리로부터 각 지체를 지나 말초신경에 이르듯이 목회 비전은 목회의 모든 지체들에게까지 이르도록 전달되고

---

16) 박용규, <u>한국교회를 깨운다</u>(서울: 생명의 말씀사, 1998), pp.86~87.

소통되어야 한다. 즉 목회자가 목회 비전을 가질 때 모든 병사들에게도 그 비전을 함께 나누게 된다. 왜냐하면 성도들과 함께 공유하지 못하는 목회 비전은 목회자의 독단에 불과하며[17] 설득시키지 못하는 목회 비전은 교회에 분열과 갈등만을 가져올 뿐이기 때문이다.[18] 스티픈 R. 코베이(Stephen R. Covey)는 비전이 결여되어 있는 경우의 위험성을 다음과 같이 지적하고 있다.[19]

> 공동체가 다양한 프로그램을 고안하여 시행하지만 혼란만 가중시키고 분파적인 태도만 양성하는 이유는 공동의 비전이 없기 때문이다. 즉 동일한 기준이나 증거 전체적인 이상이 없으면 사람들은 서로 적대적이 되고 싸움과 경쟁과 양극화가 심해져 결국 사회 전반의 문화를 파괴하기에 이르게 된다.

그러나 목회 비전을 모든 병사들이 다 함께 나눈다는 것은 실제적으로는 거의 불가능하다. 그러면 어느 정도의 병사들이 목회 비전을 함께 나누어야 군 생활관 사역의 활성화가 이루어질 수 있게 되는가? 적어도 20%의 병사들이 목회 비전을 가질 때 군 생활관 사역의 성공을 가져올 수 있다고 본다. 이렇게 주장하는 것은 파레토(Pareto)의 법칙에 근거한다.[20] 이 파레토의 법칙에 근거할 경우 20%의 군 병사들에게 목회 비전을 심어주면 나머지 80% 병사들도 함께 목회자의 비전을 공유하는 효과를 가져오게 된다는 것이다.[21]

---

17) 김점옥, 평신도 사역자를 키워라, op. cit., p.151.

18) 안창천, op. cit., p.81.

19) Stephen R. Covey, 원칙 중심의 리더십, 김경섭 · 박창규 역(서울: 김영사, 2001), p.151.

20) Richard Koch, 80/20 법칙, 공병호 역(서울: 21세기북스, 2000), p.20.

이 말은 적어도 20%의 교회 병사들이 목회 비전을 공유할 때에 군 생활관 사역의 활성화의 성공 가능성이 있다는 의미이다. 그러므로 교회는 목회자와 성도들이 함께 비전을 나누고 공유해야 하는 것이 무엇보다도 중요하다. 군 선교사역자는 무엇보다도 교회의 병사들로 하여금 목회 비전 나눔의 필요성을 인식시키는 데 힘써야 한다.

나. 비전 나눔의 방법

언제나 위대한 지도자의 근본이 되는 표지는 비전이다. 모세와 여호수아, 사무엘과 다윗의 두드러진 특징이 바로 비전이었다.[22] 이 비전을 통해서 지도자는 다른 사람보다 미래를 좀더 앞서서 그리고 보다 분명히 볼 수 있고 여러 기회와 가능성을 잘 포착함으로써 앞으로 생길 사건이나 있음직한 상황에 어떻게 대처할지를 알 수 있게 된다. 미래를 보며 사람들을 이끌 수 있는 능력, 미래를 현실화할 수 있는 능력이 곧 비전이다. 그래서 시이저 카스테라노스(Cesar Castellanos)는 성공적인 지도자는 비전의 전파자라고 주장[23]하기도 한다.

이 목회 비전을 군 병사들과 나눌 때 대대 군인교회는 성공할 수 있다. 군 병사 제자훈련을 통한 생활관 사역의 활성화는 목회자뿐만 아니라 사역할 수 있는 군 병사들 모두가 나누고 함께 공유해야 한

---

21) Ibid., p.24. Pareto의 법칙이란 노력, 투입량, 원인의 작은 부분이 대부분의 성과, 산출량, 결과를 이루어낸다는 법칙이다. 즉 원인의 20%가 전체 결과의 80%를 야기한다는 것이다. 이 법칙은 비록 전 이탈리아의 경제학자인 Vilfredo Pareto(1843~1923)가 처음으로 발견한 경제법칙이지만 경제 활동의 영역에서뿐만 아니라 사회 활동의 전 영역에서도 일관되게 나타나고 있다.

22) Tom Marshall, Understanding Leadership, 지도력이란 무엇인가?, 이상미 역(서울: 도서출판 예수전도단, 1996), pp.14~15.

23) Cesar Castellanos, G-12 리더십, 서효정 · 홍주연 역(서울: NCD, 2002), p.19.

다. 왜냐하면 군 병사들과의 목회 비전 나눔이 성공하지 못하면 생활관 사역을 통한 군 복음화 운동은 이루어질 수 없기 때문이다. 따라서 군 선교 교역자는 모든 사역들 중 가장 먼저 우선적으로 해야 할 일이 목회 비전을 세우고 실천할 수 있는 길을 나누는 것이다. 그러므로 담임목사는 그 교회의 형편과 처지를 이해하여 교회 공동체가 잘 이뤄갈 수 있는 개교회화의 작업을 통하여 교회의 나아갈 방향을 설정해야 한다.[24]

그러나 실질적으로 목회자와 동일한 목회 비전을 나누고 가지게 한다는 것은 쉬운 일은 아니다. 왜냐하면 병사들에게는 종교 활동을 통한 생활에 익숙해져 있고 또한 병사들을 통한 군 생활관 사역에 대한 비전이 너무나 생소하기 때문이다. 그렇기 때문에 군 사역 후보자들에게 목회 비전을 함께 공유할 수 있도록 다양한 방법을 동원하여야 한다. 그러면 어떻게 하면 담임목사의 목회 비전을 군 병사들과 함께 나눌 수 있을까?

첫째, 모든 병사들에게 목회 비전에 대해 관심을 가질 수 있도록 홍보하며 계속해서 강조하고 보게 하고 듣게 한다. 특히 설교를 통하여 전하고 교회 주보의 광고나 각종 성경 교육을 통하여 그들에게 주입시키고 새로운 교회 사역의 도전에 대한 비전을 가질 수 있도록 슬로건이나 모토를 만들어 토의하게 한다.

둘째, 생활관 사역 후보자들을 따로 모아 교육하며 그들에게 사명감을 심어준다. 특히 현역 군목의 편제가 대대교회에 이루어지지 못함도 바로 군 병사들을 통한 군 생활관 사역을 병사 사역자들에게 맡겨주신

---

24) 정준모, 평신도가 깨어 사역하는 교회(서울: 은혜출판사, 2001), p.17.

하나님의 뜻임을 깨닫게 하고 사명감을 더욱 심어주는 일을 하게 한다.

셋째, 목회자의 이 비전을 온 교회가 나누도록 합심하여 기도한다. 군 생활관 사역의 활성화가 되는 비전 공동체가 되도록 합심하여 기도할 때에 온 교회가 영적으로 하나가 되어 목회 비전을 공유하게 된다. 그리하여 온 교회가 "예루살렘을 떠나지 말고 내게 들은 바 아버지의 약속하신 것을 기다리라 요한은 물로 세례를 베풀었으나 너희는 몇 날이 못 되어 성령으로 세례를 받으리라"(행 1:4-5)고 약속하신 말씀을 붙잡고 함께 모여 마음을 다하여 기도하여 성령 충만을 받을 수 있도록 기도해야 한다. 왜냐하면 기도는 교회가 비전으로 나아가기 위한 가장 기본적인 방법이 되기 때문이다.

3. 생활관 사역을 위한 조직 및 프로그램 개발

군 생활관 사역형 교회가 되기 위해서는 온 교회가 생활관 사역형 교회에 대한 비전을 가져야 할 뿐만 아니라 그 비전이 사역 현장에 드러나야 한다. 즉 목회 비전이 교회조직이나 교육 프로그램에 그대로 반영되어야 한다.

가. 군 생활관 사역에 따른 교회조직

현대 사회는 조직사회이다 그만큼 조직의 영향력은 엄청나게 크다. 조직은 능률을 전제로 한다면 교회조직도 하나님의 택함을 받은 자들이 하나님 나라 확장에 대한 궁극적 공동목표를 수행하기 위해 업무를 분담하고 그 분담을 통해 통일된 협력관계가 되도록 부름을 받은 체계이다. 제임스 F. 코블(James F. Cobble)은 "능률적인 조직은 그 조직의 목표를 달성할 수 있게 한다. 그러나 비능률적인 조직은 노력의 성과를 쉽게 무산시킬 수 있다"[25]고 주장한다. 이는 목표를 달성하기 위해서는 반드시 효율적인 조직의 필요함을 강조함이다. 특히 교회의 조직은 반드시 목회 비전을 반영해야 한다. 김석년은 비전과 조직의 관계를 다음과 같이 설명하고 있다.[26]

> 비전은 머릿속에 그리는 이상이요 가슴에 품은 꿈이다. 그러한 이상과 꿈을 현실 속에서 구체적으로 실행하기 위하여 우리는 조직을 필요로 한다. 만약 선교 중심적 비전을 품은 교회라면 선교조직을 중심으로 또는 교육, 사회봉사, 구제 등 자신의 교회가 품은 비전을 보다 효율적으로 수행하기 위한 조직을 구성하게 될 것이다. 결국 선포된 비전을 어떻게 확산시키고 실현시킬 것인가라는 문제는 곧 조직을 어떻게 세울 것인가의 과제로 직결된다.

테드 하가드(Ted Haggard)는 지금까지의 교회조직에 대하여 "우리는 이제 더 이상 어떻게 교회를 섬길 것인가를 배우기 위해 전통적인 교회조직이나 성직제도를 바라보지 않는다"[27]고 말하였다. 이는 기존의 전통적인 조직은 생명을 살리는 사역보다는 조직을 유지하려는 행정에 치우치고 있기 때문이라는 것이다. 따라서 목회 비전에서도 비전을 이루는 도구인 조직에 변화를 주어야 한다. 이는 목회 비전의 실질적인 실천이기 때문이다. 그러므로 대대 군인교회에

---

25) James F. Cobble, 교회성장과 조직의 역동성, 명성훈 역(서울: 나단출판사, 1994), p.115.

26) 김석년, 패스브레이킹(서울: 생명의 말씀사, 2002), pp.222~223.

27) Ted Haggard, 생명을 살리는 교회, 최기운 역(서울: 베다니출판사, 2000), p.50.

서 군 병사 생활관 사역형 교회로 전환하기 위해서는 모든 교회의 조직을 군 병사들이 일할 수 있는 조직으로 변화를 주어야 한다.

목회자 중심과 군종병 중심의 조직 안에서 군 병사들이 주도적으로 사역한다는 것은 거의 불가능한 것이다. 그러나 군 병사 제자훈련을 통한 생활관 사역의 활성화 운동은 모든 병사들이 목회 사역에 참여하게 하는 비전이다. 이는 능률적인 사역을 하기 위해서도 병사 위주의 조직으로 이끌어 가야 한다. 그러나 이것은 결코 쉬운 일은 아니다. 한마디로 혁신적인 군인 교회조직 개혁이라 할 만하며 그만큼 군 사역자들의 헌신을 필요로 하기 때문이다.

이를 위해서 평신도 사역형 교회의 목회 비전에 따른 조직을 가지고 목회자의 권한을 평신도들인 군 사역자들에게 위임하는 일이다. 따라서 담임목사는 평신도 사역자들에게 사역을 위임하는 시스템을 가지고 있어야 한다. 무엇보다도 군 병사 사역자가 사역에 대한 모든 것에 대한 책임을 지도록 조직을 일원화하는 것이 중요하다. 이는 조직 자체를 완전히 군 생활관 사역 활성화를 위한 교회조직 안에서 사역의 역동성과 효율성을 가져오는 방식을 구성하라는 뜻이다.

나. 목회 비전에 따른 교육 프로그램개발

군 병사 사역형 교회의 목회 비전에 따라 교회조직이 편성되었어도 교회의 각종 프로그램이 군 병사 제자화 훈련을 통한 생활관 사역의 활성화 운동으로 일치하지 않으면 안 된다. 그러므로 군 병사들의 생활관 사역형 교회로의 비전에 맞는 조직을 갖추고 병사들을 양육하고 생활관 사역자로 훈련시키는 교육 프로그램이 개발되어 있어야 한다.

교회 모든 조직을 이에 맞추어 조직하고 그 조직을 실질적으로 움직일 수 있는 군 사역자 양육 프로그램을 가지고 있어야 한다.

NCD에서 실행하는 설문조사에서 한국교회에서 가장 높은 점수를 받은 부산의 풍성한 교회(담임목사 김성곤)는 목회 비전과 일치하는 교육 시스템을 구축하고 그 시스템에 따라 성도들을 양육하고 훈련하여 사역자로 세우고 있다. 풍성한 교회의 양육 시스템은 그 교회의 목회 비전을 그대로 반영하고 있다. 풍성한 교회는 세계 비전을 이루기 위해 실질적이고 효과적인 양육 시스템을 가지고 평신도들을 훈련시키고 있다. 여기서 풍성한 교회의 세계비전 제자대학 커리큐럼을 예로 들어보자.

(1) 양육반-10주 과정[28] : 세계비전 제자대학에 입학하기 전 반드시 거쳐야 하는 양육 과정이 양육반이다. 총 10주 과정으로 첫 시간에는 M.T(Membership Training)를 가진다. 이 양육반에서 구원의 확신, 사죄의 확신, 기도 응답의 확신, 승리의 확신, 인도의 확신 등 신앙의 기본적인 확신을 다지는 동시에 내적 치유가 일어나며 영적인 세계에 눈을 뜨게 되는 과정이다.

1단계-기본 훈련/셀 그룹 인턴세우기[29] : 기본 훈련이란 말 그대로 말씀, 기도, 증거, 교제의 삶을 균형 있게 살도록 하는 훈련 과정이다.

㉮ 말씀의 삶: 이 훈련에서는 첫째, 말씀 듣기(계 2:7; 막 12:37)를 즐거워해야 한다. 둘째, 말씀 읽기(계 1:3; 딤전 4:13)가 중요하다.

---

28) 김성곤, 두 날개로 오르는 교회(서울: NCD, 2002), pp.19~23.
29) Ibid., pp.55~60.

성경 읽기 표를 만들어 전 성도들이 그 읽기 표를 기준으로 읽도록 한다. 셋째, 성경공부를 하므로 성장하게 한다. 양육반, 세계비전 제자 대학 등을 통해 부지런히 말씀을 공부하게 한다. 넷째, 성경구절을 암송하게 한다. 암송은 네비게이토의 60구절을 사용한다. 암송은 매우 중요하기 때문에 매주 1개씩 암송해 와서 강의 시작 전에 외우게 한다. 다섯째, 묵상이다. 묵상은 하나님과 교제하는 시간이다. 이 Q.T를 통해서 하나님의 음성을 듣게 한다.

㉯ 기도: 기도는 하루에 한 시간씩 하도록 한다. 기도의 방법과 순서도 가르치는 데 가장 중요한 것은 기도응답에 대한 것이다. 기도 응답이 신앙을 살아 있게 하고 실제적이게 한다.

㉰ 증거: 적어도 하루에 1명 이상에게 복음을 증거 하게 한다. 복음을 증거 하는 것은 잃어버린 영혼에 대한 깊은 애정을 나타내는 것이다. 그래서 복음을 증거 하는 삶을 통하여 하나님의 관심이 무엇인지를 알 수 있고 그분과 공감할 수 있으며, 성도의 신앙이 한 차원 더 발전할 수 있다.

㉱ 성도들 간의 교제: 성도들 간의 진정한 교제란 그리스도와 더불어 살면서 나누는 삶이다. 대화의 궁극적인 주제는 그리스도이어야 하며, 그분의 주시는 은혜를 나누는 삶이다. 교제의 방법은 첫째, 함께 모여 기도하는 것이다(마 18:19-20). 둘째, 서로 돌아보며 격려하고 상담하는 것이다(히 10:24-25). 셋째, 교제는 영적 싸움의 승패를 좌우한다(전 4:9-11). 넷째, 같이 섬기는 것이다(행 2:46).

이 네 가지 실천사항이 수레바퀴와 같이 균형을 잘 이루어 나갈 때

신앙이 바르게 성장할 때 그룹의 인턴으로 하나님께 쓰임 받게 된다.

2단계 - 제자훈련/셀 그룹 리더 세우기[30] : 풍성한 교회 성도들은 2단계 제자훈련을 거치면서 셀 그룹 리더로 사역하게 된다. 셀 그룹 리더는 작은 목자요 셀 그룹의 영적인 아비이다. 영적인 부모가 된 그들은 좋은 아비가 되기 위해 또 훈련을 받는다. 이 훈련이 로드쉽(Lordship)이다. 즉 그리스도의 주인 되심을 인정하고 순종하는 삶을 배운다. 그 다음에는 실제적인 교제훈련에 들어간다.

3단계 - 군사 훈련/강력한 셀 그룹 리더 세우기[31] : 군사 훈련이란 용어는 디모데후서 2장 3-4절에 근거한다. "내가 그리스도의 좋은 군사로 나와 함께 고난을 받을지니 군사로 다니는 자는 자기 생활에 얽매이는 자가 하나도 없나니 이는 군사로 모집한 자를 기쁘게 하려 함이라"

군인은 자기 생활에 얽매이지 않는다. 군인은 철저히 상관의 명령에 복종한다. 순종을 넘어선 복종이다. 위임의 법칙이란 게 있다. 주님은 사도들에게 제자 삼는 사역의 본을 보이셨고 그 사역을 위임하셨다. 그리고 그 위임은 주님의 제자인 목회자들에게 제자훈련을 위임하신 것이다. 하나님께서 위임의 목적이 순수하고 비전이 분명히 제시되면 사람들은 반드시 순종한다. 사람은 어떻게 가르치느냐에 따라 어떤 사람이 되느냐가 결정되는 것이다. 이와 같이 3단계에서는 주님이 명령하신 대로 복종하는 그리스도의 강한 군사를 키워낸다. 성도들은 이 과정을 통해서 어떤 영혼도 품을 수 있는 강력한 셀 그룹 리더로 다져진다.

---

30) Ibid., pp.60~65.

31) Ibid., pp.65~67.

4단계 – 사도 훈련/지역장 세우기[32]: 성경이 가르치는 사도의 자격은 예수님께서 세례 요한에게 세례를 받으실 때부터 예수님과 함께한 자(행 1:21), 예수님께서 친히 임명한 자(막 3:14), 이적을 행하는 자(마 10:1), 주의 부활을 목격한 자(행 1:21) 등이었다. 그 후에는 사도의 개념이 확대되어 바울과 바나바를 사도라 했고(행 14:14), 야고보와 주의 형제(고전 15:7) 그리고 실루아노도 사도라 칭호를 쓰고 있다(살전 2:6). 그렇게 때문에 주님이 하셨던 사역을 하도록 보내심을 입은 자들에게 넓은 의미의 사도라는 용어를 사용할 수 있다고 본다. 그런 의미에서 풍성한 교회는 세계비전 제자대학 4학기를 사도훈련이라 하였다. 제자도와 세계 비전을 가지고 주님이 하셨듯이 사역을 훈련받고 지역, 직장, 대학캠퍼스 등 각 삶의 현장으로 파송받기 때문이다.

제자훈련의 결론은 재생산이다. 주님께서 자신의 제자훈련을 결론지으시면서 "너희는 가서 모든 족속으로 제자를 삼으라"고 하신 것처럼 풍성한 교회의 제자훈련의 결론 역시 "가서 모든 족속으로 제자 삼는 것"이다. 세계비전 제자대학의 마지막 학기인 4단계 사도훈련에서는 초대교회 사도와 같은 사역을 감당할 수 있는 재생산 사역자인 지역장이 배출된다. 그러므로 제자훈련은 또 다른 제자를 키워내는 재생산 사역자를 양성하는 것이다.

이상과 같이 군 병사 제자훈련을 통한 생활관 사역의 활성화를 위하여서도 이와 같이 제자 삼는 프로그램을 제시하고 개발하는 일은 무엇보다도 매우 중요한 일이 된다.

---

32) Ibid., pp.67~69.

제2절 군 생활관 사역자 훈련 및 사역의 실제

1. 사역자의 의미

가. 생활관 사역자의 의미

평신도 사역자(Lay-Minister)는 평신도(Lay)와 목회자(Minister)라는 말의 합성어이다. 이들은 평신도 직(職)을 통한 하나님의 사역에 참여하여 목회자의 역할을 하는 사람으로서 평신도와 목회자 사이에서 완충 역할과 중제 역할을 할 수 있기 때문이다.

생활관 사역자란 생활관에서 사역하는 군 병사 사역자들을 말한다. 이들 생활관 사역자들이야말로 흩어진 교회로서의 성도 개개인이 군대 속으로 보냄을 받은 사역자들이다. 아울러 이러한 흩어진 교회로서의 성도 개개인을 섬기고 훈련하며 구성된 성도들[33]로서의 생활관 사역이야말로 군 복음화의 밑거름을 이룬다고 할 수 있다.

생활관 사역을 위하여 군 병사들을 사역자로 키워야 하는 이유는 후임병사들에게 다양한 도움과 필요를 줄 많은 지도자들이 필요하기 때문이다. 폴 투니얼(Paul Toournier)은 언급하기를 이 세상에서 우리가 혼자서 할 수 없는 일이 두 가지 있다고 한다. 하나는 결혼이요, 다른 하나는 그리스도인으로서 사는 것이라고 한다.[34] 우리는 그리스도의 몸이다. 외톨로 혼자 떠도는 기독교란 존재하지 않는다.

---

33) Paul R. Stevens, 참으로 해방된 평신도, 김성오 역(서울 IVP, 2000), p.133.

34) Ron Nicholas, 소그룹 운동과 교회성장, 신재구 역(서울: 한국기독학생출판부, 1986), p.19.

영적 성숙은 정서적 성숙과 마찬가지로 아무것도 없는 진공 상태에서는 이루어지지 않는다. 영적 성숙은 그리스도인의 몸 된 교회 안에서 우리가 서로 관계를 맺어 갈 때 주어진다.[35]

따라서 엄격한 통제 아래 병영 생활을 하는 병사들에게 영적 인도자로서의 생활관 사역자를 세우는 일은 매우 시급한 일이다. 그러므로 이들 생활관 사역자가 바람직한 평신도 사역자로서 소그룹 활동을 통해 양적으로나 질적으로 바람직하게 육성되어 활용될 때에 생활관 사역을 통한 실질적인 군 복음화 운동은 성공하게 될 것이다. 왜냐하면 소그룹 운동의 활성화를 가져올 수 있는 가장 적합한 곳이 군 생활관이기 때문이다. 따라서 평신도 사역자의 개발과 육성에 있어서 소그룹의 활용을 통한 군 생활관 사역은 필수적이라고 할 수 있다.

나. 생활관 사역의 새로운 주체

교회를 크게 두 가지로 분류한다면 그 하나는 모이는 교회(에클레시아)요 또 하나는 흩어지는 교회(디아스포라)이다. 대부분의 교회들이 모이는 교회에만 치중하며 흩어지는 교회에 대해서는 조금은 방관하는 모습을 보여주고 있는 것이 사실인 것 같다. 그러나 성경은 구약교회로부터 신약교회, 현대 교회에 이르기까지 모이는 일과 흩어지는 일을 계속해서 반복해 왔음을 알 수 있다. 흩어지는 일이 없으면 모이는 일도 의미가 없다. 모이기 위해서 흩어져야 하고 흩어지기 위해서 모이는 것이다. 씨를 뿌리기 위해서는 흩어져야 하고 흩어져서 열매를 맺은 후에 거둬들이는 일을 하듯이 파종과 추수하는 원리가 곧 에클

---

35) Ibid., p.16.

레시아와 디아스포라의 신앙 공동체를 조화롭게 하는 원리이다.[36]

그렇다면 크리스천 병사들이 몸담고 있는 군 생활관을 흩어진 교회로 생각하여 파종을 위한 교두보로 삼고 흩어진 교회를 위한 사역을 확대하고 강화하여 많은 파종을 위해 노력하는 것은 교회의 당연한 사역이라고 할 수 있다. 이와 같이 교회를 모이는 교회와 흩어지는 교회로 이해하게 될 때에 목회의 개념이 달라지게 되며 목회자의 역할에도 변화가 있을 수밖에 없다.[37] 즉 기존의 모이는 교회를 중심으로 하는 목회가 더욱 확장되어 흩어진 교회를 포함하는 목회로 바뀌어야 할 것이며 이를 위해 목회자들도 흩어진 교회를 향한 목회에 고민하고 기도해야 한다. 만일 선교가 그리스도의 몸 된 교회의 본질이라면 선교는 교회 모든 사역에 있어서 최우선 순위가 되어야 할 것이다.[38]

그러나 선교라고 하면 대부분의 목회자와 성도들이 해외선교를 먼저 떠올리는 것이 현실이다. 그러나 복음화율이 약 25%에 달한다고 하나 우리나라에도 복음화되지 못한 영혼이 전 인구의 75%이며 아직도 복음을 듣지 못한 사람들은 곳곳에 산재해 있다. 이들은 우리에게 있어서 최우선의 선교 대상이 된다. 특별히 군 선교는 이 시대의 최우선의 한국교회의 선교 대상이 되어야 할 것이다. 왜냐하면 군 선교야말로 이 나라의 가장 건강하고 우수한 젊은이들이 모여 있는 곳이기 때문이다.

---

36) Ibid., p.221.

37) 방선기, 크리스찬@직장(서울: 한세, 2000), p.316.

38) Charls Van Engen, 모이는 교회, 흩어지는 교회, 임윤택 역(서울: 두란노, 1995), p.106.

따라서 우리는 군 선교의 의미를 두 가지 차원에서 새롭게 인식해 보아야 할 것이다.

첫째, 선교적 차원에서 군은 복음 전파의 최전선이다. 왜냐하면 우리나라의 건강한 청년들이 군 복무의 의무를 위하여 2년을 군에서 시간을 보내고 있으며 군 복무로 인해 교회를 등지는 경우가 많다. 이는 한미준이 조사한 자료에도 나타나고 있다.[39] 군 복음화율을 정확하게 통계자료로 제시할 수는 없으나 상당히 많은 수가 불신의 상태에 있음은 쉽게 예상할 수 있다. 이들을 위한 선교적 요구를 한국교회는 결코 무시할 수 없다.

둘째, 목회적 차원에서 군 선교의 의미는 새롭게 정의되어야 한다. 우리나라는 세계적으로 유래를 찾아볼 수 없는 신우회 조직이 각 직장마다 조직되어 있다. 이 신우회는 흩어진 교회로서 목회자들의 절실한 목회 현장이다. 지상교회는 세상으로부터 부름받은 특권만 가진 것이 아니다. 세상으로 보냄을 받은 소명을 함께 가지고 있는 것이다.[40] 그런 의미에서 보면 군인선교도 또 하나의 직장선교라고 볼 수 있다. 이들 많은 젊은이들이 2년간의 병영 생활로 인해 많은 고민과 스트레스로 건강을 해치며 영혼이 메말라 가고 있다면 이런 병영 생활 속에서 이들 병사들에게 찾아가서 영혼의 생수인 그리스도의 말씀을 전하며 먹이는 것은 당연한 의무이며 이 시대적인 요청이다.

그런 의미에서 군 생활관은 더 이상 세속의 현장이나 국방의 의무를 위한 장소만은 아니다. 이제는 군 생활관은 선교적 개척지이며

---

39) 한미준 편, 한국 개신교인의 교회 활동 및 신앙의식조사 보고서(서울: 두란노, 1999), p.69.

40) 옥한흠, 평신도를 깨운다(서울: 두란노, 1998), p.75.

그리스도의 생명의 말씀과 성찬의 감격이 가득 차야 할 목회적 현장이다. 군 생활관 사역은 말 그대로 초대 가정교회와 같은 생활관 교회가 되어야 한다. 따라서 군 생활관 사역이야말로 전통적인 사역의 개념을 뛰어넘는 것이라고 할 수 있다. 바로 그곳이 곧 군 생활관 교회이다(마 18:20).

군 생활관 사역의 주체는 크게 두 가지로 구분할 수 있을 것이다. 첫째, 크리스천 군 생활관 사역자들이다. 이들은 군 생활관에서 그리스도인으로서의 삶을 보여주며 복음을 전하는 자들이기에 이들이 비록 국방의 사역을 하고 있지만 우선적으로 군 생활관 사역이 첫 번째 주체가 되어야 한다고 할 수 있을 것이다.

둘째, 군 생활관 사역에 관심 있고 헌신된 훈련받기 위하여 선발된 군 사역 후보자들이다. 이들은 우선 군 생활관을 복음화하며 군 생활관 사병들을 훈련시키기 위해서 선발된 군 병사 사역자들이다.

2. 군 생활관 사역자 훈련 과정

가. 의미

현대신학과 선교학은 성직자와 평신도라는 개념을 철폐하고 평신도 운동을 강조한다. 종교 개혁자 칼빈은 "나는 사람들이 부르는 바와 같이 보통 평신도 외에 아무것도 아니었다"고 말하였다.[41] 만인 제사장의 원리는 세상을 위한 교회라는 에큐메니칼 신학의 등장으로 인하여 다시 중요하게 부각되었다. 이 원리는 전군 신자화 운동과

---

41) Handrik Kramer, 평신도 신학, 유동식 역(서울: 대한기독교서회, 1976), p.26.

생활관 교회의 전도정책에도 중요한 기본적 토대가 된다. 성경의 목회 개념은 성직자가 전지전능의 권위를 가지고 모든 것을 다 하는 것이 아니라 평신도로 하여금 일하게 하는 것이다.

그러므로 평신도들인 군 병사들이 군 선교에 잘 활용되어야 군 선교가 성공할 수 있다. 교회성장은 신자들의 자발적 헌신에 의해서 이루어지는 것이며, 이를 위해서 성도들을 온전케 하고 봉사의 일을 하게 하며 그리스도의 몸을 세우게 하는 것이 곧 목사의 사명이다(엡 4:12).

군대의 합동세례식이 야기하는 제일 큰 약점은 신자의 사후관리이다. 많은 병사들을 교회라는 그물 안으로 들어오게는 하였으나 온전한 성도로 양육하는 목회자의 손길이 미치지를 못하여 이들을 자칫 이교적 신자로 만들 위험이 있다는 것이다. 따라서 이들에게 양육을 위한 교회 프로그램은 반드시 필요하다. 이것이 곧 새신자 양육 프로그램이다. 따라서 이들 새신자들을 믿음의 병사들로 하여금 책임지게 하는 전략이다. 이 일을 위하여 사명감이 있는 믿음의 병사들의 생활관 사역 훈련은 반드시 필요하다.

그러므로 군대교회라고 하여 모든 신자 병사들을 획일적으로 취급할 것이 아니라 동일 집단의 특수교회이지만 하나님께서 부르신 신자들에게는 각자에게 일할 수 있는 달란트를 주셨음을 인정하여 이들을 총동원하여 활용하여야 한다. 계급이 낮은 병사의 경우 물론 지도력 발휘에 어려움이 있겠지만 학력, 계급보다는 하나님의 방법과 하나님이 주시는 능력으로 일한다는 확고한 신앙을 바탕으로 임하여야 한다. 또한 기독 장교들과 간부들은 전도요원들이 각 부대에서 소그룹 단위로 전우들과 결신자 병사들을 양육하는 평신도 목회를 하도록 여건 조성을 위한 노력을 후원해 주어야 할 것이다.

나. 훈련 과정

이 과정은 군 병사들을 제자 삼는 사역자 훈련 과정이다. 이 과정에서 목적하는 군 사역자를 예수님께서는 추수하는 사역자(Harvest Worker)들이라 칭했다(마 9:36-37). 따라서 이들 군 사역자들이야말로 예수님을 위해 잃어버린 영혼들을 추수하는 일(전도과정)과 추수된 사람들을 추수하는 사역자들로서 기초양육 과정을 도와주는 일에 직접적으로 참여하는 자들이다.

(1) 훈련 목적: 군 생활관 사역자 훈련은 주님의 지상명령과 배가의 비전에 사로잡혀 있는 자로 새로운 사역의 장에서 제자훈련의 전 과정을 재생산할 수 있게 하는 단계이다.[42] 따라서 군 생활관 사역을 통하여 군 복음화를 위한 사역을 통하여 전군 복음화를 목적으로 한다.

(2) 훈련 목표: 첫째, 군 병사들을 제자 삼아 사역자로 이끄는 자가 되도록 한다. 둘째, 군 생활관 사역자로서 군 사역자의 모든 영역이 주께 대한 충성과 병사들의 영혼들을 향한 사랑을 갖는 자가 되게 한다. 셋째, 군 병사 제자훈련의 사역을 군 생활의 최우선의 목표와 비전으로 삼는 자가 되게 한다.

(3) 훈련 내용: 첫째, 군 생활관 사역의 신학적 기초를 가진다. 둘째, 군 생활관 사역자로서 하나님을 섬기는 데 유익한 사역을 은사별로 선택한다. 셋째, 제자 삼는 사역의 원리를 숙달하게 하고 예수

---

42) 이강천, <u>그리스도 안에서의 성장</u>(서울: 기독교대한성결교출판부, 1986), p.21.

님의 군 병사 제자훈련 원리를 숙달하게 한다. 넷째, 지도력 분별력 전달력의 기능을 연마하고 군 생활관 사역자로서의 영적 리더십을 개발한다.

(4) 훈련 방법: 첫째, 군 생활관 생활을 통하여 철저하게 소그룹을 통한 제자교육을 하게하고 일대일 양육 사역을 통한 일대일 동행 원리 훈련을 병행하며 이를 위한 시범과 소규모의 위임을 통해 원리를 숙달케 한다. 둘째, 군 사역자로서의 지도력과 분별력을 발휘할 수 있는 능력과 환경을 개발한다. 셋째, 군대라는 보다 큰 조직 속에서 소규모의 위임받은 군 생활관 사역자로서 훈련을 시키고 그에 대한 확실한 열매를 기대하도록 한다. 이를 좀더 구체적으로 살펴보면 다음과 같다.

㉮ 잠재적인 군 사역자를 선택하는 방법: 군 병사들 중에는 잠재적 사역자로 헌신하려는 비전의 병사들이 있다. 이런 군 병사들은 사역을 열망하는 특징이 있다. 이러한 군 사역자로서의 잠재적인 일꾼을 선발하려고 할 때에는 그가 군 병사 제자 삼는 일에 참여하기를 열망하려는 여부와 하나님의 뜻을 따르기 위해 요구되는 모든 희생을 지불할 각오가 되어 있는지 여부를 면밀하게 검토해 보아야 할 것이다.

㉯ 훈련 방법의 기본원리: 첫째, 기본원리는 모범을 보임으로써 전달한다.[43] 군 사역자로서의 리더의 삶이 잠재적 일꾼에게 효과적으로 전달되려면 리더의 삶이 잠재적 군 사역자에게 투명하게 나타나야 한다. 그러므로 리더는 모범적이고 투명한 삶을 살고 있는 사람이어야 하고 삶의 본을 보일 수 있는 자라야 한다. 둘째, 개인적

---

43) Jim White, *Christlikeness* (Colorado Springs: NAV Press, 1976), p.11.

차원에서 훈련하는 것이다. 이것은 리더가 잠재적 군 사역자를 향한 훈련 목표를 분명히 인식하고 일 대 일로 만나서 개인적인 시간을 가짐으로 훈련이 이루어지도록 하게 한다.[44]

이처럼 잠재적인 군 사역자에게 관심을 쏟으려면 결국 소수의 병사들에게 집중할 수밖에 없다. 소수의 병사들에게 집중적으로 행하는 훈련 방식은 얼핏 보면 양적 증거를 지체시키는 것처럼 보이나 이 방식으로 훈련받은 소수의 병사들은 재생산할 수 있는 믿을 만하고 유능한 군 사역자로 키워지기 때문에 그들을 통한 기하급수적인 배가(Multiply)가 가능해지고 따라서 정기적인 안목에서 보면 가장 생산적인 방법이 된다.

㈐ 훈련의 구체적인 방법: 군 사역자를 만드는 데 구체적인 방법으로는, 첫째, 그리스도인의 기본적인 삶의 깊이를 점점 더 깊이 개발하도록 한다. 둘째, 개인적인 성경공부를 하며 소규모 성경공부 인도법을 가르쳐 준다. 셋째, 제자 삼는 일에 직접 참여하여 자신이 배운 것을 다른 사람에게 전달하는 기술들을 가르쳐 준다. 넷째, 전도에 적극적으로 참여하게 하도록 한다. 이렇게 해서 만들어진 군 사역병사는 다시 불신 병사들을 초신자로 전도할 수도 있고 초신병사를 신자로 기초 양육할 수 있기 때문에 자신이 받았던 훈련 과정을 재생산하는 그리스도인이 되게 하는 것이다.

다. 사역을 위한 훈련

병영 생활을 하는 병사들은 많은 어려움을 겪고 있다. 군 복무에

---

44) Handrix J. D, <u>그리스도인의 영적 무장</u>(서울: 나침반사, 1986), pp.106~107.

대한 불안, 업무과중, 군 생활을 통한 비전 불투명이 바로 그것이다.[45] 그렇기 때문에 이들에게 복음의 소식을 전하여 줄 생활관 사역자들의 사역은 매우 필요하며 이들 사역자들을 세우기 위한 생활관 사역의 훈련 과정은 당연히 필요하다. 그러므로 군 생활의 어떤 변화의 혁명 앞에서도 흔들리지 않는 영성을 갖춘 군 생활관 사역자 그리고 군 생활관의 변화를 주도해서 이끌어 나갈 정도의 탁월한 실력을 갖춘 군 생활관 사역자를 세우기 위한 훈련을 교회가 반드시 실시하여야 한다.

이를 위해 교회는 그리스도 병사들이 처해 있는 모든 환경을 잘 파악해야만 한다. 왜냐하면 그들이 처해 있는 상황을 인식할 때에야 비로소 군 병사들에게 필요한 자질과 능력이 무엇인지를 알 수 있고 그에 필요한 훈련을 교회는 제공해 줄 수 있기 때문이다. 그렇다면 군 병사 사역자들에게 훈련해야 할 자질에는 어떤 것들이 있을까? 여기에 대해 고려대 이 장로 교수의 다음과 같은 5가지 리더십 능력을 소개하고[46] 이를 군 병사 사역자들에게 적용해 보고자 한다.

첫째, 커뮤니케이션의 능력이다. 즉 군 생활관 생활 속의 탁월함을 갖춘 리더가 되기 위해서는 먼저 좋은 대화자가 되어야 한다.

둘째, 위임능력이다. 모세의 장인 이드로가 책임과 권한을 위임할 것을 모세에게 충고했듯이(출 18장), 군 생활 속에서의 군 사역자에게 일을 잘 해낼 수 있도록 권한과 책임을 적절하게 나누어 줄 수 있는 리더가 되어야 한다.

---

45) 박호근, 탁월한 왕따되기(서울: 한세, 2001), p.116.

46) 이장로, "크리스천 직장인 리더쉽개발" 기독교인의 직업과 영성, 오성춘 편 (서울: 장신대 출판부, 2001), pp.271~273.

셋째, 인간관계 능력이다. 다양한 성분의 군인들과의 견고한 관계를 형성하기 위해서는 생활관 생활 안에서 좋은 군 사역자로서의 탁월한 리더는 병사들과의 좋은 인간관계 능력을 갖추게 되는 일이다.

넷째, 상황 대응능력이다. 군 생활관 안의 크리스천 리더는 불변의 원리에 충실하면서도 상황과 필요에 따라 가변적인 방법론을 쓸 줄 아는 상황능력을 갖추어야 한다.

다섯째, 팀 지휘능력이다. 군 사역자들은 팀 리더십을 통해 교제와 협력을 하면서 함께 그 팀을 한 방향으로 이끌어 나갈 수 있는 팀 지휘능력이 군 생활관 안의 크리스천 리더에게는 필요하다.

결국 대대 군인교회는 군 생활관 사역자들을 위한 영성과 제자훈련 프로그램뿐 아니라 그리스도인 병사의 근무의 탁월성을 위해 리더십 훈련 과정을 만들 필요가 있다. 또한 군 생활관 사역에 대한 소명 의식도 깨우쳐 주는 여러 행사와 세미나를 준비해야 한다. 따라서 군 병사 사역자들을 위한 예배 기도문 그리고 파송 의식 등도 군인교회에서는 꼭 필요하다.

3. 군 사역자의 사역의 실제

가. 사역자로 파송되는 생활관 사역

모든 지역교회의 성도들은 예수 그리스도께 부름받아 세상으로 보냄 받은 선교사이다. 따라서 이 성도들을 목양하는 책임을 맡은 지역교회는 예수 그리스도의 이러한 선교적 비전에 맞추어 지역교회의 비전을 세우고 실행해야 한다. 즉 지역교회는 모든 성도들을 구비시킨 직장 사역자[47]들과 같은 것이다. 대대 군인교회에서도 군 생활관 사역자로 파송할 것이라는 구체적인 비전을 군 사역자들에게 가르치고 지키게 하는 것이 군 복음화의 한 부분을 차지할 수 있다는 것이다. 이를 위해 교회 내에서 군 생활관 선교사 파송식[48] 같은 행사를 가질 수 있다.

이와 같이 평신도들인 군 병사 사역자들을 향해 세워진 구체적인 생활관 사역에 대한 비전은 군 사역자들로 하여금 그들이 사역의 주체임을 인식시키고 더 나아가서 그들의 사역 현장인 생활관에서 온전한 그리스도의 제자 역할을 감당하게 만드는 주요한 원동력이 되게 하는 것이다. 이와 같은 일들은 모든 사역자들이 세상의 소금과 빛이 되게 만드는 노력이며 대대 군인교회는 이 일들을 감당할 수 있어야 한다.

그러므로 모든 군 병사 사역자들을 세워서 생활관뿐 아니라 모든 군 영역의 전문적인 사역자로 파송하고자 하는 교회의 비전을 세우는 것이 군 생활관 사역을 시작하고자 하는 교회의 첫 번째 과제이다.

나. 예배인도를 통한 생활관 사역

지금 사회에서는 직장인을 위한 헌신예배나 특별예배가 드려지고 있다. 이는 삶의 대부분을 직장에서 보내고 있는 직장을 선교의 장

---

47) Stevens, R. Paul, 평신도가 사라진 교회, 이철민 역(서울: IVP, 1997), pp.127~155.

48) 방선기, "평신도 직업인을 위한 목회전략" 기독교인의 직업과 영성, 오성춘 편(서울: 장신대출판부, 2001), p.297.

으로 활용하고 헌신하고자 하려는 뜻이다. 초대교회의 신앙생활이 곧 가정에서 이루어졌다는 것은 큰 의미를 나타내고 있다. 예수님께서는 "누구든지 두 세 사람이 모인 그곳에 내가 함께 있으리라"(마 18:20) 하심과 같이 주님을 모신 그곳이 곧 교회요 성령이 역사하는 곳이기 때문이다. 교회의 기원을 보아도 가정에서 예배가 드려지고 가정에서 모든 성찬과 세례가 이루어졌음을 우리는 알 수 있다. 이와 같이 초대교회의 가정은 복음의 산실이요 선교와 교육의 산실이기도 했다(행 5:42).

군 생활관도 곧 병사들의 모든 삶의 근거요 군 생활 중의 가정이라 할 수 있다. 그런 의미에서 생활관 생활에서의 예배는 신앙적인 눈으로 보면 초대교회의 가정교회의 예배와 같은 것이다. 왜 생활관에서 예배가 이루어져야 하는가? 곧 그곳이 그들 군 병사들에게는 가정이 되고 교육의 장이 되고 교회가 되기 때문이다. 그러므로 두세 사람이 생활관에 모여 하나님께 예배드림은 마땅한 성도들의 도리이다.

그러나 이 같은 생활관 예배는 현실적으로는 결코 쉬운 일은 아니다. 그중에는 비기독교인들과 타 종교인들의 반발로 인한 생활관 분위기에 이질감을 가져올 수 있기 때문이다. 바울은 실라와 감옥에서도 찬송과 기도를 드림으로 모든 옥중 죄인들이 그 찬송을 들었다고 하였다(행 16:25). 분명한 것은 찬양을 듣기를 원하는 백성들은 그 어디나 있다는 것이다. 우리들의 궁극적인 신앙의 목적이 땅 끝까지 복음을 증거 하는 것이라고 한다면 생활관을 교회화하는 일과 생활관에서 예배를 드리는 것이야말로 진정 젊은 믿음의 병사들이 땅 끝에서 하나님께 예배드리는 모습이 되지 않겠는가? 그러므로 생활관 내에서의 갈등을 초래하지 않도록 간절히 기도하면서 지혜롭게 행하여 합력하여 선을 이룰 수 있는 예배드림이 곧 하나님의 뜻이기도 하다.

다. 소그룹 활동을 통한 생활관 사역

예수님은 공생애를 통하여 택하신 제자들과 함께 사역하시면서 그들과 늘 동행하셨고 함께 잡수시고 그들과 함께하는 동안에는 철저한 양육을 위한 시간으로 삼았다. 예수님의 사역은 소그룹 운동을 통하여 전개되었다.[49]

예수님은 제자 양육에서 함께 있게 됨을 가장 중요시하였다. 소그룹의 가장 큰 특징은 얼굴과 얼굴을 대하는 개인접촉과 긴밀한 만남이요 삶의 공유이다.[50] 예수님은 소그룹의 맥락(Context)에서 세계를 변화시키실 비전을 가지고 계셨고 그것을 시행하셨다. 예수님은 소그룹을 통해 제자들이 자신을 주(Lord)로 고백하게 하고 그들을 하나님의 사람으로 변화시키셨다. 그들은 함께 거하면서 부딪치고 배우고 깨어지고 사랑하게 되어 예수님의 죽음과 부활의 목격자들이 되었고 "제자 삼으라"는 사명을 받고 보냄을 받았다.[51]

대부분의 초대교회들도 적은 수의 무리들이 가정을 중심으로 모여서 기도하고 교제하며 복음을 듣고 배우면서 시작한 소그룹을 통하여 이루어진 가정교회의 형태였다. 가정교회라고 하면 평신도가 지도자가 되어 가정에서 모이는 교회를 말한다. 신약성경을 읽어보면 우

---

49) 안재은, <u>소그룹과 제자 훈련</u>(서울: 총신대학교 목회신학전문대학원, 2004), p.40.

50) Gareth Weldon Icenogle, *Biblical Foundation for Smail Group Ministry* (Illinois:Inter Varsity Press, 1994), pp.67~68.

51) 박상칠, op. cit., p.185.

리는 당시의 교회 형태가 가정교회였음을 발견한다. 초대교회에서의 평신도들은 목회자와 같이 헌신되어 자기 집에서 신도들을 맡아서 소그룹 사역을 하였다. 가장 좋은 예가 브리스길라와 아굴라이다. 이들을 가리켜 바울은 로마서에 '나의 동역자'라고 말했다(롬 16:3~5). 신약교회의 모습은 도시마다 집집에서 모이는 수많은 가정교회가 있었다.[52] 이들은 적은 인원이 가정에서 모였음을 보여주고 있다.

그러므로 소그룹으로 전형적인 가정을 통한 복음 전도는 초대교회의 역동적인 힘이었다. 초대교회 형태가 가정교회였던 것은 많은 사람들이 한꺼번에 모일 만한 장소가 마땅치 않았기 때문에 필요에 의해서 가정에서 소그룹으로 모였을 것이라고 생각된다. 그러나 초대교회의 뜨거운 사귐과 성령의 능력은 가정교회라는 조직을 통하여 나타났던 것임은 틀림없다. 대부분의 현대 교회에 이러한 뜨거운 사귐과 성령의 코이노니아가 일어나지 않음은 무엇일까? 그것은 전통적인 건물 중심, 예배 중심의 교회를 만들어 가려고 하기 때문이다. 따라서 초대 가정교회의 소그룹 모임은 교회조직 중에서 가장 좋은 형태라고 생각할 수 있다.

이런 의미에서 군 생활관이야말로 초대교회 가정교회의 가장 적합한 모형이 된다. 소그룹의 특징이 얼굴과 얼굴을 대하는 개인접촉과 긴밀한 삶의 만남의 공유라고 한다면 군 생활관이야말로 가장 적합한 가정교회요 얼굴과 얼굴을 대하는 긴밀한 만남이요, 삶을 공유할 수 있는 소그룹 활동의 최적 장소임에는 틀림없다. 초대교회 가정교회에서의 소그룹 활동의 인도자가 평신도 사역자들이었다면 군 병사

---

52) 최영기, 가정교회로 세워지는 평신도목회(서울: 두란노서원, 2003), pp.39~42.

생활관 사역자들이야말로 이 시대의 평신도 소그룹 인도자가 되어야 한다. 물론 부대 사정에 따른 환경은 있을 수 있겠지만 대부분이 병영 생활에서의 생활관 생활의 오후 일정표에 따른 동아리 활동[53]은 매우 유익한 소그룹 활동시간으로 활용할 수가 있다.

라. 일대일 양육을 통한 생활관 사역

(1) 의미와 필요성

일대일 양육의 의미는 요한복음 3장 16절 말씀에서 찾는다. 멸망받아 죽을 수밖에 없는 우리들을 위해서 하나님께서는 독생자를 보내주시므로 예수 그리스도께서 육신을 입고 인간에게 찾아오심과 같이 우리도 내 이웃에게 일 대 일로 찾아가 그리스도의 사랑으로 전하고 도와주고 위로하며 하나님의 말씀으로 양육하는 것이다. 양육자는 피양육자의 형편과 수준에 맞추어 눈높이 교육을 하여야 한다. 즉 피양육자의 수준에 맞추어 하나님이 주신 잠재력을 발견할 수 있도록 도와주며 말씀을 먹이고 가르치며 양육하는 것이다.

그러므로 일대일 양육은 한 사람이 다른 한 사람을 제자 삼아 가르치며 자신의 자원들을 나누는 관계적인 경험이요 가족처럼, 소중한 친구처럼 사랑하고 보살펴 주는 부모님과 같은 희생적인 돌봄으로 뒷받침 해주는 일대일 양육관계이다. 이러한 관계를 멘토링이라고 한다.[54]

밥 빌(Bobb Biehl)은 그의 책에서 "단순히 그리스도인이라는 신분

---

53) 육군본부, <u>병영 생활</u>(육군인쇄창, 2004, 2), p.21.

54) 박 건, <u>멘토링 목회전략</u>(서울: 나침판사, 1999), p.16.

이 그 사람이 위대한 멘토가 될 것임을 보장하지 않는다. 그것은 하나님의 눈에 최소한의 요구 조건인 것"[55]이라고 했다. 일대일 양육은 피양육자가 지닌 잠재력을 이끌어 내어 하나님이 주신 가능성에 이르도록 돕는 것이며 그 관계 속에서 피양육자가 하나님이 주신 잠재력을 발견하도록 도와주는 관계이다. 그런 의미에서 일대일 양육은 의도적인 것이고 또한 지혜와 경험에 근거를 두고 있는 것이며, 한 사람이 다른 한 사람에게 하는 극히 개인적이며 경험적이고 장시간의 인간관계를 중요시하는 관계이다. 따라서 두 사람 사이에 이루어지는 긍정적이고 점진적인 인격교류의 관계로서 모든 베일을 벗고 서로 자신을 솔직하게 진솔하게 드러낸 상태에서 이루어지는 인격적인 교제요 삶을 배우는 양육 양식이다.

그러므로 어렵고 혼란스러운 상황에서는 번뜩이는 지혜를 제공해 주고 방향을 제시해 주는 관계 형성에 초점을 맞추는 관계가 바로 일대일 양육이다. 결국 한 사람이 가지고 있는 지혜를 그가 가진 신용, 경험, 시간과 인간관계를 통해서 다른 한 사람에게 의도적으로 전달하고 도와주는 과정이다. 따라서 양육자가 지닌 잠재력을 이끌어 내어 하나님이 주신 가능성에 이르도록 돕고 그 관계 속에서 피양육자가 하나님이 주신 잠재력을 발견하도록 도와주는 일대일 양육관계이다.

건강한 남자라면 누구나 군 생활을 필해야 하는 것이 우리나라 국방의 현실이다. 그런 현실 속에서 병영 생활이라는 곳은 이들 청년들이 생각한 만큼 정서적으로나 환경적으로 안정을 가져다주지를 못한다. 오히려 명령에 의한 업무와 목표만을 강요받는다. 이들 병사들

---

55) Bobb Biehl, <u>멘토링</u>, 김성웅 역(서울: 도서출판 디모데, 1998), p.97.

에게 주어진 것은 이 목적달성을 위한 오직 복종과 질서만이 요구된다. 이로 인한 인간소외와 비인간화 등은 후임병사들에게는 누군가에게 위탁하고 싶은 마음을 가지게 된다. 이러한 자들에게 다가가는 일대일 양육의 필요성은 군 선교사역에 절실하게 요구되며 하나님을 통한 일대일 양육이야말로 매우 큰 유익을 이들 병사들에게 줄 수 있고 하나님 말씀으로 양육할 수 있는 좋은 기회가 된다.

일대일 양육 사역이 군 병사들에게 주는 유익은 다음과 같다.

첫째, 병영 생활 복무에 대한 유익을 줄 수 있다. 즉 전임 병인 양육자는 피양육자인 후임병에게 자신이 학습과정에서 얻은 지나온 병영 생활의 경험을 군 생활에 적용 유지할 수 있도록 하는 유익을 주게 된다. 이러한 과정은 후임병이 전문적인 수준에 이르기 위해 요구되는 시간과 에너지를 아낄 수 있는 이득을 준다.

둘째, 병영 생활 중의 정서적인 유익을 준다. 양육자는 피양육자보다 군 생활 경험이 많은 사람이다. 그렇기 때문에 양육자를 둔 피양육자는 병영 생활에 있어서 안정감을 누리게 된다. 후임병들은 병영 생활의 힘든 시기를 지날 때 혹은 실패의 쓴 맛을 보았을 때 올바른 병영 생활의 삶을 영위하고 있는 사람의 기도와 인도가 필요하게 된다. 그러므로 양육자는 피양육자를 정서적으로 안정하게 해 주는 구명줄과 같다.

셋째, 병영 생활에서 성장하는 과정으로서의 유익이다. 양육자는 병영 생활을 통하여 후임병들에게 군 생활과 함께 신앙의 성장과 자아의 성장을 도와주게 된다. 또한 일대일 양육은 군 생활의 성장기로 넘어가는 후임병인 피양육자에게 병영 생활의 긍정적인 자아상을 심어준다. 무엇보다도 한 사람을 주님 앞으로 인도하는 것으로는 이것보다 좋은 방법은 없다.

이처럼 일대일 양육은 많은 병사들에게 병영 생활 중 보다 많은 발전적인 유익을 안겨다 준다. 그러므로 일대일 양육은 수많은 양육 사역자들을 위하여 하나님께서 사용하시는 관계이다. 그러므로 일대일 양육 사역은 한국교회와 하나님 나라의 먼 미래를 위해서도 군 병사들을 위한 투자와 배려가 이루어지는 좋은 방법이 된다.

(2) 일대일 양육 프로그램의 목적

① 일대일 양육 사역의 목적은 일대일 신앙양육 사역을 통해서 이루고자 함이다. 그것은 병사들이 문제에서 벗어나 교회와 군 생활관과 병영 생활에서 건강하게 적응하고 성장할 수 있게 하고 교회에 군 병사 일대일 양육 사역자들을 세우면서 교회와 생활관을 연결하고 선교적인 역량의 함양을 목적으로 한다.

② 피양육자인 병사들은 영적 지도자와 일 대 일의 의미 있는 양육 관계를 통하여 첫째, 신앙적인 적절한 역할 모델을 제공받는다. 둘째, 신앙적인 관점과 함께 정서적인 지지를 제공받는다. 셋째, 하나님의 자녀로서 자존감 향상과 교회와 병영 생활에서 적응능력을 증진시키도록 한다. 넷째, 문제병사를 예방하는 것이다.

(3) 군 병사 일대일 양육 적용 프로그램

① 의의: 일대일 양육 프로그램은 교회안의 양육자와 피양육자들이 신앙인으로서 예배와 말씀, 그리고 기도의 능력과 실제 생활에서

의 능력을 키우기 위해서 양육자와 피양육자라는 관계로 예수 그리스도인으로서의 생명력을 가진 사람이 되기 위한 능력을 갖추도록 돕는 프로그램이다.

② 적용 프로그램: 일대일 양육 적용 프로그램은 무엇보다 예배와 기도와 관계성을 통한 성령 사역으로 요약할 수 있다. 생명력 넘치는 예배와 친밀한 관계성 그리고 성령의 역사하심이 오늘의 군 병사들에게 꼭 필요하다. 그리고 또한 군 병사들은 세상과 구별되는 문화를 가지고 있음을 고려해서 교회에서는 군사 문화 선교적 마인드를 가지고 신중하게 접근하고 적용해 나가야 한다.

그러나 모든 프로그램의 핵심원리는 성경에서 찾아야 한다. 교회에서의 사역이란 하나님께서 원하시는 일을 발견하여 순종함으로 실행해 나가는 것임을 명심하여 개발하고 기획해 나간다. 일대일 양육 프로그램을 통하여 피양육자들에게 우선적으로 가르쳐야 할 중요한 사항은 그리스도인으로부터의 바른 습관이다. 그것은 하나님의 말씀에 대한 바른 태도를 길러 주는 것으로서, 어떠한 상황 속에서도 하나님의 말씀에 순종하는 습관을 길러주는 것이 가장 중요한 것이며 이러한 일대일 신앙양육이 바로 군 병사들의 미래를 위한 최선의 투자인 것이다.

③ 적용 프로그램을 통하여 해결할 수 있는 고민들: 첫째, 관계의 문제를 해결할 수 있다. 대다수의 병사들은 교회 내에서조차 소속감을 누리지 못하고 있고 한때 종교 행사 활동 정도로 인식하고 참여하며 이로 인하여 자리를 잡지 못하고 있다. 바로 이러한 병사들을 신앙 양육적 일대일 양육을 통하여 교회 안에 정착시킬 수 있다. 둘

째, 돌봄과 양육의 문제를 해결할 수 있다. 양육적 돌봄으로 잘 정착한 병사들은 병영 생활 속에서 모범이 될 것이며, 또한 교회에서의 신앙생활에 애착을 갖게 된다. 이러한 가운데 피양육자인 군 병사는 자연스럽게 옆의 전우들을 교회로 전도해 오게 될 것이다.

마. 그 밖의 군 생활관 사역 프로그램

교회의 군 생활관 사역 프로그램들의 초점은 군 병사 사역자들이 지적관리 영역, 건강관리 영역, 영적관리 영역에서 탁월함을 유지 발전시키도록 돕는 데에 있다.[56] 다음은 교회가 할 수 있는 군 생활관 사역 프로그램들이다.

첫째, 군 생활관 사역 헌신예배이다. 군 생활관 사역을 통해 군 생활 속에서 사역자로서 헌신한다는 결단의 의미로 하나님께 드리는 예배를 말한다.

둘째, 군 생활관 사역자들을 위한 연속 기도회이다. 군 생활관 사역인으로서의 고민과 어려움을 같이 나누고 모든 교인들과 함께 기도해줌으로써 문제의 영적인 해결을 구한다.

셋째, 성경적 경영 세미나이다. 군 생활관 사역을 위한 성경적인 원리와 방법들을 알려주는 세미나를 목회자는 준비한다.

넷째, 군 사역 네트워킹이다. 교회 안의 많은 군 병사 사역자들 중에서 각자 그들의 사역과 연관되는 소그룹을 구성해 줌으로 신앙생활과 사역 생활의 시너지 효과를 기대한다. 예를 들면, 수송병 선교 팀, 이발병 선교 팀, 운전병 선교 팀, 취사반 운영 선교 팀, PX 운영

---

56) 박호근, Ibid., p.202.

선교 팀 등이 그것이다.

다섯째, 군 병사들을 위한 프로그램이다. 교회는 군 병사들에게 믿음으로 꿈을 꾸고 세상을 향해 도전적으로 나갈 수 있도록 비전 학교, 성경 속의 인물들을 만나는 프로그램, 그리고 위문 프로그램 등을 운영한다.

바. 군 사역자 훈련 대상자 선발

'밤낮 쉬지 않고 눈물로' 각 사람을 돌아보는 사역을 했던(행 20:31) 사도 바울의 희생적인 목회관은 오늘의 모든 교역자들 특히 제자훈련을 실시하고자 하는 교역자들에게는 더욱 모범이 된다. 한 영혼의 귀중성은 한 영혼을 귀하게 여기는 근본정신에서 찾아야 할 것이다. 그러므로 군 사역자 훈련 대상자의 자격은 심사숙고해야 한다.

(1) 군 사역 훈련자의 자격: 첫째, 구원의 확신이 있는 자이다. 군 사역 훈련을 받고자 하는 자는 무엇보다도 영혼 문제를 다루는 그리스도의 제자가 되기 때문에 자신이 먼저 확신 있는 신앙고백을 한 사람이어야 한다.

둘째, 하나님의 일에 헌신하기를 즐거워하는 자이다. 게리 쿤(Gary Kuhne)은 그리스도께 헌신하는 증거는 두 가지 모습으로 나타난다고 했다.[57] 그것은 하나님이 말씀 속에서 명령하신 모든 것을 순종하려는 의지가 있어야 한다. 이것은 삶의 모든 영역에서 하나님의 말씀 그대로를 받아들여 순종하려고 노력하는 것을 뜻한다. 또한 하나님께 우리의 삶을 위한 그분의 완전한 뜻으로 우리를 이끄시도록 기

---

57) Gary Kuhne, <u>새신자 양육에 원동력</u>, 정학봉 역(서울: 요단출판사, 1994), p.27.

꺼이 맡기는 것이다. 이는 하나님의 뜻에 따라 즐겁게 헌신하며 순종하는 자세를 의미한다(롬 12:2). 그러므로 헌신을 즐거워하는 자인가를 확인하여 선발하면 하나님께 기뻐 쓰시는 제자가 될 것이다.

셋째, 말씀을 사모하는 자이다. 하나님의 말씀을 사모하는 자는 말씀 훈련에 빠른 성장을 가져올 수 있으므로 제자의 자격에 합당하다. 말씀을 사모하지 않으므로 말씀의 지식이 부족하게 되면 재생산 양육자가 되었을 때 많은 어려움으로 사역을 감당하기 어렵다. 그러므로 제자가 되려고 하는 자는 말씀을 사모하되 "그러므로 갓난아이들 같이 순전하고 신령한 젖을 사모하는 자"가 되어야 한다(벧전 2:2).

넷째, 주님을 뜨겁게 사랑하는 자이다. 사랑을 받아보지 못한 사람은 남에게 사랑을 줄 수 없다. 마찬가지로 주님의 사랑을 뜨겁게 느끼고, 주님을 뜨겁게 사랑하는 자는 다른 어린 신자들(피양육자)에게도 사랑을 주며, 사랑으로 양육할 수 있기 때문에 주님을 사랑하는 자인가를 확인해야 한다(롬 8:35).

다섯째, 부지런함으로 즐겨 봉사하는 자이다. 스승은 언제나 제자들에게 사표가 되어야 한다. 제자들은 양육자로 훈련되어야 하므로 예수께서 즐겨하시는 봉사 정신을 본받는 자라야 한다. 제자훈련의 자질에 대하여 데빗 왓슨(David Watson)은 "참된 제자훈련자는 다른 그리스도인을 위하여 봉사함으로써 자기의 역량을 최대한으로 발휘할 수 있도록 개발시킨다"[58]고 했다. 섬김의 자세는 예수께서 종된 봉사의 삶의 중요성을 친히 제자들의 발을 씻겨 주시므로 본보기가 되신 것이다(요 13:1~7).

---

58) David Watson, <u>제자도</u>, 문동학 역(서울: 두란노서원, 1996), p.58.

(2) 군 사역자 훈련 대상자 선발: 위의 엄격한 규정에 의하여 엄선된 군 사역자 후보를 선발하여 일정한 프로그램에 의한 훈련을 실시하고 집중적인 훈련을 받게 한다.

사. 군 생활관 사역 기구의 사역 실천방안

(1) 생활관 사역 연구소 설립: 군 생활관 사역 연구소를 설립은 크리스천 군 병사들이 세상 삶의 현장에서 하나님의 나라를 이루어 가도록 군 생활관 사역자와 전도자로 세우는 일을 사명으로 하는 기관이다.

① 사역 목적: 첫째, 병사들이 성경적인 군인관을 갖도록 돕는다. 둘째, 크리스천 병사들이 병영 생활 현장에서 겪는 다양한 문제들에 대한 성경적 해답을 제시해 준다. 셋째, 크리스천 병사들과 비크리스천 병사들과의 병영 생활 문화와 신앙에 기초한 군 생활 윤리를 세우도록 돕는다. 넷째, 군 병사 사역자들이 군 선교의 사명을 감당하도록 돕는다. 다섯째, 어려움을 겪는 병사들을 상담을 통해 도울 수 있는 길을 연구한다.

② 사역 분야: 첫째, 크리스천 군 병사를 돕는다. 둘째, 군 생활관 사역자를 돕는다. 셋째, 군 상담 사역으로 돕는다. 넷째, 평신도 군 생활관 사역자를 훈련한다. 다섯째, 그 밖의 활동으로는 생일 맞은 병사들을 위로하고 축하해주며, 불의의 사고로 입실한 병사들을 위문하며, 제대하는 군인들의 환송예배를 통한 사회 교회 복귀를 강력하게 권면하고 연결해 준다. 또한 새로 교회에 나오는 병사들을 양육자에게 인도하고 상담하여 일 대 일 만남을 통해 그들의 군 생활의 불안을 해소하게 함으로써 그들의 병영 생활을 통한 신앙생활을 돕는다.

③ 기타 사역분야: 이외에도 군 생활관 사역 연구소는 연구 작업을 진행한다. 한국교회의 이슈가 되고 있는 주 5일제 근무에 대해 군 생활에도 여러 변화를 가져오게 되므로 이를 위한 연구와 여러 가지 신학적 자료들을 연구하여 교계에 발표하도록 한다. 특별히 동아리 활동을 통한 소그룹 활동을 통한 제자화 운동의 적극적인 연구가 더욱 필요하다.

(2) 생활관성경 공부모임: 생활관 성경공부 모임은 군 생활관 내의 불신자들에게 복음을 들려주고(딤후 4:2), 생활관의 후임병사들을 하나님의 말씀으로 양육하며(요 21:15), 생활관의 충성된 그리스도인들을 재생산하는 영적 군사로 무장시킴으로써(딤후 2:2~3) 군 생활관 복음화는 물론 우리 세대에 주님의 지상명령(마28:19~20) 성취를 돕고자 모이는 소그룹 제자화 모임이다. 이들은 매주 토요일 오후 3시에서 5시까지 찬양과 간증, 그리고 소그룹 성경공부 모임을 갖게 한다. 이 모임을 통하여 성경공부, 전도방법, 일대일 제자훈련 등을 통하여 그리스도인의 기본적인 삶을 세워주고 군 사역에 대한 이론과 실제 경험으로 무장시켜 장차 군 생활관 사역을 감당할 영적 지도자로 육성하고자 하는 데 있다.[59]

---

59) 박홍일 편저, <u>직장선교의 삶의 현장</u>(서울: 크리스챤 서적, 2000), p.152.

제3절 사역과 훈련의 병행 시스템

사역과 훈련의 병행 시스템은 군 병사 사역자들이 소정의 생활관 사역자 훈련을 받고 사역을 하게 한 후에 계속해서 군 사역자 보충 훈련을 받게 하는 시스템을 말한다. 이는 짧은 군 생활 기간에 가장 효과적인 군 사역을 감당할 수 있는 시스템으로서 군 상황의 특수성을 고려해 볼 때 가장 효과적인 방법이 된다. 이는 이들 군 병사 사역자들의 사역을 통하여 사역하며 훈련받는 시스템으로서 군 사역에 가장 효과적인 방안이 될 것이다.

1. 사역과 훈련의 병행 시스템의 의미

가. 의미

사역 및 훈련 병행 시스템이란 2년이라는 짧은 기간의 군 생활 동안에 소정의 양육과 사역자 훈련을 받고 군 생활관 사역을 하게 한 후에 계속해서 사역자 보충 훈련을 받게 하는 시스템을 말한다. 이 시스템은 사역자 훈련을 받는 동안에도 사역의 조기 투입을 통하여 대대 군인교회의 사역자 부족 현상을 해결하면서 군 병사 훈련 병행 시스템을 통한 생활관 사역의 활성화를 이루어 보고자 하는 것이다.

그러므로 사역과 훈련 병행 시스템이란 사역 훈련을 받으면서 동시에 사역현장에 투입되는 운영과정을 말한다. 즉 통상적으로 평신도가 사역하려면 많은 시간의 제자훈련 과정을 이수한 후에 한다는 관념을 과감히 탈피하고 2년이란 짧은 복무 기간 동안에 사역이 이루어져야 하는 병영 생활환경에서는 사역과 훈련의 병행 시스템이 가장 적합하고 가능한 방법이라고 할 수 있다. 그러면 사역 훈련 병행 시스템에는 어떤 효과가 있는가?

첫째, 생활관 사역의 시기를 앞당기며 사역과 훈련 시기를 병행한다는 것이다. 즉 조기 군 사역지로 투입되는 군 사역자들이 보충 훈련을 전제로 하여 사역의 시기를 앞당기는, 곧 사역하면서 교육 훈련받는 형태이다.

둘째, 사역 후에도 계획된 프로그램에 의하여 필요한 모든 것에 대한 보충 훈련을 계속함으로써 제자훈련을 통한 배움을 병행하므로 오히려 가르침의 경험과 더불어 더 큰 효과를 발휘하게 만든다는 것이다.

셋째, 사역과 훈련의 병행 시스템은 훌륭하게 배우고 연구하는 군 사역자를 만들어 내는 시스템이다. 비록 사역 초기에는 부족한 사역자들일지라도 계속적인 배움의 훈련을 통해서 더욱더 발전된 자세로서 군 생활관 사역에 자신감과 함께 사역의 성과를 나타낼 수 있는 좋은 본보기가 될 수 있다는 것이다.

나. 근거

(1) 성경적인 근거: 누가복음 10장 1절~20에 보면 예수님께서는 70인의 제자를 세우시고 각 동 각처로 둘씩 보내사 병 고침과 전도의 사역을 감당하게 하셨다. 마가복음 9장 14절~29절에 보면 예수님의 제자들이 귀신 들려 벙어리 된 소년을 고치고자 했던 것을 볼 수 있다. 예수님의 사역 기간 내내 제자들은 예수님과 동행케 하시

고 그들에게 사역할 기회를 열어 주셨음을 볼 수 있다. 이와 같이 예수님은 제자들에게 사역 훈련을 시키신 후 즉시 현장에 나가 사역을 하도록 하셨고 그 후에 그들의 사역을 평가하시며 계속적으로 제자들을 다양하게 훈련시키셨음을 알 수 있다.

사도행전 9장 20~22절에서도 보면 다메섹 도상에서 주님을 만나 회심한 바울도 즉시로 각 회당에서 예수님은 하나님의 아들이심을 전파하였다. 그는 수차례에 걸친 전도 여행을 통하여 여러 곳에 수많은 교회를 세우며, 많은 훈련을 받지 않았음에도 불구하고 그곳 평신도들을 지도자로 세운 후에 그들에게 사역을 맡기고 그곳을 떠났음을 성경은 우리에게 보여주고 있다.

그러므로 평신도 사역은 일정 기간 훈련을 받아야 사역을 감당할 수 있는 것은 아니다. 성경에서는 평신도들이 오랜 기간 훈련을 받아야 사역을 할 수 있다고 말씀하지 않는다. 오히려 예수님의 제자들은 주님과 동행하면서 주의 일을 도왔고 바울의 사역에 동참한 많은 그의 제자들도 그의 사역에 동참하여 도왔던 것을 성경은 보여주고 있다.

(2) 신학적인 근거: 성경은 누구든지 예수를 믿어 하나님의 자녀가 된 사람은 다 왕 같은 제사장이요 이 세상을 향하여 구원의 복음을 전파할 사명이 주어진다고 말씀한다. 이 근거가 바로 베드로 전서 2장 9절 말씀이다. 즉 모든 그리스도인은 예수님을 믿고 하나님의 백성으로 거듭난 즉시 다 왕 같은 제사장이요 거룩한 하나님의 백성들로서 다 하나님의 일을 감당할 수 있는 사역자가 되어야 된다는 것이다.

구약에서는 특정한 지파에서 특정한 사람만이 사역자가 되어 하나님의 사역을 담당하였다(출 28:1~5; 민 1:47~54). 그러나 신약 시대에는 예수 믿어 하나님의 자녀가 된 자는 모두가 다 사역자가 될 수 있을 뿐 아니라 모두가 다 사역을 담당하여야 한다는 것이다. 즉 종교 개혁의 근간을 이루고 있는 만인 제사장직에 따르면 모든 평신도는 똑같은 소명자이다.[60] 만인 제사장직은 모든 평신도들이 사역자가 될 수 있을 뿐만 아니라 조기 사역의 가능성을 열어준다.[61]

시저 케스테라노스(Cesar Castellanos) 목사가 이끄는 ICM (International Charismatic Mission) 교회에서는 모든 사람이 셀 리더가 되기 위하여 신속하게 훈련을 받게 하며 이 훈련을 통해서 새신자는 회심한 후 6개월 이내에 셀 리더가 될 수 있게 한 것[62]은 만인 제사장론에 근거한 것이다. 실제로 많은 훈련을 받는 것보다는 실제 사역 현장에서의 사역이 더 많은 것을 배울 수 있다는 사실을 잊어서는 안 된다. 왜냐하면 모든 훈련보다도 더 확실한 방법은 오직 성령의 능력에 의존하는 길이다.[63] 마태복음 16절에서 "나중 된 자로서 먼저 되고 먼저 된 자로서 나중 되리라" 하신 포도원 품꾼들의 비유에서와 같이 주님이 인정하시는 기준은 오랜 시간을 일하고 훈련한 자만이 하나님 앞에 더 많이 인정받은 일꾼이 아님을 우리에게 보여주고 있다. 따라서 지도자의 자격보다 더 중요한 것은 그가 지도자라는 사실[64]을 인식하는 것이다. 즉 하나님 앞에서는 누가 진실

---

60) 옥한홈, 이것이 목회의 본질이다(서울: 국제제자 훈련원, 2004), p.38.
61) 안창천, Ibid., pp.124~125.
62) Joel Comiskey, 지투엘부 이야기, 정진우 역(서울: NCD, 2002), pp.80~81.
63) 안창천, op. cit., p.124.
64) 김점옥, op. cit., p.103.

된 일꾼으로서 인정받느냐 하는 것이다. 우리는 바울과 달리 종종 우리의 특성대로 훈련된 자만이 사역할 수 있다는 생각으로 앞으로 리더가 될 사람들의 목에 교육의 올가미를 씌우고 있다.[65] 그러나 진정한 사역자는 성령 안에서 성령의 능력을 받아 주님께 인정받아 일하는 자들이다.

2. 사역과 훈련의 병행 시스템의 필요성

가. 사역과 훈련의 필요성

우리가 주목해야 할 것은 신자들이 그리스도인이라는 이름을 얻기 전에 먼저 제자라는 이름을 얻었다는 사실이다. 이것은 신자가 제자로서의 자격을 먼저 얻지 못하면 그리스도인이 될 수 없음을 뜻하는 것이다. 그러므로 진정한 그리스도인의 자격은 제자가 되는 것이다.[66]

오늘 교회가 단순히 예수를 믿는다고 고백하면 제자가 되는 것으로 생각하는 것은 잘못된 것이다. 초대교회 신자들을 제자라고 부를 수 있었던 것은 처음부터 그들이 예수를 철저하게 본받고 따르는 사람들이었기 때문이다. 누구든지 예수의 제자가 되려면 복음서를 통하여 자기를 따르라고 명령하신 예수의 인격과 삶을 본받아야 하고 사도행전에서와 같이 제자로 불리던 신자들의 변화된 삶을 경험해야 한다.[67] 그러므로 제자도란 하나의 정의라기보다 실제 생활 속에서

---

65) 안창천, op .cit., p.124.

66) 안재은, 제자 훈련과 교회생활(서울: 총신대학교 목회신학전문대학원, 2004), p.87.

67) Ibid.

구현되는 산 진리인 것이다.[68]

이기춘 교수는 말하기를 "세례는 기독교인의 성숙을 측정하는 데 있어서 최종 단계여서 더 이상의 어떤 계획된 성숙을 지향한 목회적 배려가 결핍되어 있다"[69]고 지적하였다. 그 결과로 평신도 중에는 다른 사람에게 복음을 증거 하며 그를 육성시켜서 제자로 삼는 방법을 아는 이들이 거의 없는 실정이다. 빌리 헨크스(Bille Hanks)는 성적이 좋은 경우에 교회의 목사와 평신도를 합쳐서 5% 미만의 사람들이 복음을 증거 하고 있고 나머지는 복음전도에 동정적인 비무장한 군대들이라고 했다.[70]

그러므로 제자훈련이 안 되었을 때 많은 수의 평신도들이 성취감을 느끼지 못한다. 왜냐하면 그들의 영적 은사가 개발되어 사용되지 않기 때문이다. 따라서 이들 신자들을 교육시키며 그들에게 동기를 부여하여 평신도로서 복음 사역에 동참시키는 일이야말로 가장 큰일이다. 그러므로 그리스도의 지상명령을 수행하는 데 제자훈련의 필요는 긴박한 것이다. 오늘날의 군인교회의 상황도 새로운 용기와 비전을 요청한다. 그리고 전적으로 신약의 철학으로 돌아갈 것을 강하게 촉구하고 있다. 우리는 예수 그리스도의 지상명령을 따라 제자훈련을 실시함으로 모든 군 병사 신자들을 그리스도를 닮은 성숙한 신앙인으로 만들고, 병든 군인교회의 체질을 개선하여 모든 병사들로

---

68) Boys-Smith, "Discipleship", A Dictionary of Christ & the Gospels, ed. J. Hastings(New York: Charles Scribner's Son, 1953), p.459.

69) 이기춘, "한국교회 100년의 목회학적 조명" <u>신학과 세계</u> 가을호(서울: 감리교 신학대학, 1985), p.200.

70) Bille Hanks, William A. Shell, <u>제자도</u>, 주상지 역(서울: 나침판사, 1983), pp.91~92.

하여금 그리스도의 증인이 되게 함으로써 실질적인 군 복음화를 성취시켜야 한다.

특별히 군 사역의 최첨단의 위치에 서 있는 군 병사 사역자들에게 먼저 사역자 훈련의 실시는 필수적 과정이라 하겠다. 예수 그리스도도 그의 사역 가운데서 제자훈련에 시간과 정력을 최대한으로 투자하심과 같이 군 병사들에게 사역자로서의 요건을 갖추기 위한 시간과 정력을 최대한으로 투자함은 아무리 강조해도 부족함이 없을 것이다.

나. 사역과 훈련 병행 시스템의 유익성

(1) 생활관 사역자의 신앙 성장: 사역 및 훈련 병행 시스템적인 사역의 유익성은 무엇보다도 군 병사 사역자 자신의 신앙 성장에 매우 유익하다. 자칫 군 생활 동안에 신앙의 나태함을 방지할 수 있는 기회와 더불어 다른 병사들을 양육하기 위해 스스로 준비하는 과정에서 자신의 신앙의 성장과 더불어 다른 병사를 가르치는 과정에서도 상대방을 통하여서도 많은 것을 배우게 된다. 가장 의미 있는 성장은 내가 성경공부 그룹의 리더로 섬기고 있을 때에 이루어졌다[71]는 말과 같이 남을 가르친다는 것은 자신의 학습 기회가 된다는 것이다. 이 세상에는 완전한 스승이 없다. 그러므로 항상 자신의 부족함을 느끼고 하나님 앞에 겸손한 자세로 주 성령님을 더욱 의지하게 되고 기도로서 많이 준비하게 될 때에 성령께서 함께하심을 입게 되고 주의 은혜를 입을 수 있다.

---

71) Pat J. Sikora, <u>소그룹 성경공부 어떻게 인도할 것인가</u>, 한국소그룹목회연구원 역(서울: 소그룹하우스, 2003), p.41.

결국은 주님의 능력이 아니고서는 소그룹 제자화 사역은 불가능한 것이다. 종종 경험이 풍부한 사역자보다도 풋내기 사역자가 더 영향력을 행사하는 것은 바로 성령께서 역사하시기 때문이다. 그렇기 때문에 군 병사 사역자의 사역과 훈련의 병행에 대한 부당성을 제기해서는 안 된다. 특히 힘든 군 생활 속에서도 사역의 보람을 가지고 헌신하며 수고하는 군 병사들의 헌신은 교회뿐 아니라 사역자 자신의 믿음의 성장의 모습으로 보게 되기도 한다.

(2) 군 사역자 부족의 해결: 전술한 바와 같이 군인교회의 현역 군종 목사는 턱없이 부족하다. 특히 군 선교 단위인 대대교회에 현역 군목과 군종병이 편제되지 않는지는 이미 오래되었다. 따라서 이제는 영적 전쟁터로 변해 버린 군대 사회에서 현역 군종 목회자와 군종병이 없다는 것은 매우 심각한 문제가 아닐 수 없다. 왜 대대교회에 사역자들이 없는 것인가? 그 이유는,

첫째, 현역 군종목사의 절대 부족 때문이다. 현재 군종목사는 전군에 걸쳐 약 280명 이하이다. 이 숫자로서는 각 군의 사단 교회와 같은 상급 군부대 교회에만 배치될 수밖에 없는 인원이다. 그러므로 선교단위 부대인 대대교회를 비롯한 예하부대에 있는 약 700여 교회가 현역 군목들과 군종병들의 편제가 이루어지지 않는다.

둘째, 대대교회의 재정 자립이 이루어지지 않기 때문이다. 지금 군인교회의 목회자 부족은 당연히 민간 목회자로 그 사역을 담당케 하는 것이 순서일 것이다. 그러나 민간 전문 목회자로 담당케 하려면 이에 대한 교회의 재정 자립은 필수적이라고 할 수 있다. 그러나 거

의 병사들만으로 구성되어 있는 대대교회에서의 재정 자립은 기대하기가 어렵다. 설사 대대 최고 지휘관인 대대장이 교회에 출석한다고 할지라도 1~2년의 기간이면 전출 이동할 수밖에 없다.

셋째, 계급 사회의 특성상 부사관들과 그 가족들은 대부분 지역 교회를 섬기고 있다. 그 결과 교회는 지속적인 평신도들로 구성되어 있지를 못하게 된다.

이러한 형편 속에서 대대 군인교회는 몇몇 사명감을 가진 목회자들이 자원하여 사역하는 경우이거나 기존 교회를 섬기는 목회자들이 잠시 잠간 예배만을 인도하거나 은퇴한 일부 목회자들의 헌신으로 사역을 담당하고 있는 형편이다. 또한 목회자가 전혀 없는 예하 전방부대 사역현장에는 한 목회자가 여러 교회를 순회하며 주일 예배를 드릴 수밖에 없는 형편이다. 이러한 목회현장 속에서 제대로 된 양육은 이루어질 수 없게 되는 실정이다.

예수님께서는 마태복음 9장 37절[72] 에서 추수할 것은 많은데 일꾼이 부족하다고 말씀하셨다. 지금 대대교회마다 젊은 영혼들은 몰려오고 있는데 실제로 이들을 제대로 양육할 일꾼과 프로그램이 없다는 것은 실질적인 군 복음화를 위해서는 심각한 문제가 아닐 수 없다. 이로 인하여 주일 예배도 일종의 종교 활동 수준의 범위를 벗어나지 못하게 된다. 그러나 대대 군인교회의 이러한 문제를 해결할 수 있는 대안으로서 소그룹 제자훈련을 통한 평신도 사역으로의 초대교회의 모습으로 되돌아가 보자는 것이다. 곧 평신도들인 군 병사들을 제자 훈련시켜 이들을 통한 생활관 사역의 활성화를 이뤄 보자는 것이다.

---

72) "이에 제자들에게 이르시되 추수할 것은 많되 일꾼은 적으니".

이러한 군 병사 제자훈련을 통한 생활관 사역의 활성화야말로 정체된 개인의 신앙을 깨우치는 데 그치지 않고 그들이 주님의 제자로서의 적극적인 교회 공동체 사역에 참여케 하는 데까지 발전되어 갈 수 있으며 군 복음화의 초석이 될 수 있다는 것이다. 특히 군 특성상 사역과 훈련 병행 시스템으로서의 군 사역자들이 배우면서 사역 현장에 투입하게 되므로 사역자 배출 시기가 앞당겨지고 사역자 부족의 문제까지도 해결될 수 있게 된다. 모쪼록 군 병사 사역을 통해서 초대교회의 평신도 사역자들을 통한 풀뿌리교회와 같은 가정교회의 부흥의 역사가 한국 군인교회에도 일어나기를 기대해 본다.

(3) 생활관 사역의 활성화: 사역과 훈련의 병행 시스템은 디모데후서 2장 2절의 말씀[73]과 같이 배가 훈련 비전의 길이 되기도 한다. 사역과 훈련의 병행 시스템은 제자훈련의 재생산의 활성화를 앞당길 수 있다. 그러므로 군 병사 제자훈련은 그들을 사역자로 세우고 그들을 통하여 생활관 사역의 활성화를 기하며 이로 인하여 군 복음화 활성화 방안으로서 매우 성경적인 방법이 된다.

그러므로 군 생활관 사역의 활성화를 이룩하기 위해서도 무엇보다도 2년이라는 짧은 복무 기간 안에 군 병사 사역자를 배출하여 그들로 하여금 사역에 헌신하게 하는 일이다. 따라서 사역과 훈련의 병행 시스템을 통한 사역자들의 조기 투입은 그만큼 교회 안에 군 사역자들이 많아지고 이로 인하여 군 병사 사역의 활성화가 이루어져서 군 복음화의 길이 앞당겨지게 되는 길이 된다는 것이다.

---

73) "또 네가 많은 증인 앞에서 내게 들은 바를 충성된 사람들에게 부탁하라 저희가 또 다른 사람들을 가르칠 수 있으리라".

특별히 군에 들어와 예수님을 영접한 군 병사들이 그 뜨거운 예수님의 첫사랑을 체험하고 훈련받아 짧은 기간 안에 사역자가 되어 또 다른 병사들을 가르칠 때에 그 선교적 파급효과는 말할 수 없이 크게 되고 이로 인한 생활관 사역의 활성화 운동은 배가될 것이다.

3. 사역과 훈련의 병행 시스템의 실제

가. 군 사역자 보충 훈련의 필요성

상술한 바와 같이 군 사역자가 소정의 양육과 훈련 과정을 거쳐 사역자가 되는 것은 필수적이다. 그러나 군 병사 사역자도 사역 과정에서도 계속해서 보충 훈련을 받아야 한다. 왜냐하면 군 병사 사역자는 보충 훈련을 전제로 먼저 사역을 하기 때문이다. 그러나 보충 훈련은 단지 부족한 것을 보충하기 위해서만 필요한 것은 아니다. 무엇보다도 군 생활관 사역에 대한 지속적인 동기 부여가 필요하기 때문이다. 군 생활관 사역자가 사역을 하다 보면 근무와 겹친 여러 가지 사정으로 인하여 어려움을 만나거나 시험을 만나 낙심할 때도 좌절을 맛볼 수도 있고, 또한 악마의 공격을 받아 침체의 늪에 빠질 수도 있다. 이때 보충 훈련을 통하여 말씀과 기도로서 다시 군 사역의 비전을 가지게 되고 성령 안에서 군 사역의 방향을 향한 재충전의 계기가 마련될 뿐만 아니라 새 힘을 얻어 계속적으로 사역에 집중할 수 있고 자신감을 회복할 수 있게 된다.

그러므로 군 사역자들에게 보충 훈련은 필수적이다. 특별히 군 병사 사역자들이 사역 중 보충 훈련을 받으면 말씀 중심의 만족감과 사명감 그리고 자신감을 회복하게 되어 이전보다 더욱더 적극적으로 사역을 감당할 수 있게 된다.

나. 군 사역자 보충 훈련 프로그램

군 사역자 보충 훈련 프로그램은 군 생활관 사역자가 사역을 시작한 후 보충되는 훈련 과정을 말하며 다음과 같은 내용으로 진행한다.

(1) 말씀 훈련: 요한복음 1장 1절[74]의 말씀과 같이 기록된 모든 말씀은 하나님의 말씀이요 예수님은 하나님과 태초부터 함께 계셨으며 만물을 창조하실 때도 함께하신 말씀 그 자체이시다. 예수께서 공생에 기간 동안 하신 모든 사역이 다 하나님에 말씀으로 역사 하셨던 사실은 참으로 놀라운 일이다. 이 하나님의 말씀은 구원의 말씀이요 영생의 약속이 있고 하나님의 사람으로 하여금 온전케 하는 (딤후 3:17) 능력이 있다. 사도 바울이 하나님의 말씀에 붙잡혀(행 18:5) 사명을 다하게 된 것도 하나님의 말씀의 능력이 있기 때문이다. 따라서 하나님의 사역을 감당하려면 하나님의 말씀으로 충만해져야 한다. 그러므로 예수 그리스도의 제자가 되고 하나님이 맡겨주신 군 사역자로서 사명을 감당하고자 하는 군 병사 사역자들은 제일 먼저 말씀에 붙잡혀야 하며 말씀에 붙잡히기 위해서는 말씀 훈련을 철저하게 받아야 한다.

(2) 기도 훈련을 통한 성령체험: 기도는 성도들의 영혼의 호흡이다. 기도는 성도가 하나님과 교제하는 유일한 길이다. 그러므로 예수

---

74) "태초에 말씀이 계시니라 이 말씀이 하나님과 함께 계셨으니 이 말씀은 곧 하나님이시니라".

께서도 기도하시는 일을 소홀히 하지 않으셨고 귀신을 쫓아내지 못했던 제자들이 예수님께 묻는 말씀에도 "기도 외에 다른 것으로는 이런 유가 나갈 수 없느니라"(막 9:29)고 답변하셨다.

주님이 기도하실 때에 모든 병든 자들이 고침을 받았고 죽은 나사로도 기도하심으로 살리셨다(요 11:41~44). 예수님께서는 말씀 사역을 하시는 중에도 항상 기도하셨고 마지막 십자가상에서 운명하시는 순간까지 기도하셨기 때문에(눅 23:34) 예수 그리스도의 제자가 되려는 군 사역자들은 말씀 훈련 못지않게 기도 훈련을 해야 한다. 이를 위하여 기도에 관한 지식들을 공부하고 실제적으로 기도하는 훈련을 해야 한다. 특별히 아직 경험하지 못한 기도의 세계를 소개하고 그런 기도에 동참하고 도전하도록 한다. 이 과정에서 크게 다루는 기도는 통성기도, 방언기도, 금식기도이다. 성경은 방언으로 기도하는 것을 금하지 말라고 명하고 있고(고전 14:39), 소리 내어 부르짖어 기도하라고 명하고 있으며(렘 33:3), 절박할 때에는 금식하며 기도하라(삼하 12:21~23; 막 2:18~20)고 명령하고 있다. 또한 소그룹에서 기도회를 어떻게 인도하는지를 훈련하여 목장 등 소그룹에서 리더로 사역하는 데 부족함이 없게 한다.[75] 이렇게 부르짖어 기도하는 가운데 성령을 체험하게 하여 능력 있는 사역자가 되게 하는 것이 목적이다.

(3) 인격 훈련: 성도의 생활은 예수 그리스도를 닮아가는 삶이다. 그러므로 예수 그리스도를 닮아가는 생활 훈련을 해야 한다. 성도의 생활 훈련에는 "믿음에 덕을 덕에 지식을 지식에 절제를 절제에 인내를 인내에 경건을 경건에 형제 우애를 형제 우애에 사랑을 공급하

---

75) 안창천, op. cit., p.132.

라"(벧후 1:5~7)고 성경은 증거 한다. 말씀 훈련과 기도 훈련을 하나님과 인간관계에서 종적인 '신뢰'를 구축하는 훈련이라 한다면 생활 훈련은 인간과 인간과의 관계에서 형성된 횡적으로 실현하는 훈련이다. 이 인격을 통하여 예수 그리스도의 겸손을 배우게 되는 것이다. 이 인격 훈련은 나의 교만을 깨닫게 하고 겸손한 마음을 갖게 하는 훈련 프로그램이다.

성경 전체를 통하여 교만하기 때문에 망한 사람들과 그리스도의 인격과 겸손함으로 은혜를 입은 자들을 각각 소개하여 스스로 겸손한 길을 걸어야 할 것을 선택하도록 한다. 특히 군 사역자가 가르치는 사역을 하다 보면 자신도 모르게 교만함을 받기 쉽고 더욱이 잘 가르친다는 말을 들으면 교만한 마음을 갖게 될 수 있다. 겸손 훈련 과정을 통하여 겸손히 주님을 섬기는 모습을 되찾게 되며 인격 훈련을 반복하여 그리스도의 인격을 닮아가게 된다.

(4) 재생산을 위한 기술습득 훈련: 예수 그리스도를 따르는 제자가 자기 한 사람의 믿음 생활만 만족해 있다면 이 땅 위에 그리스도의 몸을 세워 가는 데 재생산의 사역이 불가능하게 된다. 재생산하는 제자들이 일어날 때 그리스도의 몸 된 교회가 날로 세워져 가며 "땅 끝까지 이르러 복음을 전파하라"고 말씀하신 주님의 명령이 이루어진다. 재생산 사역 훈련을 위해서는 첫째, 전도 방법 훈련을 해야 한다. 둘째, 중생하여 믿음의 생활로 인도하는 법을 훈련받아야 한다. 셋째, 양육하여 성장하도록 양육법을 훈련받아야 한다. 넷째, 제자로 세움을 받는 훈련을 받아야 한다. 이와 같이 제자훈련은 말씀 훈련과 기도 훈련, 생활 훈련, 재생산을 위한 훈련이 구체적으로

훈련 내용이 되어야 한다.

(5) 일대일 양육을 통한 배가 훈련: 일대일 양육을 통한 배가 훈련이다. 일대일 양육이란 한 사람이 다른 한 사람에게 일정한 관계에 의하여 장단기적으로 혹은 정규적 비정규적으로 개인적인 영향을 끼치는 모든 과정[76]이라고 한다면 한 사람이 다른 한 사람에게 예수께서 하나님이시지만 죄인을 구원하시기 위하여 인간으로 우리를 찾아오신 것과 같이 일대일 양육을 통한 양육을 피양육자에게 맞추어서 양육하며 돌보는 것이다. 전술한 바와 같이 군에 처음 들어온 후임신병들은 병영 생활이라는 낯선 환경에 모든 것이 불안하며 초조할 수밖에 없다. 이러한 후임신병들에게 그리스도의 사랑으로 다가가 군 생활의 어려움을 돌보아 주고 위로하며 상담하여 주고 그리스도의 형제로서 이끌어가는 일이 일대일 배가 운동 훈련인 것이다. 특별히 군이라는 특수상황하에 있는 군 생활에서의 일대일 양육을 통한 전도와 배가 훈련은 매우 효과적인 방법이 된다.

(6) 기초 상담 훈련: 예수를 믿어 하나님의 자녀가 되었지만 마음의 상처가 치유되지 않아 열등감 속에서 신앙생활을 하는 병사들이 많이 있다. 이러한 병사들에게 이 훈련을 통하여 그들의 내적 상처를 치유받을 뿐만 아니라 병영 생활의 병사들 간의 관계 속에서의 문제점을 해결함으로 건강한 병영 생활과 그리스도인이 되게 한다. 특히 군 사역을 하다 보면 필수적으로 상담해야 할 경우가 발생하게 된다. 이런 상황 속에서 어떻게 효과적으로 상담할 수 있는지에 대

---

76) 박 건, op. cit., p.14.

한 기초적인 지식을 제공하고 훈련한다.

(7) 소그룹 인도 훈련: 앞 절에서도 언급한 바와 같이 군 사역자들은 생활관 사역을 주로 인도하는 군 병사 사역자들이다. 생활관 사역자들은 생활관에서 소그룹을 이끌어 나기기 위한 리더의 자리에 있기 때문에 소그룹과의 만남은 필수적이다. 그러므로 이들에게 제자훈련을 통한 성경공부와 일대일 양육을 통한 제자 양육, 그리고 소그룹을 이끌 수 있는 리더로서의 역할에 대한 훈련은 필수적이다. 그렇게 때문에 군 병사 사역자는 반드시 소그룹 인도법에 대하여 배워야 한다. 이 과정은 소그룹 운영 기술, 소그룹 성경공부 인도법에 의하여 집중적인 훈련을 받는다.

제4절 생활관 사역자의 특수학습 훈련

군 생활관 사역자 특수훈련이란 집중학습과 반복학습 및 실습 훈련을 통하여 생활관 사역자를 훈련하는 방법이다. 특수 학습 훈련을 받으면 계급 학력에 상관없이 생활관 사역자가 될 수 있다. 본 절에서는 생활관 사역자를 세우는 데 매우 효과적인 방법으로 입증된 세 가지 훈련 방법을 소개한다.

1. 사역자의 집중 학습 훈련

본 연구에서의 집중 학습 훈련의 의미는 한 가지 주제를 집중적으로 군 사역자에게 가르치는 것을 말하며 이에 대하여 논하고자 한다. 그러면 군 사역자들에게 집중적으로 가르쳐야 할 한 가지 주제란 무엇인가? '예수께서 그리스도이시다'라는 것이다. 즉 예수께서 온 세상의 구원자가 되신다는 이 사실을 집중적으로 가르쳐야 한다.

오늘날 모든 교회가 무엇보다도 중요하게 그리고 집중적으로 가르쳐야 할 내용은 '예수께서 그리스도'라는 것이다. 왜냐하면 교회는 이 신앙고백 위에 세워졌기 때문이다.[77] 특별히 군 사역자들에게도 이것을 집중적으로 학습 훈련시켜서 군 병사 사역자 자신이 먼저 예수께서 구원자라는 사실을 철저히 믿고 또 삶 속에서 집중적으로 이를 누리게 해야 한다. "저희가 날마다 성전에 있든지 집에 있든지 예수는 그리스도라 가르치기와 전도하기를 쉬지 아니 하니라"(행 5:42) 함과 같이 예수님의 제자들과 초대교회 성도들은 '예수께서 그리스도'라는 이 한 가지 주제에 집중해서 증거 하며 가르치고 전도하였다.

그러므로 교회가 무엇보다도 중요하게 집중적으로 가르쳐야 할 내용은 '예수는 그리스도'라는 것이다. 특별히 군 병사 사역자들에게 이것을 집중적으로 학습 훈련시켜서 사역자 자신이 먼저 예수는 구원자라는 이 사실을 철저히 믿고 또 삶 속에서 군 사역 속에서 증거 하도록 해야 한다.

---

77) 마 16:16 "시몬베드로가 대답하여 가로되 주는 그리스도시오 살아계신 하나님의 아들이시니이다".

가. 집중 훈련학습의 의의

베드로는 오순절이 예언의 종말적 성취를 지적한 후 곧 그리스도에게 초점을 돌렸다. 베드로는 '예수'는 다른 사람이 아니라 바로 나사렛 동네에서 실제로 생존했던 인물임을 강조했다. 베드로는 구약의 예언이 어떻게 나사렛 예수 안에서 성취되었는지를 기회 있을 때마다 역설하였는데 그는 예수님의 죽음과 부활은 구속 역사를 성취시키는 가장 결정적 사건임을 강조하였다. 오순절 날 설교에서도 구원을 받으라(행 2:40)는 결단을 호소하기 전에 예수 그리스도가 하나님의 아들이시며, 그의 죽음과 부활과 승천의 사역을 먼저 설교하고 앞에서 설교한 "예수 그리스도의 이름으로 세례를 받고 죄 사함을 얻고 …… 구원을 받으라"(행 2:38-40)고 전했던 것에 우리는 주목해야 한다.

바울이 강조한 구원관은 오직 예수 그리스도로 말미암은 하나님의 은혜로만 구원을 얻는다는 것인데 베드로와 이 점에서 그 견해를 일치했던 것이다. 초대교회는 '예수께서 그리스도'이시다고 하는 이 한 가지 주제에 집중하여 평신도들을 훈련시켰다. 초대교회가 예수께서 그리스도이심을 집중적으로 가르친 몇 가지 중요한 학습이유가 있다.

첫째, 예수께서 구원자가 되심을 집중적으로 선포하는 일이 교회의 본질적인 사명이기 때문이다(행 4:12). 어떻게 초대교회의 성도들은 혹독한 환난과 시험 중에서도 기쁨으로 주님을 섬기고 예수님을 위하여 죽기까지 순종하게 되었는가? 그것은 그들이 날마다 예수께서 그리스도가 구원자 되심을 분명하게 믿고 고백하고 그 이름을 위하여 죽기까지 선포하였기 때문이다.

이와 같이 군인교회에서도 예수께서 구원자 되심이 집중적으로 선포될 때에 군 병사들은 병영 생활 속에서 예수님의 구원을 경험하게 되는 것이다. 왜냐하면 예수님께서는 그분을 구원자로 믿고 순종하는 자들에게 그 삶 속에서 구원을 베풀어 주시며 역사하시는 분이시기 때문이다.

둘째, 예수는 그리스도라 가르치기와 전도하는 일이 교회의 본질적인 사명이기 때문이다(행 5:42). 그러므로 무엇보다도 예수께서 구원자가 되심을 가르치고 전하는 것이 교회의 가장 중요한 핵심이 되며 이것보다 더 중요한 것은 없다. 그러므로 예수께서 그리스도이심을 믿지 않는 자는 구원을 받을 수 없다.[78] 예수님만이 우리를 죄와 사망에서 해방시켜 주실 구원자로서 이를 성취하시기 위해서 이 땅에 오신 이 사실을 교회는 날마다 가르치고 전해야 한다.

예수께서 이 땅에 오셔서 일생 동안 하신 일이 곧 자신이 하나님의 아들이시며 구원의 유일한 길임을 전하신 일이었다(요 14:6).[79] 예수께서는 베드로가 "주는 그리스도요 살아계신 하나님의 아들이라"(마 16:16)고 고백을 했을 때 그토록 기뻐하셨던 이유는 예수께서 그리스도이심을 아는 이 사실보다 더 중요한 것이 없기 때문이다.

지금 군대 사회는 종교 다원적인 곳이다. 그래서 이 예수님만이 구원자라고 주장하기가 어려운 환경이기도 하다. 그러나 예수는 그리스도를 전하고 증거 하는 것이 교회의 본질적인 사명이기에 군인 교회는 집중적으로 예수님만이 그리스도이심을 가르치고 전해야 한

---

78) "다른 이로서는 구원을 얻을 수 없나니 천하 구원을 얻을 만한 다른 이름을 우리에게 주신 일이 없음이니라 하였더라"(행 4:12).
79) "예수께서 가라사대 내가 곧 길이요 진리요 생명이니 나로 말미암지 않고는 아버지께로 올 자가 없느니라".

다. 이를 위한 믿음의 사역자들의 지혜와 용기가 필요하다.

셋째, '예수께서 그리스도'임을 집중적으로 학습 훈련시키는 곳이 교회의 본질적인 사명이기 때문이다. 한 가지 주제에 집중적인 교육과 훈련을 받으면 전문가 된다. 초대교회의 성도들이 나가서 그토록 복음을 잘 증거 할 수 있었던 것은 성전에 있든지 집에 있든지 날마다 예수께서 그리스도이신 이 한 가지를 집중적으로 배우고 훈련받았기 때문이다. 예수님의 제자로 선택된 자들은 대부분 보잘것없는 자들이었다.[80] 그러나 주님은 이러한 단순한 사람들 안에서 하나님의 나라를 위한 지도력의 잠재력을 보신 것이다. 베드로와 그 제자들은 단지 무식하고 거친 어부이었지마는 그가 성경을 인용하여 사람들을 압도하고 가장 적절하게 말씀을 사용할 수 있었던 것은 주님께로부터 예수님은 그리스도이심을 집중적으로 배웠기 때문이다. 또한 부활하신 후 승천하실 때까지 예수님께로부터 예수님에 대한 성경 말씀을 집중적으로 가르침을 받았기 때문이다(눅 24:27,32,44; 행 1:3).[81]

오늘날에도 군인교회는 대량 양육을 위한 프로그램보다 소수의 병사들에게 시간과 관심을 집중하여 예수그리스도는 구원자이심을 집중 학습 훈련하여 봉사의 일을 할 훈련된 제자를 양육해야 할 것이다.

나. 실제적인 집중 학습 훈련 방법

첫째, '예수께서 그리스도'이심을 집중적으로 학습 훈련하고 고백하게 한다. 예수라는 명칭은 가브리엘 천사가 예수님이 잉태되시기

---

80) Robert E. Coleman, 주님의 전도계획, 홍성철 역(서울: 생명의 말씀사, 1987), pp.22~23.

81) Tom Houston, 그들은 평신도였다, 우수현 역(서울: 교회성장연구소, 2003), p.43.

직전에 요셉과 마리아에게 전달한 이름이다(마 1:21; 눅 1:31). 이 명칭은 자기 백성 곧 택한 백성을 죄에서 구원하신다는 뜻이다(마 1:21). 우리는 예수님이라는 이 명칭만으로도 예수님의 가장 중요한 임무는 죄인들을 구원하는 구속사역(works of redemption)이라는 사실을 깨닫게 한다. 그러므로 무엇보다도 예수가 그리스도인 것을 집중적으로 가르쳐 주어야 한다. 따라서 '예수'는 개인의 이름이고 '그리스도'는 직분으로 예수 그리스도란 '예수께서 그리스도이시다'라고 설명한다. 초대교회 성도들이 어떻게 예수를 그리스도라고 고백하게 되었는지를 집중적으로 설명한다.

또한 예수님의 제자들이 어떻게 어디를 가나 '예수께서 그리스도'이시라는 것을 증거 하게 된 내용을 성경말씀을 통하여 집중적으로 학습 훈련하여 예수께서 그리스도 되심을 온전히 깨닫게 하고 철저히 믿게 한다.

둘째, 지속적이고 집중적인 성경공부를 통하여 구원의 확신을 갖게 한다. 즉 모든 제자 양육 성경공부 과정에서 모든 초점을 '구원의 확신' 위에 세운다. 구원의 확신을 갖는다는 것은 예수께서 자신의 죄를 위하여 대신 돌아가심으로 죄와 사망의 법에서 해방되었음을 확신하는 것이다(롬 8:2). 그러므로 모든 믿음은 예수 그리스도로 인한 구원의 확신 위에 세워져야 한다. 왜냐하면 이 구원의 확신을 온전히 믿을 때에 실질적인 군 생활의 여러 가지 어려운 문제로부터 구원의 해결을 믿을 수 있을 뿐만 아니라 장차 이 믿음으로 인하여 천국까지 인도하신다는 확신을 가질 수 있기 때문이다.

셋째, 집중적인 기도와 응답을 통하여 군 병사들로 하여금 예수께서 그리스도이심을 실제적으로 체험하게 한다. 구원에는 3가지 구원이 있다. 첫 번째 구원이 성취된 구원이다. 이는 우리가 죄를 회개하고 예수 믿는 그 순간 거듭남으로 중생으로 말미암는 것이다(요 3:3). 성취된 구원의 내용은 정죄하에 있는 인간들로 하여금 그 자신이 죗값의 지불 없이 그리고 어떤 선행이나 공로 없이 정죄의 신분에서 벗어나 의의 신분 곧 하나님의 자녀 되는 신분을 얻을 수 있게 되었으니 그것이 곧 믿음으로 말미암아 의롭다 칭함을 받고(롬 3:30), 하나님의 자녀가 되는 권세를 받는 일이다(요1:12).

두 번째 구원이 현재 진행 중인 구원이다. 정죄 아래에 놓여 있는 인간들이 죄를 낙으로 알고 범하는 친죄 성향(親罪性向)이 중생에서부터 바꾸어진다. 즉 죄와 허물로 죽은 심령에 중생의 역사를 일으키는 성령은 그 심령 속에 새로운 성향을 심어준다. 이것이 곧 성령의 소욕이다(갈5:17). 이 성령의 소욕은 죄를 미워하게 만들고(잠 8::7), 지은 죄를 애통하게 만든다(마5:4). 그러나 이런 성향의 변화는 중생에서 시작되나 결코 현세에서 완성되지는 않는다. 사도 바울은 이 두 가지 성향이 계속적인 싸움을 하고 있음을 자신의 체험을 통하여 우리에게 가르치고 있다(롬7:17-25). 성령께서는 신자로 하여금 신앙의 회개를 통하여 이 친죄(親罪) 성향에 대항하여 계속적인 싸움을 하게 하시는데 이것을 성화(聖化)의 과정이라고 한다. 이 싸움은 중생에서 시작하여 죽을 때까지 계속된다. 이와 같이 한번 구원받은 사람은 끊임없이 죄와 싸워야 되고 날마다 죄를 고백하며 거룩한 생활을 위하여 노력해서 얻어야 된다. 그러므로 구원은 성화의 과정이며 이는 중생에서 시작하여 계속 진행 중이므로 현재 진행

중인 구원이라고 말한다.

세 번째 구원이 미래에 이루어질 구원의 내용들이다. 이는 육체적 사망으로부터의 구원 곧 부활이다. 지금의 육체는 썩을 것이나 썩지 아니할 것으로 살 것이며(고전15:53) 육의 몸이 신령한 것으로 다시 살 것이다(고전15:53). 부활의 시기는 마지막 나팔의 때이고(고전 15:51) 이 세상 마지막 날이며(요6:39, 11:24) 그리스도의 재림의 때이다(살전4:16~17). 그러므로 이 구원은 미래에 이루어질 것이다. 그런데 기도를 통하여 현재적으로 예수님의 구원을 경험하지 못하면 자신이 이미 구원을 받았는지 그리고 장차 구원을 받게 될 것인지에 대한 확신을 가질 수 없다. 즉 구원받은 성도들이 기도의 응답을 통하여 예수께서 구원자가 되심을 경험할 때에 자신이 구원받아 하나님의 자녀가 된 것을 깨닫게 되고, 장차 천국에 들어간다는 큰 확신도 가지게 되는 것이다.

따라서 군 사역자는 모든 제자 양육과 집중적인 기도의 훈련을 통해서 예수께서 구원자가 되심을 깨닫게 해야 한다. 예수께서 죄에서 내 영혼의 구원뿐 아니라 육신의 문제도 구원해 주시는 그리스도이심을 체험할 때 굳건한 믿음 안에서 어떤 시련이 와도 승리할 수 있게 된다.

2. 군 사역자의 반복 학습 훈련

본 항에서는 군 생활관 사역자의 반복 학습 훈련의 의미를 간단히 설명하면서 반복 학습 훈련의 필요성과 실제적인 반복 학습 훈련을 논하고자 한다.

가. 군 사역자 반복 학습 훈련의 의의

유대인들은 학문하는 것을 '미쉬나'라고 말한다. '미쉬나'란 반복 복창을 뜻하는 말이다. 눈으로 읽고 입으로 외우고 귀로 듣는 작업을 몇 번이고 되풀이하는 동안 텍스트를 전부 암독하게 한다. 그 집요함 끈덕짐은 유대인 전체에게 공통된 성격이다.[82] 그러므로 반복은 배움의 어머니라는 말은 유대 교육의 모토이다.[83] 유대 전승민요를 보더라도 유대인들은 끊임없이 생각하고 말하였음을 알 수 있다. "이스라엘아 들으라"로 시작되는 이른바 율법 쉐마도 구전의 전수였으며(신 6:4~9).[84] 부모들은 자녀들에게 하나님 말씀의 반복 학습 훈련이었다.

성경도 반복 학습 훈련을 강조하고 있다. 똑같은 사례가 계속해서 반복되는 것만 보아도 그러함을 알 수 있다.[85] 예를 들면 예수께서 베드로의 신앙고백을 들으신 후 자신이 예루살렘에 올라가 장로들과 대제사장들과 서기관들에게 많은 고난을 받고 죽임을 당하고 제삼 일에 살아나야 할 것을 제자들에게 말씀하셨는데(마 16:21), 예수님은 이런 사실을 3차례나 반복하여 말씀하셨다(마 17:2~23; 20:17~19).[86]

초대교회는 이 비밀을 알고 있었기 때문에 "날마다 성전에 있든지 집에 있든지 예수는 그리스도라 가르치기와 전도하기를 쉬지 아니"

---

82) 데지마유로, <u>유대인의 의식구조</u>(서울: 맥밀란, 1984), p.89.

83) 김님칠, <u>유대인의 신상교육</u>(서울: 국제문화, 1998), p.101.

84) 이종원, "예수님과 유대인의 교육연구를 통한 현대기독교 교육에 관한 연구"
　　(코헨신학대학 박사학위논문, 1997), p.49.

85) 옥한흠, op. cit., p.73.

86) 안창천, Ibid., p.141.

하고 가르쳤다(행 5:42). 여기 날마다 가르쳤다는 말은 날마다 반복적으로 가르쳤다는 의미이다. 초대교회에 빌립이나 스테반과 같은 능력 있는 평신도 사역자들이 나타났던 이유는 이와 같이 반복해서 양육하며 학습 훈련했기 때문이다. 반복 학습 훈련은 하나님께서 그분의 자녀들을 훈련하시는 데 사용하시는 매우 효과적인 교수 방법 중의 하나이다.[87] 그러므로 교회는 하나님의 말씀은 계속적인 반복 학습 훈련을 통해서 가르쳐야 한다.

그 이유는 첫째, 반복 학습을 통하여 배운 것을 암기하며 말씀을 자신의 것으로 만들기 때문이다. 우리나라 전통교육도 서당에서 천자문을 앞에 놓고 끝없이 반복적으로 읽고 암송하게 하는 반복 학습 훈련 방법이었다. 이황 퇴계도 반복 훈련의 중요성을 이미 깨닫고 있었다. 퇴계는 독서하는 방법에 대하여 반복해서 읽을 것을 강조하였다.[88] 즉 반복 학습을 통하여 공부한 것을 암송하고 깨달아 자신의 것으로 만들 수 있다는 것이다.

박봉규는 독일의 인지 심리학자 에빙하우스(Ebbinhaus)의 망각곡선이론을 인용하여 보통 사람은 암기 후 30분이 지나면 50%를 망각하고 한 시간 후면 58%를 망각하고, 24시간 후면 67%를 망각하고 48시간 후면 85~90%를 망각하지만 한 문장을 여덟 번 소리 내서 외우기를 3일을 계속하면 80~90%는 기억할 수 있다[89]고 주장한다. Stephen R. Covey는 "개인 및 대인 관계 혹은 조직을 근본적으로 변혁시키기 위해서는 원칙이 지속적으로 적용되고 습관화가 되어야

---

87) Ibid.

88) 退溪全書(4), 言行錄, 券 1, 讀書(서울: 성균관대학교 대동문화연구원, 1985), p.172.

89) 박봉규, "공부 잘하는 방법 이렇게 가르치라"(월간목회, 2003년 6월호), p.318.

한다"[90]고 하였다. 톰 하우스톤(Tom Houstone)은 "6주는 대개 습관을 변화시키는 데 걸리는 시간이다. 새해 결심을 지키고자 한다면 2월 중순까지는 중단 없이 계속해서 실천해야 한다"[91]고 강조하고 있다. 예수님께서도 마귀에게 시험을 받으셨을 때에 승리할 수 있었던 것은(마 4:1~11) 유대 가정의 전통에 의한 반복 암송 훈련을 통한 하나님의 말씀을 마음에 새겨 두었다가 마귀에게 시험을 받으실 때에 말씀으로 물리치신 것이다. 그렇기 때문에 반복해서 공부하다 보면 자기도 모르는 사이에 심비에 각인되고 자신의 것을 만들 수 있다[92]는 것이다. 그러므로 군 사역자 훈련 시에 배운 말씀을 적용하기 위해서는 반복 학습 훈련을 시켜야 함은 필수적이다.

둘째, 반복 학습 훈련은 군 사역자를 바로 세우는 좋은 방법이 된다. 명사수는 끊임없는 반복적인 사격연습을 통하여 어떤 상황 어떤 위치에서도 목표물을 명중할 수가 있다. 끊임없이 반복되는 군사 훈련은 단 한번의 전쟁에 승리하기 위함이다. 이와 같이 목표에 성공하는 사람들은 반드시 자신이 하는 일에 대한 목표를 위하여 끊임없는 반복 훈련을 계속한 사람들이다. 소그룹 사역을 통한 제자훈련이 추구하는 목표가 모든 신자들을 사역자로 세우는 일이라고 할 때에 (엡 4:11~14), 이들 병사들을 군 사역자로 세우려고 한다면 끊임없는 반복 학습 훈련을 통해서 이들에게 새로운 에너지를 충전시켜 주는 일이 무엇보다도 중요하다. 배운다는 것은 곧 가르치고자 하는

---

90) Stephen R. Covey, 원칙 중심의 리더십, 김경섭, 박창규 역(서울: 김영사, 2001), p.25.

91) Ibid., p.16.

92) 조은태, 기적을 창조하는 학습법(서울: 타문화권목회연구원, 1997), p.347.

새 목표를 바라보게 해준다는 것이고 교육의 새 비전을 가지게 해주는 것이다. 그리고 가르쳐야 할 내용들을 반복 훈련하면 제자화할 수 있는 양육 전문가가 된다. 왜냐하면 반복 학습 훈련을 통하여 말씀이 자기 것으로 만들어지기 때문에 무엇보다도 자신감을 가지고 가르칠 수 있는 힘이 생기는 것이다. 그러므로 반복 훈련은 군 사역자를 바로 세우는 목표에 이르게 되는 좋은 방법이 된다.

셋째, 반복 학습 훈련은 군 생활관 사역의 연속성을 유지시켜 주는 구심점이 되기 때문이다. 유대인들의 '미쉬나' 교육은 유대인의 역사의 연속성을 유지해 준다. 이 유산은 아직 태어나지 않은 다음 세대에도 전해야 할 교육 전통으로서 연속성의 원리가 된다. 즉 반복을 통하여 흐르는 교육 전통을 이어 내려갈 수가 있다는 말이다. 반복 학습 훈련은 항상 군 생활관 사역의 연계성을 내포하고 있기 때문에 군 사역 공동체의 특성을 계속해서 유지하게 한다. 따라서 군 사역자들을 반복적으로 훈련시키면 군 생활관 사역의 역할에 대한 교회 공동체의 일치감과 연속성을 가져올 수 있게 된다는 것이다.

나. 군 사역자의 반복 학습 훈련의 실제

군 사역자가 될 병사는 과정별로 반복 훈련을 받게 된다. 그런데 군 사역자들이 반복적으로 훈련할 때에는 몇 가지 주의해야 할 사항들이 있다.

첫째, 반복 학습 훈련을 통한 실천하는 믿음임을 잊지 말아야 한다. 그러므로 반복 학습 훈련을 계속하여 자신의 삶에 적용해야 한다. 왜냐하면 말씀을 배워도 자기의 것으로 소화해서 삶에 적용하지 않으면 삶의 변화는 일어나지 않기 때문이다. 그렇게 때문에 반복 훈련을 단지 하나의 과정으로 이해하지 말고 훈련자가 그 내용을 완전히 자신의 것으로 숙지하고 소화할 때까지 계속 훈련하도록 한다.

둘째, 동일한 내용을 반복 학습을 통해서 가르쳐도 미리 기도하며 철저하게 준비해야 한다. 왜냐하면 준비한 만큼 성령께서 역사하시기 때문이다. 아는 내용이더라도 다시 시작하는 자세로 준비할 때마다 신선함을 느낄 수 있고 질적으로 더 나은 양육을 할 수 있다.

이와 같은 실습 훈련을 거치면 이미 양육 과정에서 배운 내용을 자신의 것으로 완벽하게 소화할 뿐만 아니라 가르치는 기술을 습득하여 훌륭한 군 사역자로 거듭나게 된다. 아무리 학력과 경험이 부족하다 해도 충성되고 지혜 있는 종이 되어 양육 교사에 대한 자신감을 갖고 훌륭하게 군 사역자로서의 사명을 자기고 때를 따라 양식을 나눠줄 자[93]가 될 수 있다는 것이다.

3. 사역자의 실습 훈련

본 항에서는 군 생활관 사역자의 실습 훈련에 대한 이론적인 근거와 실습 훈련의 필요성 및 실습 훈련의 실제에 대하여 소개한다.

가. 실습 훈련의 필요성

군 병사 사역자에 대한 사역자로 훈련시킬 때에 이론적인 근거와 함께 실습 훈련의 필요성에 대한 이유가 있다.

---

93) 마 24:45.

(1) 이론적인 근거: 대대 군인교회 목회에 있어서 평신도인 군 병사 사역자의 잠재력을 개발하고 충분히 훈련시켜 훌륭한 생활관 사역자로 키우는 것은 군 복음화 운동에 있어서 절대적인 요인이 된다. 새신자를 위해 일하고자 하는 군 병사 사역자는 먼저 군 생활관 사역에 관련된 제반 사항들에 대한 철저한 훈련을 받아야 한다. 모든 사람이 다 자녀를 출산하여 부모가 되는 것이 아닌 것처럼 영적인 부모도 누구나 되는 것은 아니다. 여기에는 자격과 준비가 필요하다.

목회자의 사명이 '성도를 온전케' 하는 것(엡 4:11~12)에 비추어 볼 때 성도를 온전케 하는 것이 바로 평신도 훈련 사역이다. 여기에서 성도를 온전케 한다는 것은 무장시켜 주는 것이다. 즉 믿음을 자라게 하고 인격이 성숙하도록 하며 날마다 승리하는 삶을 살도록 세워주는 것을 말한다. 뿐만 아니라 그리스도로 충만할 수 있도록 가르치고 훈련하는 사역이라고 할 수 있다.[94] 百聞이 不如一見이라는 말이 있다. 보여주는 것보다 더 좋은 교육은 없다는 말이다. 예수님은 끊임없이 제자들로 하여금 보고 배우게 하셨다(요 4장). 실습 훈련이란 예비 사역자가 배운 것을 사람들 앞에서 실제로 해보게 하고 평가를 받게 하는 훈련이다. 훈련받은 사람들을 평가하는 것은 제자 훈련 과정의 중요한 부분이다.[95] 예수님은 자신이 행하시고 보여주심으로 끝내지 않으시고 면밀한 계획 아래 제자들을 훈련시키신 후 현장에 파송하여 그들로 하여금 사역을 하게 하신 후 그들의 그 사역을 평가하셨다(마 10장; 눅 10장).

---

94) 신화철, "건강한 교회를 위한 평신도 사역자의 새 신사 양육의 실제"(총신대학교 목회신학전문대학원 박사학위논문, 2003), p.65.
95) Ralph Neighbour, 셀 목회 지침서, 장학일 역(서울: 서로사랑, 1999), p.64.

옥한흠 목사는 예수님의 손에서 3년 동안 만들어진 제자들이 제 구실을 할 수 있기 위해서는 성령의 은총을 기다리지 않으면 안 되었으며 성령의 사람이 되기 전에는 예루살렘 밖으로 나가지 말아야 했다고 강조하면서 말씀을 가지고 사역하기 위해 훈련을 받는 자는 반드시 성령으로 사는 사람이어야 한다고 강조했다.[96] 그러므로 평신도 사역자를 훈련시킬 때에는 먼저 목회자가 시범을 보인 후에 그들로 하여금 배운 대로 직접 해보도록 해야 한다. 이것은 작품을 무대에 올려 공연을 하기 전에 미리 실습하면서 잘못된 부분을 지적받는 과정을 통하여 보다 완벽한 공연을 하는 리허설과 같은 개념이다. 독자적으로 해보지 않는 일은 결코 성공하기가 어렵다. 그렇게 때문에 목회자는 사역자가 되기 위해 훈련받는 평신도들을 한 사람씩 발표하게 하고 평가함으로 그들의 부족한 면을 지적하고 가르쳐서 온전케 해야 한다.[97]

(2) 실습 훈련의 필요성: 에베소서 4장 12절에 의하면 목회자는 사역 훈련자이며 평신도는 사역자라고 할 수 있다. 평신도를 사역자로 훈련시킬 때에 실습 훈련을 해야 하는 이유가 있다. 교회의 사역과 관련하여 다툼과 분열이 일어나고 결국 교회가 갈라서는 아픔도 있기 때문에 사역 훈련이 철저하게 이루어져야 함을 강조하면서 사역 훈련 단계에서는 사역자의 마음에 그리스도를 섬기는 종의 마음을 심는 사역 이론 과정과 실제로 능력 있는 사역자로 무장시키는 사역 방법 과정을 다루게 된다.[98] 새신자 양육은 고도의 기술이 필

---

96) Lewis A Drummod, <u>현대전도학 서설</u>, 변은수 역(서울: 성광문화사, 1981), p.44.
97) 안창천, op. cit., p.146.

요하며 숙련된 훈련이 필요하다. 평신도를 사역자로 훈련시킬 때에 실습 훈련을 해야 하는 이유가 바로 여기에 있다.

첫째, 실습 훈련을 통하여 지금까지 배운 것을 더욱더 확실하게 습득할 수 있게 된다. 훈련받고 있는 군 사역자들은 실습을 통하여 아직까지 알지 못했던 것을 확실하게 체험하게 된다. 과학자들에 의하면 읽는 것의 10%, 듣는 것의 20%, 보는 것의 30%, 듣고 보는 것의 50%, 자신의 말하는 것의 70%, 우리 자신의 행하는 것의 90%를 기억한다고 한다. 실습 훈련은 지식 습득에 많은 효과를 가져온다. 실제적으로 가르치는 훈련을 받음으로 가르칠 내용을 확실히 습득하게 될 것이다. 단순한 학습을 통한 사역자 훈련은 머리만 크게 하고 성경공부 벌레만을 양성하지만 실습 훈련은 실제적인 사역자를 만들어 낸다. 실제 경험을 통한 훈련은 최대의 효과를 보증한다.[99]

둘째, 앞으로 있을 잘못된 시행착오를 바르게 교정시켜 줄 수 있다. 그러므로 실습 훈련을 통하여 지도자와 그룹원들의 평가를 받을 때 이를 통하여 잘못된 것들을 바로 교정받아 정확한 지식을 가질 수 있게 되며 실제 현장에 임할 수 있게 된다.

셋째, 실습 훈련은 실제 사역에 임하는 사역자에게 자신감과 용기를 심어준다. 사역자가 앞으로 부딪칠 군 생활관 사역에 대비하여 실습 훈련은 더없는 현장 실습을 경험하게 된다. 따라서 실제 현장에서 부딪히며 겪어야 할 시행착오를 미리 점검하고 사역해야 할 사역현장에서의 경험을 미리 실습하게 함으로 실제 사역에 임할 때의 자신

---

98) 김점옥, op.cit., p.162.
99) Ralph Neighbour, op. cit., p.56.

감을 심어주고 담대함을 키우게 된다. 일반적으로 사람들은 다른 사람 앞에 대인 공포증을 가지고 있다. 그러나 반복적인 실습 훈련을 통하여 용기를 갖게 되고 가르침에 대하여 담대함을 갖게 해준다. 그리고 자신이 전달할 것에 대해 수차례씩이나 이미 평가를 받았기 때문에 숙지하게 되고 앞으로의 사역의 두려움이 없어지게 된다.

(3) 실습 훈련의 실제: 예수님은 제자들에게 하나님의 뜻에 절대적으로 순종하는 모범을 보이셨고(요 4:34; 5:30), 기도와 병 고침과 가르치심 등의 시범을 보이셨다(눅 9:29; 막 1:41~44; 11:27~33).[100] 예수님이 제자들에게 바라셨고 또 실제로 보여주었던 제자도는 시범 교육에 있었다. 기도의 경우 예수님은 교훈으로 말씀하시지 않으시고 오히려 기도하는 모습을 제자들이 직접 보도록 하셨다. 그리고 대화 속에서 끊임없이 성경을 사용하심으로 제자들이 삶 속에서 성경을 어떻게 적용해야 하는가를 보여주셨다. 제자들은 자연스럽게 배우는 분위기 속에서 전도의 방법을 저절로 배울 수 있었다. 예수님은 그의 생애를 통해서 그 본을 보여주셨다(요 15:9,10; 요일 3:16). 그러므로 예수 그리스도의 제자는 단순히 주님을 믿을 뿐만 아니라 그의 본을 철저히 따르는 사람이어야 한다.

이와 같이 인간 예수 이전에 천지를 창조하시고 인간을 창조하신 하나님을 본받는 것이 바로 제자도의 핵심이었다. 이 원리를 적용하여 우리 자신이 그리스도를 따르는 것처럼(고전 11:1) 저들로 하여금 자신을 따르게 할 수 있는 준비가 되어 있어야 한다.[101] 실습 훈

---

100) Sidney A . Weston, <u>예수의 발견</u>, 임종원 역(서울: 기독지혜사, 1988), p.142.
101) Robert E. Coleman, <u>주님의 전도계획</u>, 홍성철 역(서울: 보이스사, 1976), p.83.

련은 훈련의 특성상 반복 훈련을 동반한다. 즉 실습 훈련은 완숙한 단계에 이를 때까지 계속해서 반복하므로 사역을 숙달하게 한다. 실습 훈련의 과정은 다음과 같다.

첫째, 실습 훈련자는 군 병사 사역 후보자 앞에서 먼저 숙련된 사역의 시범을 보여준다. 군사 훈련도 반드시 시범 교육을 통하여 실전훈련이 이루어짐과 같이 보는 것보다 더 좋은 실습 교육은 없다. 실전 훈련에 임하는 것과 같은 시범 교육을 보여줌으로써 군 병사 사역자들이 최선을 대해 준비하게 되고 실습 훈련을 통해서 익히게 된다. 무엇보다도 자신감을 가질 수 있도록 기도로서 준비하게 하고 성령의 도우심을 바란다.

둘째, 실습 훈련자의 시범을 통하여 배운 것을 서로 간의 맡은 바 역할에 따라서 실습한다. 각각 한 번씩 동일한 내용의 역할을 바꾸어 가면서 서로 실습하게 하므로 각각의 역할에 대한 훈련을 익힌다. 그리고 각자의 장단점을 서로 간에 지적하게 한다. 이런 과정을 통하여 발표에 실제 사역에 임하는 데 대한 두려움을 경감시키고 자신감을 고취시킬 수 있다.

셋째, 전체 군 사역자들이 보는 앞에서 한 사람씩 자신의 역할에 다한 것을 실습하게 하고 발표하도록 한다. 이렇게 함은 사역자로 하여금 발표의 자신감을 심어주기 위함과 더불어 리더십을 익히기 위함이다. 이때에 모든 군 사역자 후보자들은 발표에 임하는 실습자의 장단점을 모두 기록하게 한 후, 실습 후 서로의 장단점을 지적하고 토론하게 하고 실습 훈련자가 최종적으로 평가하고 마무리를 한다. 이 과정을 통하여 자신의 단점을 발견하게 되고 다른 그룹원들의 장점들을 자연스럽게 습득하게 한다.

제5절 군 생활관 사역의 고려사항

군대는 특수한 선교적 환경을 가지고 있다. 특별히 군 생활관 사역에 병영 생활의 특수성을 고려해야 할 사항들이 많이 있다. 그러한 특수성을 이해하고 군 선교 현장에 대하여 이해가 될 때에 생활관 사역은 좀더 많은 열매를 맺게 될 것이다.

1. 끝없는 황금어장의 중요성

90년대 후반부터 국가 경제의 발달과 더불어 세속화의 가속화는 교회의 양적 성장의 둔화를 가져왔으며 이러한 정체 현상은 더욱 심화되는 경향에 있다. 특히 종교다원주의의 영향과 전통문화의 복원에 따른 세속화와 무속문화의 발달은 많은 젊은이들의 가치관 혼동과 타락의 현상을 급속도로 확산시켜 청년들의 교회 내에서의 감소 및 주일학교의 쇠퇴 등을 가져왔다. 특히 일반교회는 그 정체성으로 인한 전도의 어려움과 젊은 계층들의 교회의 외면은 교회의 구성 비율조차도 역피라미드형으로 만들어가고 있다. 그러나 이에 대한 그 어느 뚜렷한 대안도 시도하지 못한다는 것은 한국교회의 미래를 어둡게 하고 있다.

그러나 하나님께서는 또 다른 방법으로 우리의 미래를 예비해 놓으셨다. 그중에 하나가 군 선교다. 한국의 젊은이들을 복음으로 전도하여 끝없이 배출할 수 있다는 그 사명감에 부푼 기대가 계속적으로 부여되고 있는 곳이 군 선교이다. 군은 젊은이들이 끝없이 들어오고 나가는 곳이며 끝없는 사명이 부여되는 황금어장으로서 수많은 젊은 물고기들이 계속적으로 부여되고 있다는 점에서 한국교회의 지속적인 희망을 제공할 수 있는 곳이다. 왜냐하면 군은 한국의 젊은 청년들이 2년 정도 모여 있고 지속적으로 이들을 관리하면서 양육할 수 있는 전도하기에 매우 좋은 환경을 지니고 있기 때문이다.

이들 병사들의 메마른 정서에 기독교는 수많은 힘과 능력이 되어 줄 수 있다. 따라서 군에 들어온 젊은 엘리트 청년들에게 예수 그리스도를 그들 안에 들어가게 하는 것만으로도 이 나라 이 민족에게는 소망이 있고 밝은 미래를 바라보게 한다. 이는 실로 이 나라 교회에 놀라운 축복이 아닐 수 없다.

군 복음화의 필요성을 모두가 인식하지만 이를 위한 적극적인 전략 면에서 한국교회는 어둡다. 한 영혼을 주님 앞으로 인도하는 일이 얼마나 어렵다는 것을 우리는 전도의 체험을 통해서 알 수 있다. 그러나 군은 다르다. 군은 통제된 사회의 특수성 때문에 신앙의 성숙이나 결신자의 수를 늘리는 가장 효과적인 선교의 장을 우리에게 제공해 주고 있다. 젊은이들의 땅 끝은 어디인가? 그곳이 곧 군대이다. 오늘날 청년들에 대한 복음전도 사역을 특별하게 군에서 감당하는 곳이 곧 민족복음화의 뿌리가 되었고 이것은 곧 민족복음화의 기초를 군 복음화가 감당하고 있음을 우리에게 보여준다.

그러므로 이 황금어장은 민족복음화의 소망을 이룰 수 있는 절대적인 한 축이 되고 있다. 하나님은 이 나라에 큰 소망과 비전을 가지고 계신다. 이 새로운 소망이 군 복음화를 통해 이 땅에 이루시기를 간절히 원하고 계신 것이다. 따라서 군 선교는 이 시대 젊은이들을 위한 전도투자에 가장 효율적으로 결실을 맺게 하는 끝없는 황금 어장의 최고의 선교지라 할 수 있다.

2. 공간과 시간의 제한성

군대는 국가와 국민을 지켜야 한다는 전쟁을 전제로 하여 모인 특수 집단이며 국가는 군종 장교를 제도적 경제적으로 지원한다. 그러므로 군 선교는 국가의 의도대로 가장 강한 군인을 만들면서 동시에 가장 훌륭한 신앙인을 만들어야 한다는 이중적인 목표를 달성해야 한다.[102]

그러나 군 사회가 지닌 특성 중에 하나가 군대 이동이다. 그러면서도 그 목적의 특수성 때문에 어느 누가 그 자리에 앉든지 잘 움직이는 조직사회가 군대 사회이다.[103] 그러므로 군대를 유동적 집단으로 보면 또 다른 면에서 군을 쉽게 이해할 수 있다. 개인적으로 보면 군은 집 떠나온 사람들이 하나의 목적으로 하나의 규율 속에 묶여 있는 공동운명체 집단으로 어떤 면에서는 수동적으로 물리적으로 집단화되도록 강요된 집단이라고 할 수 있다. 매년 약 25만 명의 청년들이 사회에서 군 조직사회로 입대하고 같은 수의 장병들이 군 복무를 마치고 사회로 돌아간다. 또한 관료 조직의 관료들인 간부(장교)들이 평균 1~2년에 한 번씩 새로운 근무지로 이동을 한다. 따라서

---

102) 전호진, "선교신학의 관점에서 본 군진신학" 군진신학 · 육군본부 군종감 실 편 (서울: 군 복음화후원회, 1985), p.134.

103) 고용수, "군 선교교육론" 군 선교신학 대한예수교장로회 총회군 선교부 편 (서울: 대한예수교장로회 출판국, 1990), pp.223~224

군 선교의 난제는 군대의 이동성이다. 그러나 이러한 시간과 공간의 제한성 속에서도 교회는 군 선교문화를 창출해 나가야 할 것이다.

1세기에 팔레스틴 지역 문화를 온통 지배한 로마군대의 군사문화 속에서도 사도들에 의해 전파되는 그 복음의 내용은 조금도 왜곡되지 않으면서 오히려 바울 사도는 로마 군대의 모습을 통해 그 군대문화가 갖는 긍정적이고도 적극적 측면을 부각시켜 그것을 신자의 신앙생활의 행동 지표로 승화시켜 제시하였다. 이와 같이 군진신학의 현장에서 때로는 막연한 상황으로까지 갈 수밖에 없는 군사문화 또는 군대식 사고방식과 신학과의 충돌과 긴장이 엄존하고 있는 군 선교 현장에서 이제는 군인사회가 갖고 있는 특수한 문화체계를 과감히 승화 신앙의 지표로 삼아야 될 뿐만 아니라 시간과 공간의 제한성 때문에 야기되는 문제들을 좀더 적극적으로 수용하여 군진신학적 이론의 터 위에서 군 선교 효과를 증대시켜 나아가야 하겠다.

왜냐하면 수시로 전입과 전출이 발생하는 유동적인 군대 사회에서 복음이 신속하게 그들의 상황과 환경에 적응하지 못하게 된다면 군 선교전략은 낡은 것이 되고 말 것이기 때문이다. 그러므로 공간과 시간의 제한성이 현존하는 군대문화 속에서 이를 잘 활용할 수 있는 지혜와 신학이 더욱 필요하다. 이를 위한 군 병사 제자화 훈련을 통한 생활관 사역의 활성화의 지속적인 사역이야말로 지금 제한된 공간과 제한된 시간 속에 사역할 수밖에 없는 것이 군 복음화의 더욱 절실한 방안이라고 할 수밖에 없다. 따라서 사역자들은 예민한 예지와 강한 지도력으로 늘 새로운 상황에 적응하는 기동성만 있으면 군 사역의 좋은 성과를 기대하리라 본다.

3. 청년목회의 특수성

한국의 젊은이들은 지금 어디에 있는가라는 질문에 나올 법한 해답 중 하나가 곧 군(軍)사회일 것이다. 한국의 건강한 청년이라면 누구나 거쳐 가는 곳인 군은 젊은이 전도를 위한 다시없는 선교의 장이요 동시에 이 군 공동체는 돈 있는 자나 없는 자나 지식이 있는 자나 없는 자나, 기독교인이나 비기독교인이나 다 함께 살아야 할 새로운 삶의 스타일을 배워야 하는 곳이 곧 군 사회이다. 또한 이 사회 어느 분야도 군대처럼 젊음을 찾기가 어려울 정도로 비슷한 연령의 집단이 모인 곳이 바로 군대이다. 민간목회는 가족 중심적이지만 군목회의 현장은 가정의 영향력으로부터 벗어나 군에서 생활하고 있는 주로 청년들로 이루어져 있다.

이러한 의미로 볼 때에 이러한 특수 환경 속에서 생활하는 병사들을 위한 선교적 작업은 먼저 청년들 자신과 그들이 처한 상황에 대한 올바른 이해에서 출발해야 한다. 인간의 성장 발달 이론에 의하면 20세 이상의 군인들은 청년기에 속하는 집단이므로 이 시기의 중요 특징이 신체적으로나 심리적으로 청소년에서 성인이 되어 사회 구성원으로서의 역할을 굳혀가는 과도기적 시기이다. 즉 이 청년의 시기야말로 형식적 조작의 사고구조를 형성해서 추상적 형식적 개념을 구사하게 되고 실제 경험과 유리된 사고를 할 수 있게 되는 시기이며[104] 다른 사람과 더불어 성적 친밀감 및 사회적 친밀감을 갖게 되는 시기[105]가 바로 이때이기 때문이다.

---

104) B. J. Wadworth, Piaget's *Theory of Continue development*(N.Y: Longman, 1971), pp.101~107.

이러한 시기에 처한 청년들이 군대라는 특수한 집단생활과 억압된 생활을 강요받게 됨으로써 다양한 갈등을 겪게 된다. 따라서 군대 사회 속에서 청년들이 경험하는 제반 갈등을 해소해 주고 군인에서 바람직한 인간으로 올바른 적응과 함께 저들이 장래 이 민족의 역사를 형성해야 할 주역들로서 책임 있는 삶을 구현할 수 있는 능력을 개발해야 할 선교적 과제가 교회에게 주어지게 된다는 것은 매우 중요한 일이라 할 수 있다.

군대 임무의 본질이 전투에 있고 그 전투는 곧 자신의 삶과 죽음을 판가름하는 막다른 골목일 때에 군 공동체는 가장 진실 되게 삶의 궁극적인 의미가 질문되는 곳이 될 수 있다. 또 군 사회가 집단적 획일성을 앞세워 개인의 의견이 무시당하는 데서 오는 소외 내지 심한 고독감과 함께 메마르고 고된 역경에 처하게 되면 누구나 근본 문제를 생각하게 된다.

여기서 비종교인들이 처음으로 종교적이 될 수도 있고 나아가 신앙의 출발이 될 수도 있는 곳이 바로 군이다. 그리고 한 걸음 더 나아가 적극적인 차원에서 군대가 요구하는 장병들의 정신적 결속과 무장 강화가 신앙을 요청하게 된다. 여기에 하나님과 인간의 만남이 가능해지고 이 일을 돕는 사역자의 과제가 주어지게 된다.

그러므로 군 사역에는 청년들의 정체성, 가치형성 그리고 인간관계를 잘 이해하면서 특히 확고한 인생관이 확립되어 있지 않는 내적 위기인 이들 젊은이들에게[106] 그들의 영적 욕구를 충족시켜 군에서

---

105) E. H. Erikson, *Childhood and Society* (N.S. Norton & Co. 1963), pp.247~274.

106) Richard Hucheson, 교회와 군 선교, 박상칠 역(서울: 실로암, 1988), p.212.

산 신앙체험을 할 수 있도록 교회는 기회를 제공해 주어야만 한다.

신체 건강한 청년이라면 누구나 거쳐야 하는 곳이 군이다. 그러므로 이 군대 사회야말로 다시없는 하나님의 선교의 장이요 기독교 교육의 장소임과 동시에 이 민족의 미래를 결정하는 장이다. 따라서 이들에게 진정 선교할 사람은 바로 이들과 매일 몸으로 부딪히는 장병들 자신이며 이들 군 병사들의 사역 연구는 앞으로 새로운 군 선교의 밝은 전망을 기대하게 할 것이다. 왜냐하면 이곳이 민족의 미래를 결정하는 장소가 되고 교회의 미래가 결정되는 장소가 될 수 있기 때문이다.

제 6 장

결 론

지금까지 군 병사 제자훈련을 통한 군 생활관 사역의 활성화에 대한 이론적 근거와 현재 군인교회에서의 군 병사 사역의 필요성과 실제적인 방안에 대한 것을 제시하여 보았다. 이제 본 연구를 요약하고 몇 가지 제안을 하고자 한다.

제1절 요 약

지금 군에는 수십만 명의 젊은이들이 그곳에서 그들의 젊음을 보내고 있으며 이들 중 개교회에서 충성스럽게 봉사하다가 입대한 젊은이들도 상당수 있음을 알 수 있다. 대대 군인교회가 침체의 늪에서 벗어나서 교회의 사명을 다하는 교회로 거듭나기 위해서는 제자 삼으라는 주님의 명령에 순종하는 군 병사 사역형 교회로 거듭나야 한다. 이들 충성스러운 젊은 일꾼들을 훈련시켜 군 사역자로 삼아 생활관 사역을 잘 감당하는 생활관 사역형 교회로의 전환은 주님의 명령이며 시대적인 요청이고 이것은 선택이 아니라 필수이다. 본 연구는 어떻게 하면 군 병사 제자훈련을 통하여 군 생활관 사역의 활성화를 이룰 수 있는지에 대하여 다루었다

제1장 서론에서는 지금 군 대대교회가 침체되어 가는 이유는 현역 군목의 부족으로 인한 목회적인 돌봄의 부족함을 지적하였는데 그것보다도 근본적인 원인은 예수께서 명령하신 대로 평신도들인 군 병사들을 훈련시켜 사역자로 세우는 평신도 사역 중심의 교회가 되지 않기 때문임을 지적하고 본 연구의 목적은 군 병사들의 제자훈련을

통한 군 생활관 사역의 활성화를 위한 방안을 제시하는 것임을 밝히고 연구배경 및 연구목적, 용어 정의 및 연구질문, 연구방법 및 연구범위에 대하여 제시하였다.

제2장에서는 군 복음화 사역의 이론적 근거를 군 사역의 신학적 성경적 근거 및 역사적 근거를 중심으로 고찰해 보았다.

첫째, 군 사역의 신학적 근거로서 신학의 원리 및 소그룹 공동체 신학 그리고 생활관과 코이노니아 신학에 관해서 이론적 근거 및 만인 제사장의 원리를 설명하고 이에 평신도 사역형 교회에 대하여 어떻게 이해하고 있는가를 신학적 근거로 설명하였다.

둘째, 군 사역의 성경적 근거로서는 출애굽기 18장 13~16절 말씀을 중심으로 이드로의 분담 제도의 원리를 설명하고, 에베소서 4장 11~12절의 말씀을 중심으로 직분의 의미와 군 사역과의 관계를 설명하였다. 그리고 마태복음 28장 19~20절 말씀을 중심으로 주님의 선교명령에 있어서 제자훈련이 군 사역에 어떻게 적용되는지를 설명하였다.

셋째, 군 선교사역의 역사적 근거를 시대별로 살펴보았다. 먼저 초대교회 시대와 국교 시대의 군 선교사역과 국교 시대의 군 선교사역과 중세교회 및 종교 개혁 시대 이후의 군 선교사역을 역사적으로 살펴보고 마지막으로 한국의 군 선교사역의 역사에 대하여 살펴봄으로써 이것이 군 사역에 어떻게 연관되는가를 제시하였다.

제3장에서는 생활관 사역의 의미를 소그룹으로서의 생활관과 생활관 사역에 있어서 평신도 및 제자훈련과 생활관 사역을 각각 네 가지 차원에서 제시하였다.

첫째, 소그룹으로서의 생활관의 의미로서 소그룹의 의미와 소그룹의 성경적 역사적 의미를 군 생활관 사역의 틀 안에서 살펴보았다.

둘째, 생활관 사역에 있어서 평신도의 의미 및 군에서의 평신도 사역의 이해와 생활관과 평신도의 사역의 필요성을 설명하였다.

셋째, 제자훈련과 생활관 사역에 있어서의 제자훈련의 의미와 군 제자훈련의 성경적 모델 및 군 제자훈련을 위한 역사적 모델을 생활관 사역에서 그 필요성을 설명하고 제자훈련이 왜 군 생활관 사역에 필요한 것인가를 살펴보았다.

제4장에서는 군 복음화 전략과 생활관 사역의 목표와 비전을 가지고 다음과 같은 세 가지 전략과 목표를 가지고 제시하였다.

첫째, 복음화와 건강한 군인교회상에 대하여 건강한 군인교회란 군 병사들의 생활관 사역의 활성화를 통하여 많은 병사들로 하여금 주님 앞으로 돌아오게 하는 길임을 자세하게 설명하였다.

즉 건강한 군인교회란 목회자 한 사람이 군인교회를 주도해 나가는 목회 형태가 아닌 평신도들인 군 병사들이 대거 참여하는 목회형태를 요구하기 때문에 군 병사 사역형 목회로 전환되어야 한다. 몸의 각 지체가 건강해야 온몸이 건강하듯이 교회도 유기적 생명체이기 때문에 그리스도의 몸인 교회가 건강하게 되려면 모든 병사들이 사역하는 군 병사 사역형 교회가 되어야 한다.

둘째, 모든 군 병사들을 세례를 주고 이들이 사회로 복귀하여 2020년에는 우리나라 복음화 비율을 75%로 끌어올리겠다는 목표가 바로 2020비전 운동이다. 그러나 세례를 받았다고 모두가 크리스천이 되는 것은 아니다. 이들에게 어떻게 제자훈련을 통하여 올바로 양육하느냐에 따라서 이들이 하나님의 백성으로서 거듭나느냐 하는 것이 판가름 나는 것이다. 그러므로 이들을 훈련시킬 진정한 소그룹 제자훈련 프로그램으로 군 생활관 사역의 필요성을 다루어 보았다.

셋째, 전군 복음화를 효율적으로 이루기 위해서는 디모데 후서 2장 2절의 말씀대로 제자훈련을 받은 자가 또 다른 제자를 양육하는 재생산 배가 운동이 반드시 이루어져야 하기 때문에 군 병사 제자훈련을 통하여 군 생활관 사역에 적극적으로 참여하는 군 병사 사역형 교회가 되어야 함을 설명하였다.

제5장에서는 군 생활관 사역의 활성화 방안을 위한 실제적인 방법들을 제시하였다.

첫째, 군 선교 교역자가 군 생활관 사역형 교회로의 목회 비전을 가질 뿐만 아니라 군 병사들로 동일한 목회 비전의 목표를 가지도록 해야 한다. 그렇게 될 때에 대대 군인교회의 나아갈 방향과 목표가 분명해지고 사역의 동기를 지속적으로 부여받아 사역을 계속해서 안정적으로 해 나갈 수 있다. 따라서 목회자는 평신도들인 군 병사들로 하여금 동일한 목표를 가지고 비전을 나눔으로 계속해서 비전을 보고 듣고 말하게 해야 한다. 또한 목회 비전에 맞는 교회조직과 교육 프로그램을 만들어 비전이 이끌어 가는 교회가 되게 하여야 한다. 목회 비전은 있지만 비전을 이룰 수 있는 조직과 프로그램이 없으면 생활관 사역의 목표와 목회 비전은 구호에만 그칠 뿐이다.

둘째, 군 생활관 사역자들의 사명을 일깨워주고 사역자 훈련 및 사역의 실제를 리허설 하고 분석함으로써 사역의 자신감을 심어주고 명실상부한 생활관 사역자로서의 자질을 갖추게 하여 준다. 특히 소그룹 훈련을 통한 제자훈련과 일대일 양육을 통한 생활관 사역의 필요성을 인식해야 한다.

셋째, 교회는 비전 공동체이기 때문에 동일한 비전으로 하나가 될 수 있도록 새신자와 기존 신자를 동일한 일대일 시스템으로 양육해야 한다. 즉 군 생활을 하는 후임신병들은 병영 생활의 어려움과 두려움 낯선 군 생활환경에 당황하게 된다. 이러한 후임병들에게 전임 사역병들이 양육자가 되어 이들을 돌보아 준다는 것이다. 그 결과 후임병사들에게는 너무나 큰 힘과 용기를 갖게 되고 병영 생활의 자신감을 회복하게 된다. 또한 이들 후임신병들과 개인적인 사정으로 주일을 지키는 못하는 성도들을 주중에 만나 그들의 형편에 따라 일대일 양육을 통한 생활관 사역을 해야 한다. 이 일대일 양육을 통하여 전도와 번식이 이루어지는 소그룹 모임이 되게 해야 한다.

넷째, 사역과 훈련의 병행 시스템으로 군 병사 사역자가 사역하면서 보충 훈련을 받을 수 있는 시스템을 운영해야 한다. 즉 군부대의 특성상 짧은 기간에 군 사역자들은 기본적인 양육과 사역자 집중훈련 과정을 마침과 동시에 사역을 하게 하고 사역을 하면서 계속해서 사역자로서의 필요한 과정을 훈련받게 하는 사역과 훈련의 병행 시스템으로 운영한다는 것이다. 이러한 사역과 훈련의 병행 시스템을 운영하면 사역자 자신의 신앙이 성장할 뿐 아니라 만성적인 평신도 사역자의 부족 문제를 해결할 수 있고 평신도인 군병사의 사역의 활성화가 이루어지므로 군 복음화 운동이 실제로 이루어질 수 있다는 것이다.

다섯째, 군 생활관 사역자의 특수훈련으로서의, 즉 집중, 반복 학습, 실습을 통한 훈련으로 군 사병들을 짧은 기간에 능력 있는 군 생활관 사역자가 되게 한다. 즉 집중 훈련으로 예수께서 그리스도가 되심을 깨닫도록 훈련하여 삶 속에서 예수께서 구원자가 되심을 체험하고 누리게 하고 실습 훈련을 통해서 담대함과 온전함과 자신감을 갖게 하는 유능한 사역자가 되게 하며 반복 학습 훈련을 통해서 머리로만 아는 것을 완전히 자신의 것으로 만들게 한다.

마지막으로 군 생활관 사역 시 고려해야 할 사항들에 대하여 살펴보았다.

첫째, 끝없는 젊은이들의 황금어장의 중요성을 인식하고 이를 잘 활용하자는 것이다. 지금 일반교회의 젊은이들의 감소와 주일학교의 쇠퇴 등은 교회의 미래에 심각한 문제로 제기되고 있다. 특히 일반교회는 그 정체성으로 인한 젊은이들의 전도가 어렵다고 하는 이 현실 속에서 군은 젊은이들이 끝없이 들어오고 나가는 끝없는 사명이 부여되는 황금어장이라 말할 수 있고, 또한 군은 통제된 사회의 특수성 때문에 신앙의 성숙이나 결신자의 수를 늘리는 가장 효과적인 선교의 장을 우리에게 제공해 주고 있는 곳이다. 이러한 군 복음화의 길은 이 나라 이 민족에게는 소망이 있고 밝은 미래를 바라보게 해준다는 것이다.

이는 한국의 젊은이들을 복음으로 전도하여 끝없이 배출할 수 있다는 그 사명이 부푼 기대 속에 수많은 젊은 물고기들이 계속적으로 부여되고 있다는 점에서 한국선교의 지속적인 희망을 제공할 수 있다는 것이다. 따라서 끊임없이 고기가 모여드는 이 황금어장을 통하여 군 선교는 이 시대 젊은이들을 위한 전도 투자에 가장 효율적으로 결실을 맺게 하는 최고의 선교지로서 활용해 보자는 것이다.

둘째, 시간과 공간의 제한성 속에 있는 병사들을 향한 제자화 훈련을 어떻게 이루어 나갈 수 있느냐 하는 것이다. 군의 특성 중 하나인 이동성과 공간의 제한성 때문에 대부분의 군 사역자들은 하나님의 교회를 성장시키고 싶은 의욕을 상실해 버린다. 그러나 사역자들의 예민한 예지와 강한 지도력으로 늘 새로운 상황에 적응하는 기동성만 있으면 군 사역의 좋은 성과를 기대하리라 본다. 이것이 곧 군 병사들을 제자화시켜 생활관 사역의 활성화를 기해 보자는 것이다.

셋째, 청년목회의 특수성을 어떻게 효과적으로 살려 나가느냐 하는 것이다. 특히 대대교회의 경우 거의 대부분의 병사들로 채워진 교회로서 청년목회의 특수성을 잘 살리고 이들에게 접합한 사역 중심으로 유도하는 사역이 무엇보다도 효과적인 전략이 될 수 있다는 것이다. 특별히 동료의식이 강하게 강조하는 생활관 생활이야말로 그들의 삶의 터전이며 그들의 삶 자체가 형성되는 곳임을 인식하고 젊음이라는 공통적인 동료 병사들에게 일대일 양육훈련과 군 생활관 소그룹 사역은 좋은 대인이 대안이 될 수 있을 것이다.

제2절 제 언

지금까지 군 간부들이나 하사관을 중심의 제자훈련을 통한 군 생활관 사역형 교회로의 시도들은 있었지만 본 연구는 기존의 제자훈련과는 다른 군 병사 제자훈련을 통하여 보다 효과적으로 군 생활관 사역을 시도했다는 점이다.

따라서 크리스천 군 장병들로 국한하여 군 조직에 있어 중요한 역할을 하는 크리스천 지휘관이나 군 간부들의 신앙실태 분석이 이루어지지 못한 여러 미진한 부분이 없지는 않다. 이런 부분에 대하여는 다른 연구자의 몫으로 남기고 향후 연구를 위한 몇 가지 제언을 한다.

1. 입대 전 군 사역 비전의 준비 기준 마련

군대 사회는 대부분의 병사들은 군 복무의 의무를 수행하기 위해서 강제로 소집된 집단이다. 그러므로 한국교회는 군 입대를 앞둔 크리스천 젊은이들에게 군 병사 제자훈련을 통한 생활관 사역의 비전을 미리 심어줄 수 있는 사역 비전을 마련해 주어야 한다. 이러한 군 사역의 사명의식을 마련해 주는 것은 군 입대를 앞둔 크리스천 젊은이들로 하여금 군 입대 기간이 젊음을 희생하는 기간이 결코 아님을 깨닫게 해주고 2년간의 군 생활 기간이야말로 하나님께서 군 사역자로 파송받은 군 선교 사역자라는 사명의식으로 불타게 해주는 준비하는 기준을 마련해 주자는 것이다.

그리하여 이들 젊은 크리스천 청년들이 군에 입대하는 것이 단순한 군 복무의 의무를 수행하는 것 이상의 군 선교를 위한 또 하나의 사역 비전을 가진 사명감을 가지고 군 사역에 도전할 수 있도록 준비케 해 주는 것이다. 그러나 보다 중요한 것은 기존의 크리스천 병사가 군 입대를 위해 무슨 교육과 훈련을 받아야 하고 군 생활 중 신앙생활을 유지하고 성장시키는 데 무슨 도움이 우선적으로 주어져야 하는지를 연구하는 것이 더욱 필요하다. 즉 군 생활을 통해 더욱 성숙한 신앙인으로 성장하여 사회에 나오게 하는 것이 군 선교의 중요한 목적이 되어야 하기 때문이다.

그러므로 매년 군대에 입대하는 약 3만 명의 크리스천 장병들의 입대 전 준비와 입대 후 신앙에 도움을 주는 요소를 분석하여 그들 각자가 준비되고 무장된 평신도로서 2년간의 군 선교의 일익을 담당케 하는 사명감을 주는 데 있다. 비록 부대여건에 따라 다소 신앙생활의 차이를 보였지만 장병들의 입대 후 신앙생활은 입대 전 신앙관의 확립이 절대적인 영향을 미친다. 입대를 위해 별도의 교육을 시키는 것은 입대 후 신앙생활에 신앙관의 확립은 일시적인 세미나나 단기간의 교육으로 이루어지지 않으며 시간을 들여 교육하고 훈련하는 가운데 이루어지는 것임을 확인할 수 있다.

그리하여 훈련받은 이들이 군 생활을 하는 동안에도 이들 군 병사들로 하여금 자신이 받은 은사를 개발하고 활용하므로 군 복음화의 하나의 밑거름이 될 수 있다는 벅찬 사명감과 더불어 건강한 군인교회로 거듭날 수 있고 보람된 군 생활이 될 수 있도록 준비해야 한다. 그러나 여기서 강조할 것은 군인교회를 섬기는 다수의 믿음의 장교들과 부 사관들의 사역을 제한해서는 안 된다는 것이다. 다만 본 연구의 방향이 군 병사 사역에 대해 초점을 맞추었다는 점이다.

2. 군 사역 활성화 양육 및 훈련 시스템 개발

군 병사들을 통한 생활관 사역을 효과적으로 활성화하려면 양육 및 훈련 시스템을 지속적으로 개발해야 한다. 앞서 강조하였지만 군 입대가 크리스천 젊은이들에게는 2년간의 선교사역이라는 사명감을 일깨워주는 일은 무엇보다도 중요하다. 이를 위해서 한국교회가 이를 위한 군 사역 활성화 양육 및 훈련 시스템 개발은 무엇보다도 중요하다.

군대 상황은 항상 변하기 때문에 양육 시스템을 지속적으로 개발하지 않으면 안 된다. 그러기 위해서는 병사들의 필요가 무엇인지를 정확하게 파악하는 것도 중요하지만 무엇보다도 중요한 것은 초대교회가 평신도를 어떻게 양육하며 훈련시켰는지를 더욱 깊이 연구해서 군인교회에 적용해야 한다. 꾸준한 군 복음화 운동을 위해서는 초대교회가 가졌던 양육과 훈련 시스템에 대한 더 깊은 연구가 선행되어 이를 병사들에게 적용하고 사명감을 심어 주어야 한다. 이와 더불어 현대의 여러 선교전략이 사용하였던 방법들을 잘 분석해서 군진에서의 선교전략으로 연결하여야 한다.

3. 군 병사 생활관 사역 지원을 위한 전문기관 설립

군 병사 제자훈련을 통한 생활관 사역의 활성화를 위해서는 이를 지속적으로 돕는 전문기관을 만들어야 한다. 왜냐하면 이를 통해서 선교 단위인 대대 군인교회를 활성화하고 실질적인 군 복음화의 결실을 맺어보자는 것이다. 오늘날 군인교회의 성장을 돕는 많은 단체들이 있지만 실질적으로 교회성장을 위한 프로그램을 제공하는 곳은 거의 없다. 따라서 실제적으로 군 병사 사역을 위한 프로그램은 전무한 상태이다. 이는 평신도를 사역자로 세우는 소그룹 활동을 통한 제자훈련은 목회 프로그램 중의 하나가 아니라 목회의 본질이기 때문이다. 따라서 군인교회의 군 병사들을 통한 생활관 사역의 활성화가 이루어질 때까지 지속적으로 후원하는 단체가 필요하다. 이를 위하여 한국 개신교는 군 병사들을 통한 생활관 사역을 통하여 군 복음화 운동을 지속적으로 활성화해 나가기 위하여서는 단일화된 군 병사 사역을 위한 전문 연구기관의 설립이 적극 필요하다.

위의 제언이 현실화된다면 보다 더 많은 대대 군인교회들이 군 병사 사역형 교회로의 건강한 교회로 거듭나게 될 것이며 주님의 소원인 전군 복음화, 전군 신자화의 길은 더욱더 앞당겨질 것이다.

참고문헌

1. 국내 서적

강사문. "전쟁에 대한 성경적 이해" 군 선교신학, 서울: 대한예수교장로회총
회출판국, 1990.

곽선희. "군 선교신학의 의의" 군 선교신학(총회군 선교부 편), 서울: 한국장
로교 출판부, 1985.

권태경. 건강한 교회의 9가지 특성, 서울: 생명의 말씀사, 2003.

고용수. "군 선교 교육론" 군 선교신학, 서울: 대한예수교 장로회총회출판국,
1990.

김기태. 군 선교의 이론과 실제, 서울: 보이스사, 1985.

김기홍. "군 선교의 역사와 신학"(총회선교부 편) 군 선교신학, 서울: 대한예
수교 장로회총회출판국, 1990.

김남철. 유대인의 신앙교육, 서울: 국제문화, 1998.

김동선. 하나님의 선교, 서울: 한국장로교출판사, 2000.

김문제. 우주과학과 신공위성, 서울: 백합출판사, 1972.

김병희. 한경직 목사, 서울: 규장문화사, 1982.

김상복. 목회자리더십, 서울: 도서출판 엠마오, 1993.

김성곤. 두 날개로 오르는 교회, 서울: NCD, 2002.

김석년. 패스 브레이킹, 서울: 생명의 말씀사, 2002.

김성욱. 하나님의 백성과 선교, 서울: 기독교문서선교회, 1998.

김서택. 은혜의 지배, 서울: 규장, 2000.

김연택. 21세기 건강한 교회, 서울: 도서출판 제자, 1997.

김의환. 기독교회사, 서울: 성광문화사, 1989.

김점옥. 평신도 사역자를 키워라, 서울: 기독신문사, 1998.

김재헌·박충규. 교회성장 사랑방 전도운동, 서울: 에페소서원, 1994.

김하태. 종교와 기독교, 서울: 연세대출판부, 1959.

김혜성·남정숙. 웨스트민스터 신앙고백, 서울: 생명의 맘씀사, 1983.

김희보. 구약의 이스라엘사, 서울: 총신대학출판부, 1981.

남세진. 집단지도 방법론, 서울: 서울대학출판부, 1986.

박 건. 멘토링 목회전략, 서울: 나침판사, 1999.

박상칠. 소그룹 활동을 통한 군 선교전략, 서울: 쿰란출판사, 2004.

박용규. 한국교회를 깨운다, 서울: 생명의 말씀사, 1998.

박윤선. 성경주석 바울서신, 서울: 영음사, 1993

박종구·박대선 외. 구약개론, 서울: 대한기독교서회, 1968.

______. 바른 지도자는 누구인가, 서울: 신망애 출판사, 1997.

박형룡. 교의신학·신론, 서울: 한국기독교 교육연구원, 1988.

______. 박형룡 박사 저작전집 II, 서울: 한국기독교교육연구원, 1988.

박호근. 탁월한 왕따 되기, 서울: 한세, 2001.

박홍일 편저. 직장선교의 삶의 현장, 서울: 크리스챤 서적, 2000.

방선기. 크리스챤@직장, 서울: 한세, 2000.

______. "평신도 직업인을 위한 목회전략" 기독교인의 직업과 영성, 오성춘
        편 서울: 장신대출판부, 2001.

버런티어선교회 편. 제자 훈련지침서, 서울: 종합선교나침판, 1982.

성종현. "기독교신앙과 군 생활에 대한 신약신학적고찰" 군 선교신학, 서울:
        대한예수교 장로회총회출판국, 1990.

안재은. 소그룹과 교회성장, 서울: 총신대학교 목회신학전문대학교, 2004.

______. "기독교 선교사" 강의교안, 서울: 총신대학 선교대학원, 1994.

______. 제자 훈련과 교회성장, 서울: 총신대학교 목회신학전문대학원, 2004.

양희완 편. 군대문화의 뿌리, 서울: 일지서적, 1988.

오정현. 사람을 세우는 설교, 서울: 국제제자 훈련원, 2003.

______. 열정의 비전메이커, 서울: 규장문화사, 1998.

옥한흠. 다시 쓰는 평신도를 깨운다, 서울: 국제제자 훈련원, 2003.

______. 평신도를 깨운다, 서울: 두란노, 1998.

______. 이것이 목회의 본질이다, 서울: 국제제자 훈련원, 2004.

원석준. 교회갱신을 위한 소그룹 목회 전략, 양평군: 풀러신학원, 1996.

육군 군종감실 편. 군진신학, 서울: 군 복음화후원회, 1985.

은준관. 교회 · 선교 · 교육, 서울: 전망사, 1985.

______. 기독교교육현장론, 서울: 대한기독교출판사, 1988.

______. 신학론 · 교회론, 서울: 연세대출판부, 1995.

______. 교육신학, 서울: 대한기독교서회, 1976.

이강천. 그리스도 안에서의 성장, 서울: 기독교대한성결교출판부, 1986.

이동원. 비전의 신을 신고 걷는다, 서울: 두란노서원, 2004.

이연길. 소그룹 성경연구의 이론과 방법, 서울: 한국장로교출판사, 1983.

이장로. "크리스천 직장인 리더쉽 개발" 기독교인의 직업과 영성, 오성춘 편
        서울: 장신대출판부, 2001.

이장식. 교부 오리게네스, 서울: 대한기독교 출판사, 1977.

______. "전쟁과 그리스도인" 군진신학, 서울: 군 복음화후원회, 1985.

이종윤. "21시기를 향한 한민족 교회의 사명" 군 선교신학1, 서울: 한국기독
        교 군 선교연합회, 2004.

이중표 외. 교회발전을 위한 영성개발, 서울: 쿰란출판사, 1991.

이철민. "소그룹과 소그룹리더" 평신도가 사라진 교회, 서울: IVP, 1997.

전경연. "신약의 케리그마와 군진신학" 육군군종감실 편, 서울: 군 복음화후
        원회, 1985.

전요섭. 인간관계 훈련, 서울: 은혜출판사, 1994.

전호진. "선교신학의 관점에서 본 군진신학" 육군본부 군종감실 편, 서울: 군
        복음 화후원회, 1985.

______. 선교학, 서울: 개혁주의 신행협회, 1985.

정성구. "군 선교신학의 정립" 21세기 군 선교정책 심포지엄, 서울: 한국기독
        교 군 선교연합회, 2001.

정준모. 평신도가 깨어 사역하는 교회, 서울: 은혜출판사, 2001.

정진경. 신학과 목회, 서울: 성광문화사, 1977.

정학봉. 성서적 제자 훈련학, 서울: 요단출판사, 1986.

조은태. 기적을 창조하는 학습법, 서울: 타문화권목회연구원, 1997.

조성기. 주거학, 서울: 동명사, 1981.

지동식. 로마제국과 기독교, 서울: 한국신학연구소, 1980.

지원용. 루터와 종교 개혁, 서울: 컨콜디아사, 1972.

지인환. 나는 하나님의 영광을 위하여 공부한다, 서울: 규장, 2004.

차영배. 개혁교의신학(Ⅱ/1), 서울: 총신대학교출판부, 1999.

최영기. 가정교회로 세워지는 평신도목회, 서울: 두란노서원, 2003.

최종고. 국가와 종교, 서울: 정화인쇄문화사, 1983.

최홍준. 잠자는 교회를 깨운다, 서울: 규장, 2004.

退溪全書(4). 言行錄 券 1, 讀書, 서울: 성균관대학교 대동문화연구원, 1985.

한동욱. 제자의 생활, 서울: 로고스출판부, 1988.

한국기독교 군 선교연합회. 미래출석교인양육교재, 서울: 군 선교연합회, 2004.

한미준 편. 한국개신교인의 교회 활동 및 신앙의식 조사보고서, 서울: 두란노, 1999.

2. 번역서

Barton, Bruce B. et al. 에베소서, 전광규 역, 서울: 한국성서유니온선교회, 2000.

Berkhof, Louis. 벌콥 조직신학 제3권, 고영민 역, 서울: 기독교문사, 1999.

Biehl, Bobb. 멘토링, 김성웅 역, 서울: 도서출판 디모데, 1997.

Buinton, Roland. H. 전쟁·평화·기독교, 채수일 역, 서울: 대한기독교 출판사, 1981.

Calvin, John. 칼빈기독교강요 제1권, 로고스번역위원 역, 서울: 로고스출판사, 1987.

Cannon, William R. 중세교회사, 서영일 역, 서울: 기독교문서선교회, 1986.

Castellanos, Cesar. G-12 리더십, 서효정·홍주연 역, 서울: NCD, 2002.

Cobble, James F. 교회성장과 조직의 역동성, 명성훈 역, 서울: 나단출판사, 1994.

Coble, Jeics. 교회성장과 조직의 역동성, 명성훈 역, 서울: 도서출판 나단, 1994.

Coleman, Robert E. 주님의 제자 훈련 계획, 김영헌 역, 서울: 제자서원, 1994.

__________. 예수님의 제자도, 이상길, 서울: 크리스찬비전하우스, 1993.

__________. 주의 제자 훈련 계획, 홍성철 역, 서울: 두란노서원, 1991.

__________. 주님의 전도계획, 홍성철 역, 서울: 보이스사, 1976.

Covey, Stephen R. 원칙 중심의 리더십, 김경섭·박창규 역, 서울: 김영사, 2001.

Clowney, Edmund P. 교회, 황영철 역, 서울: IVP, 1999.

Comiskey, Joel. 지투엘브 이야기, 정진우 역, 서울: NCD, 2002.

Craemer, H. 평신도 신학, 유동식 역, 서울: 대한 기독교서회, 1979.

David, J. Bosch. 선교신학, 전재옥 역, 서울: 두란노 서원, 1985.

David, Watson. 제자도, 문동학 역, 서울: 도서출판 두란노, 1993.

Drane, John W. 초대교회의 생활, 이중수 역, 서울: 두란노서원, 1991.

Drummod, Lewis A. 현대 전도학, 서설 변은수 역, 서울: 성광문화사, 1981.

Durng Whallon. 소그룹 운동과 교회성장, 신재구 역, 서울: IVP, 1986.

Durthan, John. 출애굽기, 손석태 · 채천석 역, 서울: 솔로몬, 2000.

Engen, Charls Van. 모이는 교회, 흩어지는 교회, 임윤택 역, 서울: 두란노, 1995.

Foxe, John. 위대한 순교자들, 맹용길 역, 서울: 보이스사, 1977.

Gibbs, M & Morton, T. Ralph. 오늘의 평신도와 교회, 김성환 역, 서울: 대
      한 대한기독교서회, 1965.

Gonzalez, Justo L. 중세교회사, 서영일 역, 서울: 은성출판사, 1988.

Green, Michael. 초대교회의 전도, 김경진 역, 서울: 생명말씀사, 1994.

__________. 초대교회 복음전도, 박영호 역, 서울: 기독교문서선교회, 1992.

Greenway, Roger. 가서 제자 삼으라, 안영수 역, 서울: 포도원, 2001.

Haggart, Ted. 생명을 살리는 교회, 최기운 역, 서울: 베다니출판, 2000.

Handrix, John. 그리스도인의 영적 무장, 서울: 나침반사, 1986.

Hanks, Bille . 제자 훈련, 박광철 역, 서울: 생명의 말씀사, 1983.

__________. 제자도, 주상지 역, 서울: 나침판사, 1983

Henrichsen, Walter A. 훈련으로 되는 제자, 네비게이토출판사 역, 서울: 네
      비게이토교회, 1999.

Henrichsen, Walter A & Garrison, william N. 평신도 사역자를 개발하라, 유

재성 역, 서울나침판사, 1988.

Hestenes, Roberta. 소그룹 성경공부, 이종록 역, 서울: 두란도서원, 1991.

Houseton, Tom. 그들은 평신도였다, 오수현 역, 서울: 교회성장연구소, 2003.

Hucheson, Richard. 교회와 군 선교, 박상칠 역, 서울: 실로암출판사, 1988.

Hull, Bill. 모든 신자를 제자로 삼는 교회, 박영철 역, 서울: 요단출판사, 1997.

________. 목회자가 제자 삼아야 교회가 산다, 박경환 역, 서울: 요단출판사, 1999.

Icenogle, Gareth Weldon. 왜 소그룹으로 모여야 하는가, 안영권·김선일 역,
    서울: 도서출판옥토, 1997.

John, Maxwell C. 당신 안에 잠재된 리더십을 키우라, 강준민 옮김, 서울: 도
    서출판두란노, 1997.

____________. 인재 경영의 법칙, 임윤택 역, 서울: 비전과 리더십, 2003.

John, Stott R. W. 하나님의 새로운 사회, 박상훈 역, 서울: 아가페출판사, 1988.

Kane, Herb. 기독교세계 선교사, 박광철 역, 서울: 생명의 말씀사, 1981.

Kennedy, D. James. Evengelism Explosion. 전도폭발, 김만풍 역, 서울: 생명
    의 말씀사, 1984.

Kane, J. Herbert. 기독교세계사, 박광철 역, 서울: 생명의 말씀사, 1991.

Kincaid, Ron. 제자 삼는 교회, 김진우 역, 서울: 생명의 말씀사, 1993.

Knowls, M.S & Knowls, H. F. 그룹 다이나믹스 입문, 이수민 역, 서울: 대
    한기독교육협회, 1982.

Koch, Richard. 80/20 법칙, 공병호 역, 서울: 21세기북스, 2000.

Kuhne, Gary. 새신자 양육에 원동력, 정학봉 역, 서울: 요단출판사, 1994.

Latourette, Kenneth Scott. 기독교사상, 윤두혁 역, 서울: 생명의 말씀사, 1980.

Long, Jimmy. et al. 소그룹리더 핸드북, IVP 역, 서울: 기독학생회 출판사, 1996.

Macchia, Stephen A. 건강한 교회를 만드는 10가지 비결, 김일우 역, 서울:

아가페 출판사, 2000.

Marshall, Tom. 지도력이란 무엇인가? 이상미 역. 서울: 도서출판 예수전도
　　　단, 1996.

Michal, Green. 초대교회의 전도, 김진경 역, 서울: 생명의 말씀사, 1994.

Moore, Waylon B. 새신자 양육의 원리와 방법, 정학봉 역, 서울: 요단출판사,
　　　1980.

Morris, Leon. 신약 신학, 황영철 역, 서울: 생명의 말씀사, 1992.

Neighbour, Ralph. 셀목회 지침서, 장학일 역, 서울: 서로사랑, 1999.

Neve, J. L. 기독교교리사, 서남동 역, 서울: 대한기독교서회, 1965.

Nicholas, Ron et al. 소그룹 운동과 교회성장, 신재구 역, 서울: IVP, 1997.

Nill, Stephen. 기독교선교사, 홍치모·오민규 역, 서울: 성광문화사, 1979.

Ogden, Greg. 새로운 교회개혁 이야기, 송광택 역, 서울: 미션월드 라이브러
　　　리, 2000.

Paul, Stevens, R. 평신도가 사라진 교회, 이철민 역, 서울: IVP, 1997.

　　　　　　　　. 참으로 해방된 평신도, 김성오 역, 서울 IVP, 2000.

Paul, R. Stevens and Phill Collion. 평신도를 세우는 목회자, 최기숙 역, 서
　　　울: 미션월드라이브러리, 2000.

Renwick, A. M. & Harman, A.M. 간추린 교회사, 오창윤 역, 서울: 생명의
　　　말씀사, 1979.

Saucy, Robert L. 하나님이 계획하신 교회, 김기찬 역, 서울: 생명의 말씀사,
　　　1994.

Schwaez, Christian A. 자연적 교회성장, 윤수인·정진우 역, 서울: 도서출판
　　　NCD, 2001.

Schwarz, Christian A. 자연적 교회성장, 서울: 도서출판 NCD, 2001.

Sikora, Pat J. 소그룹 성경공부 어떻게 인도할 것인가, 한국 소그룹 목회연구
    원 역, 서울: 소그룹하우스, 2003.

Simson, Wolfgang. 가정교회: 침투적교회 개척론, 황진기 역, 서울: 국제제자
    훈련원, 2004.

Snyder, Howard A. 혁신적 교회갱신과 웨슬레, 조종남 역, 대한기독교출판
    사, 1993.

＿＿＿＿＿＿＿＿. 그리스도의 공동체, 김영국 역, 서울: 생명의 말씀사, 1991.

＿＿＿＿＿＿＿＿. 새 술은 새 부대에, 이강천 역, 서울: 생명의 말씀사, 1981.

Spitz, Lewis William. 종교 개혁사, 서영일 역, 서울: 기독교문서 선교회,1983.

Stanley, Andy. 비저니어링, 정연석 역, 서울: 디모데, 2003.

Trotman, Dawson E. 시대의 요청, 한국네비게이토 선교회 역, 서울: 한국네
    비게이토 선교회 출판부, 1992.

Trudinger, Ron. 가정 소그룹 모임, 장동수 역, 서울: 기독교문서 선교회, 1991.

Vicedom, Geog F. 하나님의 선교, 박근원 역, 서울: 대한기독교서휘, 1980.

Wagner, Peter C. 교회성장을 위한 지도력, 김선도 역, 서울: 생명의 말씀사,
    1984.

Walker, Williston. 세계기독교회사, 강근환 외 3인 공역, 서울: 대한기독교서
    회 1994.

Warren, Rick. 목적이 이끄는 삶, 고성삼 역, 서울: 도서출판 디모데, 2003.

Weston, Sidney A. 예수의 발견, 임종원 역, 서울: 기독지혜사, 1988.

Wilson, Carl. 목회와 제자 양성, 권명달 역, 서울: 보이스사, 1981.

＿＿＿＿＿＿. 제자도, 문동학 역, 서울: 두란노서원, 1996.

3. 원 서

Anderson, Ray S. *Theological Foundation for Ministry* Michigan Wm. Publishing Co, 1993.

Bainton, Roland H. *Christian Attitudes towards and Peace* Nashvill: Abingdon, 1960.

Barna, George. *The Power of Vission* Ventura CA: Regal Books, 1992.

Deansley, Margaret. *A History of The Medieval Church.* London: Methven & Co. L.T.D, 1957.

Erikson, E. H. *Childhood and Society* N.S. Norton & Co, 1963.

George Arther Butterick. *The Interpreter Dictionary of the Bible, vol.1* New York: Abingdom Press, 1962.

Getz, Gene A. *Sharpening the Focus of the Church* Chicago: Moody press, 1980.

Hadidian, Allen. *Succesful Discipling* Chicago: Moody Press, 1979.

Henrichsen, Walter A. *Disciples are made-not Born* Wheaton: Victor Books, 1983.

Icenogle, Gareth Weldon. *Biblical Foundation for Smail Group Ministry* Illinois: Inter Varsity Press, 1994.

___________________. *Building Community Though Small Groups* F.T.S, 1992.

Jim White. *Christlikeness* Colorado Springs: NAV Press, 1976.

Kennedy, James. Archie Parrish, *Evengelism Explosion,* Ⅲ: Tyndale House publishers, 1977.

Kittel, Gerhard. ed. *Theological Dictionary of the New Testament,* trans. Geoffrey W. Bromiley Grand Rapid: Eerdmand, 1977.

Knox, John. *The Church and the reality of Christ* London ∶ Collins, 1963.

Lewis, J. Sherrill. *The Rise Christian Education* New York Macmillan Co, 1944.

Luther, Martin. *Martin Luther's basic theological writings* Minesota, 1989.

McBride, Neal F. *How to Lead Small Groups* Colorado∶ NAV Press, 1990.

Moyer, Elgin S. *Great Lead of the Chrustian Church*, tr, by A.D. Clark Seoul, Korea∶ Christian Literature Socity, 1961.

Raines Robert. A. *Morden drama and social change* New Jersey, 1972.

Richards, Lawrence. O. *A New Face for Church* Grand Rapids Zondervan, 1970.

Samovar, Larry A & Rober S Cathcart *Small Group Communication* Dubuque. Wm. C.Brown Company Publisheres, 1975.

Sherill, Lewis J. *The Gift of Power* New York∶ Macmillan co, 1963.

4. 주석 및 사전류

강병도. 카리스 종합주석, 서울: 기독지혜사, 2004.

김영진. 성서백과대사전11, 서울: 성서교재간행사, 1981.

김현식 편. 동아프라임 영한사전, 서울: 동아출판사, 1991.

메튜헨리. 신약주석 메튜헨리, 번역 위원회 역. 서울: 풍만출판사, 1985.

박윤선. 성경주석 이사야, 서울: 영음사, 1980.

생활백과편찬위원회 편. 신앙생활백과, 서울: 성서교재간행사, 1990.

이희승 편. 국어대사전, 서울: 민중서림, 1979.

제자원. 옥스퍼드 원어성경대전, 서울: 성서교재주식회사, 1999.

______. 옥스퍼드 원어성경대전, 서울: 제자원, 2002.

존 칼빈. 신약성경 주석 9,   존·칼빈성경주석출판위원회 역. 서울: 성서교재
　　　간행사, 1985.

______. 구약성서주석 12, 존칼빈 성경주석출판위원회 역편. 서울: 성서교재
　　　간행사, 1982.

Foulkes, Francis. 텐델주석·에베소서, 양용의 역. 서울: 예수교문서선교회, 1977.

Henry, Matthenw. 단권 메튜헨리 신약주석, 메튜헨리 번역 위원회 역. 서울:
　　　풍만출판사, 1985.

5. 잡지 및 월간지

곽선희. 제34차 정기총회보고서·회의안, 서울: 사단법인 한국기독교 군 선교
　　　연합회, 2005.

곽선희. 아주 특별한 선교(창간호), 서울: 한국기독교 군 선교연합회, 2002.

권성수 "교회의 공동체성 창조의 비밀" 그 말씀(2003년 5월호), 서울: 두란
　　　노 서원, 2003.

국방부. 2001년도 국방주요 자료, 국방부, 2001.

박봉규. "공부 잘하는 방법 이렇게 가르치라" 월간목회(2003년 6월호), 서울:
　　　월간목회사, 2003.

문화광관부. 도표로 본 한국종교현황, 1999.

서정운. "기독교 평신도론" 숭전대 논문집, 제3집. 서울: 숭전대학교, 1972.

______. "선교와 교회성장" 복된 말씀 제25권, 전북: 복된말씀사, 1978,7.

심일섭. "현대의 평신도신학과 한국교회" 기독교사상(9월호), 서울: 대한기독

교 서회, 1976.

안희묵. "나의 셀목회 현장이야기" 목회와 신학(2000년 2월호), 서울: 두란노
    서원, 2000.

양영배. "전군 신자화 운동의 현황" 기독교사상, 서울: 대한기독교서회, 1974.

육군 군종감실 편. 군진신학, 서울: 군 복음화후원회, 1985.

육군본부. 군인복무규율, 육군인쇄공창, 1998.

육군본부. 군종 업무시행지침/운영계획, 육군인쇄창, 2003.

육군본부. 육군군사 술어사전, 육군인쇄창, 1988.

육군본부. 육군군종사, 육군인쇄창, 1975.

육군본부. 병영 생활, 육군인쇄창, 2004.

이기춘. "한국교회 100년의 목회학적 조명" 신학과 세계(1985년 가을호), 서
    울: 감리교신학대학, 1985.

이종성. "목사상의 현대적 발전에 대한 개관" 현대와 신학(제3호), 서울: 연
    세대학교연합신학대학원, 1966.

_____. "교회의 교육" 교회와 신학(8집), 서울: 장로회신학대학, 1973.

_____. "평신도 운동" 기독교교육(136호), 서울: 대한기독교교육협회, 1978.

장흥길. "모든족속으로 제자 삼으라" 교회와 신학(제38호, 1999, 가을호), 서
    울: 장로교신학대학, 1999.

정용철. "평신도운동에 대한 제언" 기독교사상(1964년 8~9월호), 서울: 대한
    기독교서회, 1964.

홍성현. "평신도 자원의 개발과 활용문제" 복된 말씀 제18권, 전복: 복된말씀
    사, 1971.

6. 학위논문

박춘화. "한국감리교회 속회 발전에 관한 연구" 풀러신학대학 목회학 박사학위논문, 1987.

신화철. "건강한 교회를 위한 평신도 사역자의 새신자 양육의 실제" 총신대학교 목회신학전문대학원 박사학위논문, 2004.

정성길. "비전2020 군 선교 실천운동을 통한 민족복음화 선교전략연구" 켈리포니아 신학대학원 박사학위논문, 1999.

주준태. "소그룹을 통한 복음전도: 송도 제일교회의 사례" 풀러신학대학 박사학위논문, 1994.

안창천. "평신도 사역형교회로의 전환을 위한 효과적인 방안연구" 총신대학교 목회신학전문대학원 박사학위논문, 2004.

이덕열. "21세기 효과적인 군 선교전략" Midwest Theological Seminary 박사학위논문, 2003.

이종원. "예수님과 유대인의 교육연구를 통한 현대기독교 교육에 관한연구" 코헨신학대학 박사학위논문, 1997.

이수인, "평신도 참여를 통한 교회 사역의 활성화 방안" 아세아연합신학대학원 풀러신학교 공동박사학위논문, 1987.

이흥관. "제자연구에 관한 방법연구" 아세아연합신학대학원 박사학위논문, 1983.

최상태. "제자 훈련을 통한 가정교회 사역이 가지는 목회적 효율성에 관한연구" 풀러신학교 박사학위논문, 2001.

· 저자 ·

강보길　**· 약　력 ·**
(姜寶吉)　인하대학교 공과대학 졸업
　　　　연세대학교 행정대학원 졸업
　　　　총신대학교 신학대학원 졸업
　　　　총신대학교 목회신학전문대학원 졸업(신학박사)
　　　　현 임마누엘 군인교회 목사
　　　　　　호원대학교 외래교수
　　　　　　개혁주의 교회성장학회 회장

· 주요논저 ·

「근대초기의 한청관계 연구」
「한국교회 내에 침투한 샤머니즘적 요소」
「공관복음에 나타난 하나님 나라에 대한 연구」
「청소년 목회 패러다임 전환을 통한 교회성장방안연구」
외 다수

軍 병사 제자훈련을 통한

생활관 사역

· 초판 인쇄	2008년 1월 30일
· 초판 발행	2008년 1월 30일
· 지 은 이	강보길
· 펴 낸 이	채종준
· 펴 낸 곳	한국학술정보㈜
	경기도 파주시 교하읍 문발리 513-5
	파주출판문화정보산업단지
	전화 031) 908-3181(대표) · 팩스 031) 908-3189
	홈페이지 http://www.kstudy.com
	e-mail(출판사업부) publish@kstudy.com
· 등　　록	제일산-115호(2000. 6. 19)
· 가　　격	19,000원

ISBN　978-89-534-7629-5 93390 (Paper Book)
　　　　978-89-534-7630-1 98390 (e-Book)